흥미로운 **무선 이야기**

A BRIEF HISTORY OF EVERYTHING

WIRELESS

How Invisible Waves Have Changed the World

페트리 라우니아이넨 지음

전주범 옮김

흥미로운 **무선 이야기**

보이지 않는 전파가 어떻게 세상을 바꾸어놓았는가?

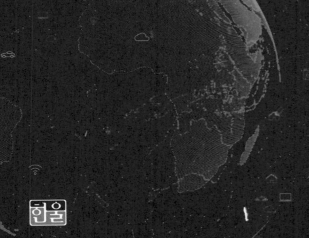

한울

Springer

키르시, 티따 그리고 따루에게

:: 차례

:: 머리말

우리 인간은 끊임없이 과학의 경계를 허물면서 뭔가 새롭고 재미있는 것을 찾으려고 하는 호기심 많은 존재다. 우리가 찾아낸 발견들은 종종 당장은 쓸모가 없는 듯 보이지만 몇십 년 후에는 1조 달러 규모의 산업이 된다.

이들 모든 새로운 발명품에 적응한 것이 지난 수백 년에 걸쳐 우리의 삶을 끈질기게 변화시켰는데 그 변화는 무선 통신의 무한한 효과로부터도 적지 않았다. 우리는 원한다면 로밍하는 어디에서나 다른 인간 사회와 연결되어 있을 수 있고 우리 주머니 안에 편안히 들어 있는 장치를 사용하여 최신 정보에 즉각 접근하는 전례 없는 힘을 가지게 되었다.

우리는 지금 "작동되고 있는" 기술에 항상 둘러싸여 있지만 우리를 여기까지 오게 만든 엄청난 규모의 연구 개발에 대해서는 완전히 무지하게 되었다. 근원적 물리학 그리고 그 과정들은 공학이라는 마술 커튼과 친숙한 사용자 인터페이스 뒤로 사라졌다.

도시와 가정에 전기가 도입된 이후 어느 것보다 더 폭넓고 빠르게 무선 통신과 컴퓨팅 기술의 융합이 이 세상을 바꾸고 있다. 이런 혁명의 결과물로 개인별 무선 연결성이 깨끗한 수돗물 접근성 이상으로 더 완비되고 있다.

스마트폰은 어디에나 있고 여러 개발도상국들은 비싼 유선망 설치를 거르고 무선 연결 세상으로 바로 건너뛸 수 있었다. 이것은 대체로 셀룰러 통신망의 전 세계적 전개에 따라 추진되었지만 또한 우리 가정이나 공공장소에서 필수불가결한 기능이 된 인터넷 기반의 와이파이 통신망의 풍부함을 통해서이기도 하다.

저울눈의 다른 끝에서는 복잡한 인공위성 기술이 태평양의 외딴섬에서부터 북극과 남극에 이르는 가장 외진 지역까지 연결을 가능하게 하고 있다.

무선의 역사는 개인적 승리와 통렬한 패배의 흥미로운 이야기로 가득하다. 이것은 개인과 기업 그리고 심지어 국가들 간의 대단히 공개적인 충돌을 포함하고 있다. 무선 기술의 활용 때문에 전쟁의 결과가 영향을 받았고, 눈에 보이지 않는 전파의 적용이 불과 몇 년만 지연되었어도 우리가 오늘날 살고 있는 세상은 많이 달랐을 것이다.

이런 역사에는 구할 수 있는 내용의 양이 엄청난데, 나는 그것을 구미에 당기게 만들기 위해 이 과정을 따라 깔려 있는 기술의 필요한 부분을 설명하는 두드러진 사건, 개인 그리고 회사들의 재미있는 이야기의 조합을 펴내기로 했다. 그러므로 이것은 제목처럼 전자기 스펙트럼을 활용하는 데 따른 경이로운 발전에 대한 간략한 연구다―때문에 많은 재미있는 이야기와 세부 내용들을 제외해야만 했다.

내 초점은 무선의 초기부터 현대 셀룰러 통신망에 이르기까지 이들 새로운 발명의 전개가 세상에 끼친 직간접적 결과를 드러내는 데 있다. 원

제목에 있는 "모든everything"이라는 단어에 맞도록 나는 무선 기술의 다소 난해하며 그다지 명확하지 않은 활용 일부 또한 포함시켰다.

이야기를 따라가기 위해, 논의하는 저변 기술에 대한 사전 지식은 필요하지 않다―필수적인 내용은 과정 중에 설명했다. 기술 면으로 좀 더 깊이 들어가기를 원하면, 책 말미에 참고할 만한 자료를 실은 테크톡이 있다. 이는 이 모든 것 뒤에 있는 "마술"에 관한 더 많은 정보를 원하는 독자들을 위해 마련해 둔 것이다.

이 책은 학습용 책이 아니다―나는 일부러 어떤 수학 공식을 포함시키지 않기로 했고 대신 말로 설명만 했다. 숫자를 표현할 때는 단순히 이야기의 흐름을 유지하기 위해 야드파운드법이 아닌 미터법을 따르기로 했다. 유일한 예외는 항공 주제를 논의할 때 고도에 피트 단위를 사용하는 것인데, 중국과 북한이 눈에 띄는 예외이긴 해도 여전히 전 세계적 항공 기준이기 때문이다.

미국의 달러는 여전히 세계 화폐이므로 이 책에 제시된 모든 화폐 가치에 사용되었다.

좀 더 과거로 갈수록 세부사항이 흐릿해진다. 어떤 경우에는 핵심 날짜, 단위, 핵심 인물의 개인사 그리고 다양한 "역사물"이 여러 출처마다 굉장히 다르게 되어 있는 것을 알게 되었다. 출처가 다양한 여느 책처럼 저자는 사건에 대한 가장 그럴듯한 설명으로 어느 것을 받아들일지 결정해야만 한다. 이런 접근법으로 초래된 어떤 분명한 실수든 나는 그 책임을 받아들인다.

이 책에 대한 연구는 2년이 걸렸고 나는 이 과정 중에서 눈에 띄는 발견을 많이 했다. 다음 13개 장이 독자들에게 무선 기술의 역사에 대한 새로운 시각을 제공하고, 또 독자들은 재미있고 가치 있는 시간을 갖기를 진심으로 바란다.

최신의 개정, 멘트, 논의 그리고 재미있는 정보 출처는 http://bhoew.com에 방문하면 확인할 수 있다.

2018년 4월
브라질 브라질리아에서
페트리 라우니아이넨

단위 설명

다음 단위들은 글 전체에 나오므로 편의를 위해 목록을 만들었다.

주파수 단위

Hz(헤르츠)	초당 진동수
kHz(킬로헤르츠)	초당 1000진동
MHz(메가헤르츠)	초당 100만 진동
GHz(기가헤르츠)	초당 10억 진동
THz(테라헤르츠)	초당 1조 진동

통신 속도 단위

bps	초당 비트 수
kbps(초당 킬로비트)	초당 1000비트
Mbps(초당 메가비트)	초당 100만 비트
Gbps(초당 기가비트)	초당 10억 비트
Tbps(초당 테라비트)	초당 1조 비트

데이터 크기 단위

bit(비트)	가장 작은 저장 단위로 "0" 또는 "1"
Byte(바이트)	8비트 묶음
kB(킬로바이트)	1000바이트
MB(메가바이트)	100만 바이트
GB(기가바이트)	10억 바이트
TB(테라바이트)	1조 바이트

01

쓰시마 해협

1905년 5월 26일 밤, 러시아 제2 태평양 함대 소속 38척의 전함 호송대가 쓰시마 해협(역자 주: 대한해협 중 쓰시마에서 규슈까지의 동수도 쪽을 가리킨다)으로 들어왔다. 이 배들은 발트해에서 출발해 블라디보스토크라는 러시아 항구로 가는 길이었고, 해협—한반도와 일본 사이에 있는 공해상 넓은 구역—을 지나가는 경로는 지구 반을 가로지르는 힘든 여정의 마지막 단계였다.

상트페테르부르크에서 시작된 여정은 출발이 편안치 못했다. 진행 중이던 러일전쟁 동안 러시아 사람들 사이에 엄청나게 과다 예측된 상대편 일본 해군력에 대한 피해망상이 너무 걷잡을 수 없는 정도여서, 일본 어뢰정으로 오인된 비무장 영국 어선들과 함대 사이에 이해할 수 없는 충

© Springer International Publishing AG, part of Springer Nature 2018
P. Launiainen, *A Brief History of Everything Wireless*,
https://doi.org/10.1007/978-3-319-78910-1_1

돌이 일어났다.

북해 도거뱅크에서의 이 이상스러운 교전 결과로, 당시 수에즈 운하를 통제하던 영국이 함대가 운하를 통과하는 권리를 취소했다. 그래서 함대는 8개월 동안 이동하면서 아프리카 대륙의 끝 희망봉을 돌아서 3만 3000킬로미터 거리를 움직였다. 바다에서 그런 오랜 여정 후에는 종합 유지 보수가 꼭 필요했다. 승선원들은 탈진하고 사기가 형편없었고, 배 선체들은 수면선 밑에 붙어서 심각하게 배 속도를 떨어뜨리고 있는 작은 바다 생물과 식물 때문에 심하게 더러워져 있었다.

그러나 함대는 이 항해의 완주가 아주 중요했으므로 계속 나아가야만 했다—거의 첫날부터 그들에게 고약하게 진행되어 온 전쟁에서 러시아가 전세를 바꿀 수 있는 마지막 기회를 이 항해가 제공하고 있었다.

일본은 1904년 2월 중국 쪽 러시아의 해군 기지였던 아서항에 대한 급습으로 러시아를 향한 전쟁을 시작했다. 지금은 다롄항으로 알려진 아서항은 제1 태평양 함대의 해군 기지였는데, 첫 이틀 동안 공격으로 받은 실제 피해는 상대적으로 작았지만 상황은 곧 러시아에게 악화되기 시작했다.

일본 해군의 추가 공격으로부터 아서항의 항만을 보호하기 위해 항구 입구를 봉쇄하도록 기뢰 부설함 예니세이를 보냈다. 운 나쁘게도 예니세이는 이 과정 중에 기뢰가 터져 가라앉았고 승선원 200명 중 120명과 함께 새로 깔아놓은 기뢰밭 지도를 잃어버렸다. 상황 점검을 위해 또 다른 함선인 보야린을 보냈는데, 이 배도 새로 깔아놓은 기뢰 하나에 부딪쳤다. 보야린 함선을 살리려고 대단히 노력했지만 포기해야만 했고, 배는 표류하면서 예니세이가 깔아놓은 또 다른 기뢰와 부딪혀 가라앉았다.

그 후 여러 달 동안 러시아 함대가 일본의 포위를 깨뜨리려고 시도하면서 해군 충돌이 서해에서 몇 번 일어났고 일본 함대에 상당한 피해를 입혔다. 그러나 여름 여러 달에 걸쳐 러시아의 피해는 계속 쌓여갔고 일본 해군은 도고 헤이하치로 사네요시 제독의 효과적 지휘 덕분에 결국 제1 태평양 함대를 괴멸시켰다.

일본 해군은 도고 같은 장군을 수뇌부에 두어 대단히 운이 좋았다. 그는 영국에서 해상과학을 공부했고 폭넓은 국제적 배경을 가졌던 대단히 절제되고 재주 많은 장군이었다−20세기 초 동양의 사령관에게 아주 드문 경력이었다.

쓰시마 해협에 들어온 러시아의 새로운 지원 함대는 원래 아서항에 있는 기존 병력과 합쳐서 일본 해군을 밀어내려는 의도로 파견되었다. 이 작전은 열려 있는 아서항에 접근하면서 추가 지상군이 이 지역으로 들어가도록 계획했지만, 함대가 아직 항해 중일 때 아서 항구에 문제가 생겼고 따라서 계획을 수정해야만 했다. 상트페테르부르크에서 보낸 새로운 명령으로, 제2 태평양 함대가 블라디보스토크로 바로 가도록 그리고 거기에서 함선들은 재보급받은 후 아서항으로 돌아와 활력 있고, 기대컨대 완벽한 무력으로 일본 해군을 상대하도록 지시받았다.

가능한 한 빨리 블라디보스토크에 도달하기 위해 함대는 쓰시마 해협을 따라 일본 남서쪽을 통과하는 최단 코스를 선택했는데, 가장 좁은 지점도 약 60킬로미터 폭이어서 함대는 많은 수의 전선들이 지나가기에 충분한 여유가 있다고 생각했다.

5월 그 밤의 바다 상황은 대단히 좋았다−날씨는 안개가 끼고 달은 마지막 하현이어서 자정 이후에나 뜨게 되어 있었다.

함대는 정상적인 해로와 적당한 거리를 유지하면서, 도고 제독이 해협을 끼고 배치해 놓은 일본 척후선들을 포함하여 이 구역 안에서 모든 체중을 피하면서 전진했다. 도고 제독은 접근하고 있는 함대를 잘 알고 있었으며, 선박의 컨디션이 급속히 망가지고 있었으므로 러시아가 쓰시마 해협을 거쳐 블라디보스토크로 가는 최단 경로를 선택하리라 제대로 예측하고 있었다.

거의 최상의 기상 조건에도 불구하고 행운은 러시아 편이 아니었다. 5월 27일 이른 새벽, 일본 순양함 시나노마루가 병원선 오룔의 항해등을 찾아내었고 탐색을 위해 가까이 접근한 후 함대 내 여러 척의 다른 함선의 모습을 발견했다.

적의 위치가 육지로부터 꽤 멀리에서 노출되었지만 시나노마루가 선상 무선 송신기—새로 도입된 마르코니 해상 무전기의 일본제 복사판—를 장착하고 있다는 사실 때문에 러시아 함대의 운명은 막혀버렸다.

이 신기한 기기 덕분에 "적이 203구역에 있다"라고 쓴 짧은 메시지가 본부에 전달되었고, 러시아 호송대의 정확한 위치를 도고 제독에게 알려주었다. 도고 제독은 즉시 일본 해군에게 모든 가용한 선박을 징발해서 총 89척의 배가 러시아 함대의 노출된 위치로 가도록 명령했다. 그 결과, 거의 이틀 동안의 치열한 전투 끝에 제2 태평양 함대는 완전히 괴멸되었다. 러시아 배 21척이 침몰하고 한 척은 고장 난 채 나포되었으며 러시아 수병은 4000명 이상이 죽었으나, 일본 측은 겨우 수병 100명 그리고 작은 어뢰정 세 척을 잃었을 뿐이었다.

원래의 함대 중에서 순양함 한 척 그리고 구축함 두 척만이 일본의 전선을 뚫고 블라디보스토크로 갈 수 있었다.

이 엄청난 승리 덕분에 러일전쟁은 실질적으로 끝났으며 일본은 이 지역에서 반박할 수 없는 군사적 힘으로서 무한한 통제력을 얻었다.

한편 러시아는 극동에서의 모든 해군 작전 능력을 잃어버리고 발트해에 몇 안 되는 배만 갖게 되었으며 제2 태평양 함대의 배들은 원래 러시아 발틱 함대의 일부였으므로 겨우 상트페테르부르크만 방어할 수 있게 되었다.

그 안개 낀 밤 해상 전투의 최종 결과가 전 세계에 대서특필되었고 어마어마한 지정학적 결말로 끝나게 되었다. 가공할 만한 국제적 권력이라는 러시아의 명성이 퇴색되고 니콜라이 2세 황제의 정치적 영향력이 심각하게 약화되었다. 이것이 러시아 국민들에게 환멸의 또 한 가지 원인을 제공했으며 혁명을 추진하는 힘을 강화시켰다. 러시아 위신의 갑작스러운 추락은 유럽에서 기존의 힘의 균형을 무너뜨리고 1차 세계대전을 일으킨 씨앗 중 하나가 되었다.

일본 쪽에서는 이론의 여지가 없는 압도적 승리가 일본 군부 지배에 우월성이라는 새로운 의식을 제공했고 일본을 강력한 군국주의 시대로 몰고 갔다. 도고는 전설이 되었으며 지금도 여전히 높이 추앙받고는 있지만, 러일전쟁 후 대담해진 군사적 그리고 민족적 우월성이라는 민족적 감각이 일으킨 잔혹 행위 사실들을 오늘날까지도 받아들이기 거부하는 강성 우익의 추앙은 그도 아마 원하지 않을 것이다. 이론의 여지가 없는 이들 재앙 중 가장 눈에 띄는 것은 1937~1938년의 난징대학살인데 일본이 주도한 두 번째 중일전쟁 중에 일어났고 희생된 민간인 수가 5만에서 30만 명 사이로 추산된다.

일본에서 전반적 정치 상황 악화를 이끈 것은 쓰시마 전투 뒤 많은 작전의 성공으로 일본 군부의 수뇌진이 무적의 개념으로 빠져들게 된 것이었다. 그 결과, 지휘관들은 종종 도쿄의 유약한 정치 지도자들의 직접 지시 없이 또는 그에 반하는 행동을 했다.

결국에는 이런 유의 마음가짐이 과욕에 이르고 결국 1941년 12월 7일

일이 벌어졌다. 일본이 아서 항구 식의 기습 공격을 이번에는 하와이의 진주만에 했고 그에 따라 이전까지 수동적이었던 미국을 2차 세계대전에 끌어들였다.

일본은 처음에는 동남아시아의 대부분을 침공할 수 있었지만 섬나라의 자원은 곧 바닥이 났다. 군사작전의 장기 지속 가능성에 대한 이 심각한 계산 착오가 결국에는 핵폭탄이 히로시마와 나가사키를 괴멸시킨 며칠 후 1945년의 조건 없는 항복으로 이끌었다.

미국을 전쟁으로 밀고 간 부수 효과로, 미국 군대가 유럽의 연합군에 합류했고 미국 전쟁 정책의 근본적 변화의 일부로서 소비에트 연방에 대규모 물자를 지원했다. 이 원조가 동부 전선에서 독일과 대항하던 판세를 뒤집는 데 결정적이었다.

일본이 유도한 2차 세계대전에 미국의 개입이 없었다면 영국을 침공한 독일의 바다사자 작전이 노르망디 해변에서 벌어진 오버로드 작전보다 아마도 좀 더 결정타가 되었을 것이라고 보는 것은 타당하다.

전쟁 후 소비에트 연방은 자신들이 보유한 핵폭탄 때문에 곧바로 초강대국이 되었고 수년 내에 공산주의 도매 수출업자로 탈바꿈하면서 세계를 양극화했다. 그 결과로 나온 냉전이 이전의 연합되었던 유럽의 절반을 철의 장막으로 가두었고 중국에서의 국면과 함께 한반도의 냉혹한 분단 같은, 오늘날까지 해결되지 않은 몇 가지 세계적 갈등을 만들어냈다.

중국 쪽에서는 만주 점령 시기 일본이 행한 잔혹 행위를 막지 못한 중국군의 무능력이 중국 지도자 장제스의 입지를 약화시켰으며 마오쩌둥이 주도하는 공산주의 운동을 일으켰다. 마오는 1949년 결국 중국 본토를 장악하고 대담했지만 잘못된 문화혁명을 진행하는데, 결국에는 중국인 3000만 명을 죽이는 것으로 끝났다. 놀랍게도 국내 정치적 숙청으로 인한 민간인 희생자가 1937년과 1945년 사이 2차 중일전쟁에서 일본인에게 죽은 숫자보다 두 배 많았다.

아주 많은 국가의 역사를 바꾼 이들 엄청난 지정학적 사건의 많은 부분은 쓰시마 해협의 단 한 번 결정적 밤이 불러온 직간접적 결과로 볼 수 있다.

만일 러시아 함대가 블라디보스토크까지 성공적으로 도착하고 일본군에 대항해서 잘 싸웠다면 어떤 일이 있었을는지 알기는 어렵지만 다음과 같이 짐작해 볼 수는 있다.

미국은 2차 세계대전 동안 중립 정책을 유지하고 그 결과로 일본은 히로시마와 나가사키의 공포에서 구제될 수 있었을까?

만일 일본이 미국을 전쟁으로 끌어들이지 않았다면 나치 독일이 전 유럽을 점령하고 결국에는 미국에 선전 포고를 하지 않았을까?

이것은 핵무기를 만들어낸 맨해튼 프로젝트가 일본이 아닌 나치 독일과의 개발 경쟁이었으므로 결국 유럽에서 핵전쟁이 일어나지 않았을까?

아시아 지역에서는 중국이 마오쩌둥의 부상과 공산 중국의 형성을 막고 장제스 밑에서 평화적으로 발전할 수 있었을까?

그 결과로 5000만 중국인의 생명이 구해졌을까? 그러나 마오의 후계자로서 덩샤오핑이 없었다면 중국은 20세기 초에 그랬듯이 시골 벽지로 남아 있지 않을까? 그리고 지금 세계적인 주요 사업자로서 통일된 한국이 있지 않았을까?

만일 시나노마루가 무선 송신기를 배에 싣고 있지 않았다면 아주 다르게 전개되었을 듯한 많은 또 다른 역사의 결과가 있다.

겨우 역사가 5년밖에 안 된 기술로 보낸 짧은 메시지가 세계 역사에 심대한 영향을 끼쳤다.

고려해 봐야 할 한 가지 눈에 띄는 것은 전쟁이란 기술 개발을 빠르게 하는 강력한 경향이 있다는 사실이고 결국에는 그것이 전쟁 후 살아남은 사회에 도움을 준다는 것이다. 그러므로 시나노마루의 짧은 무선 메시지, 그리고 행동으로 옮긴 사건들이 없었다면 아마도 우리는 컴퓨터나 우주여행의 첫발을 이제 겨우 떼고 있을지도 모른다.

가능했을 듯한 다른 영향은 결론짓기가 당연히 불가능하지만 이들 보이지 않는 전파와, 역사 과정 중에서 그 적용의 직간접적 영향이 없었다면 세상은 전혀 다를 것임이 분명하다.

그런데 이 모든 것은 어떻게 시작되었나?

02

"이건 아무 소용이 없어요"

발명가들은 두 가지 기본 유형이 있는 것 같다.

첫 번째 그룹은 새로운 뭔가를 주무르다가 어떤 새로운 개념이나 이론이 입증되는 시점까지 가고 그 후에는 흥미를 잃어버려서 다른 문제로 넘어가는 것을 즐기는 부류다.

두 번째 그룹은 자기들 발명의 실제적 적용의 잠재 가치를 인식하고 가능한 한 최대한 경제적 이익을 뽑아내려는 목적을 가지고 가급적 빨리 그 발견을 상업화하는 사람들이다.

독일 물리학자 하인리히 헤르츠Heinrich Hertz가 첫 번째 그룹에 속한다는 것은 아주 분명한 사실이다.

탁월한 스코틀랜드 과학자인 제임스 클러크 맥스웰James Clerk Maxwell이

© Springer International Publishing AG, part of Springer Nature 2018
P. Launiainen, *A Brief History of Everything Wireless*,
https://doi.org/10.1007/978-3-319-78910-1_2

1873년 전자기파의 획기적 이론을 발표한 지 14년이라는 긴 세월이 흘렀다. 그의 방정식은 전기 그리고 자기장 진동의 존재를 정확하게 예측했고 거의 빛에 맞먹는 속도로 빈 공간을 통과한다고 계산해 냈다.

이런 신비한, 눈에 보이지 않는 전파가 실제 존재하는지 여러 연구자들이 증명하려고 했지만 결국에는 탁월한 독일 물리학자가 그 개가를 올렸다. 놀라운 점은 이 새 발명품의 가능한 용도에 대해 하인리히 헤르츠가 질문받았을 때 다음과 같이 대답한 것이었다.

이건 아무 소용이 없어요. 이것은 마에스트로 맥스웰이 옳았다는 것을 입증하는 실험일 뿐입니다―맨눈으로는 볼 수 없는 이들 신비한 전자기파를 단지 우리가 갖고 있다는 겁니다. 그것들은 분명히 있지요.

정보와 에너지를 엄청난 속도로 즉시, 직접적인 물리적 연결 없이 전송할 수 있다는 명백한 이점은 완전히 그의 생각 밖에 있었던 것 같다. 그는 유망한 이론을 입증하고 싶었을 뿐이고 그 이상은 아니었다.

슬프게도 이 천재의 삶은 36세에 끝나고 그의 유산은 남았다. 헤르츠Hz는 국제전기기술위원회IEC가 그의 사후 40년 뒤에 선택한 주파수 단위다. 그래서 헤르츠는 지진이 만들어내는 극저주파 불가청음부터 먼 은하계에서 폭발한 별에서 나오는 감마선의 고에너지 폭발까지 묘사하는 데 사용하는 기본 단위다.

하인리히 헤르츠는 제대로 인정받을 만하다.

결국 "무선의 아버지"라는 명성은 전혀 반대 성격의 다른 사람이 얻었다. 이 타이틀은 굴리엘모 마르코니Guglielmo Marconi라는 이탈리아 전기기술자가 갖게 되는데 그는 사업 경력의 대부분을 영국에서 보냈다. 그는 1892년에 이 분야의 일을 시작했는데 그때 나이가 겨우 18세였다. 그의 이웃인 아우구스토 리기Augusto Righi는 볼로냐대학교를 나온 물리학자였는데 그가 마르코니에게 헤르츠의 연구를 소개했다. 마르코니는 무선통신이라는 생각에 매료되었고 자기 연구를 시작해 헤르츠의 초기 실험을 발전시키려 했다.

장치에 안테나를 추가하는 것이 보내고 받는 양쪽 모두 통신의 폭을 확대하는 데 핵심이라는 것을 그가 깨달으면서 돌파구가 열렸다. 마르코니는 시스템을 접지시키는 효과, 즉 설비의 전기장을 전도성 지면에 연결시키는 것이 범위를 확대하는 데 도움이 된다는 것 또한 알아냈다.

굴리엘모 마르코니의 전기를 읽어보면, 유능하고 생산적이며 다른 무엇보다도 대단히 운 좋은 사람으로 그리고 있다. 오랜 경력을 통해 마르코니는 자기가 공들이는 장치를 향상시킬 수 있다면 다른 발명가의 아이디어를 빌려오는 것도 마다하지 않았다. 어떤 때는 과정 중에 연관된 특허들을 사기도 했지만 대부분은 아니었다. 1909년 칼 브라운Karl Braun과 노벨 물리학상을 공동 수상했을 때 그는 브라운이 등록한 특허에서 많은 기능들을 "빌려왔다"라고 인정했다.

이런 간혹 의심스러운 행태에도 불구하고 마르코니는 새로운 아이디어들의 탁월한 통합자였고, 문제들을 과학적 관점보다는 기술적으로 접근한 것으로 보였다. 그의 개선들은 향상된 기능을 만드는 근본적인 물리학을 이해하기보다, 끈질긴 반복으로 시제품을 약간씩 변형해 나간 재실험을 통해 주로 나왔다. 그는 작동되는 뭔가를 찾을 때까지 계속 그냥 시도한 것이었다. 본인의 발명품에 근거를 두고 그럴듯한 사업을 만드는 것이 분명히 그의 주목적이었다―그는 최선의 가능한 장치를 만들려고 노력했고 그것들을 공격적으로 팔고 최고의 가격을 뽑아내려고 움직였다.

그는 많은 그리고 종종 개선된 특허 덕분에 경제적 기회를 멋지게 붙잡았고 이 신기한 기술의 전면적 상업화를 진행했다. 1897년 그는 와이어리스 텔레그래프 앤드 시그널Wireless Telegraph & Signal Co Ltd이라는 회사를 세웠는데 초기 자금 확보는 마르코니가 대단히 부유한 집안 출신이라는 사실이 도움을 주었다. 그의 어머니 애니 제임슨은 제임슨 아이리시 위스키 회사 창업자의 손녀딸이었다.

마르코니는 처음에 이탈리아 정부가 자신의 연구에 관심 갖게 하려고 노력했으나 어떤 관심도 끌어내지 못했고, 그래서 자신의 무선 전신 아이디어를 어머니가 마련해 준 연결선을 통해 영국 체신청에 설명했으며 마침내 사업을 진행하는 데 필요한 긍정적 답변을 받았다.

종종 그렇듯이 해외에서의 성공이 본국에서의 성공도 가져왔다. 영국에 자신의 발명품이 유용하다는 것을 설득시킨 후 이탈리아 해군이 마르코니로부터 무선 통신기를 샀고 그가 1차 세계대전 동안 이탈리아 군사 무선 서비스를 책임지도록까지 했다.

이 시점에는 사업 활동과 1909년에 노벨 물리학상을 받았다는 사실 때문에 그의 명성은 이미 자리를 잡았다.

마르코니는 전 생애에 걸쳐 무선 기술에 끈질기고 날카로운 초점을 유지했으며 1901년에는 회사 명칭을 마르코니 무선전신회사로 바꾸었는데 "마르코니"라는 이름은 20세기 초 몇십 년 동안 무선과 동의어가 되었다.

마르코니가 63세의 나이로 죽었을 때 영국령의 모든 공식 무선 송신기는 해외의 수많은 다른 송신기들과 함께 그의 장례식 날 2분 동안 송신을 안 함으로써 그를 기렸다.

세 번째 아주 눈에 띄는 무선 개척자는 니콜라 테슬라Nikola Tesla였다.

테슬라는 종종 큰 파장을 일으키며 발명품을 발표하면서 "경이로운 사람"의 이미지를 갖는 것을 즐기는 듯했다. 그는 본래 "순회 마술사" 같은 느낌을 가지고 있었는데, 자기주장을 진전시키기 위해 약간의 과장을 넣어 재미있는 쇼를 만드는 것의 가치를 알고 있었다. 그는 분명 대단히 지적이었는데, 여러 주제를 별 노력 없이 넘나들던 그의 능력이 이를 설명한다.

쉬지 않고 관심사를 바꾸는 이런 성향 때문에 그는 하인리히 헤르츠와 같은, 불운한 인상을 가진 발명가 부류로 분류된다. 그는 수많은 발명을 통해 아주 많은 여러 가지 기술을 발전시켰지만 본질적으로 천재적인 자신의 해법을 통해 상당한 경제적 이득을 거두려고 일하지는 않았다. 그의 특허 몇몇은 상당한 금액의 돈을 만들었지만 그는 또 다른 재미있고 거창한 개념의 시제품을 만드는 데 이를 모두 써버렸다. 그가 거의 무심하게 포기한 여러 특허들로 그의 사업 파트너들이 이득을 보았고 어떤 경우에는 그 금액이 실제로 엄청났다.

테슬라의 다양한 관심 연구 분야는 에너지 생산부터 무선, 그리고 에너지의 무선 전송에까지 뻗어 있었다. 그는 19세기 말 또 다른 탁월한 발명가인 토머스 에디슨을 위해 처음으로 일하면서 에디슨이 만든 직류DC 발전기 기술을 크게 향상시켰다. 역사적 기록에 따르면, 테슬라는 성과에 대해 다름 아닌 토머스 에디슨에게 사기당해 경제적 보상을 받지 못했고 그는 분노 속에서 사직했으며 이때부터 일생 동안 이어진 에디슨과의 반목이 시작되었다. 비슷한 시기에 또 다른 성공한 기업가인 조지 웨스팅하우스George Westinghouse는 교류AC를 사용하는 유럽에서의 실험에 대해 들었고 테슬라가 그 주제에 친숙한 것을 알게 되면서 새로운 기술을 향상시키는 데 집중하도록 그를 고용했다.

테슬라의 설계는 교류 기술이 에디슨이 정립한 직류 기술보다 우월함을 입증했는데 이것이 직류의 발전과 배전을 둘러싼 주력 사업을 만들고 있던 테슬라의 전 고용주에게 직접적인 재정 부담을 주었다. 그 결과 에디슨은 "천재 발명가"라는 명성을 걸고, 이론의 여지가 없는 기술적 사실에 대항해 모든 가능한 수단을 다하여 싸웠다. 경합하는 두 기술을 두고 벌어진 격렬하고 공공연한 이 다툼의 사건은 전류 전쟁이라는 적절한 이름이 붙었다. 에디슨은 "이 하급 기술의 내재적 위험"을 입증하기 위해 코끼리를 포함한 몇몇 동물들의 감전사를 공개적으로 시연하고 영상으로 담는 데까지 나갔다.

그러나 불쌍한 코끼리와 수많은 동물들은 허망하게 죽었다. 장거리 전송의 편이성과 변압기를 통해 전압을 현지 요구에 맞추는 능력 덕분에 테슬라의 교류 기술은 오늘날까지 사용자들에게 전력을 배전하는 주요 수단으로 살아남았다.

이 전례 없는 승리에도 불구하고 사업가가 아닌 과학자답게 테슬라는 자신의 특허를 사용하는 교류발전기에서 나오는 로열티 권리를 포기했다. 일시적인 재정적 어려움을 겪고 있던 조지 웨스팅하우스가 그를 그렇게 몰고 갔는데 기존의 아주 수익성이 좋은 계약을 포기하도록 테슬라를 설득한 것이다. 수년 후에, 테슬라가 포기한 특허는 웨스팅하우스가 재정적 발판을 다시 얻는 데 도움을 주었고 그는 엄청나게 부유해졌다.

테슬라의 후속 작업들은 서류로 제대로 남아 있지 않은데 그의 많은 초기 연구 자료와 시제품들 역시 1895년 화재로 소실되었다. 그의 자료 중 남아 있는 것들은 이상한 주장과 약속들로 가득하지만 그것들을 어떻게 실현할지 충분한 구체적인 내용이 없다. 이런 커다란 애매모호함 덕분에 테슬라의 잠재적 발명품들은 오늘날까지도 여러 가지 음모론의 끝없는 원천처럼 보인다.

테슬라의 복잡한 연구에는 많은 재원이 필요했다는 사실을 놓고 볼 때, 그가 돈 문제에 느긋했던 것은 이해하기가 어렵다. 그는 한 번은 생활비를 벌기 위해 뉴욕에서 하수구 잡부로 일하기도 했다. 새로운 투자가들과 연결되거나 자문 역할로 어느 정도 돈이 생기면 바로 그 돈을 새로운 실험에 그리고 단기간에 유형의 결과를 얻을 수 없는 일에 써버렸으므로 투자자들이 더 이상 자금 지원을 하지 않았다. 많은 가능한 연구들이 완성하는 데 드는 자금 부족으로 중단되었다. 테슬라는 끊임없는 초점 변경으로 복수의 아이디어들을 동시에 진행해야 했고 그 결과 서류화가 제대로 되어 있지 않은 여러 가지 시제품만 만들어냈다.

대체로 테슬라는 거의 마르코니와 정반대였는데, 마르코니는 계속해서 제품을 개선하고 세밀하게 정리하면서 분명한 경제적·기술적 초점을 마음속에 지니고 있었고 다른 발명가들에게서 빌려서라도 자기 사업을 독점하려고 노력했다.

1904년 미국 특허국이 니콜라 테슬라의 무선 조종 회로 특허를 취소하고 그 대신 마르코니의 특허를 승인하면서, 특허 초기에 가장 논란이 많았던 특허 분쟁 중 하나를 두고 이들 두 천재가 정면으로 맞붙게 되었다. 테슬라는 이 결정을 뒤집으려고 수년 동안 싸웠는데 그가 사망한 직후인 1943년에 특허국이 테슬라의 특허 몇 가지를 다시 허가했지만 그는 최초로 무선 통신을 만든 사람이라고 발표되는 평생의 목적을 이루지는 못했다. 마르코니는 1896년 확실히 서면에 다음과 같은 말이 적힌 특허로 이런 주장을 붙잡을 수 있었다.

인공적으로 만든 헤르츠 진동의 효과적인 전송과 제대로 된 수신을 위한 실질적 방법을 발견하고 사용한 첫 번째 사람이 나라고 믿는다.

세기말 직전에 테슬라는 무선을 연구하고 있었는데 1898년 매디슨 스퀘어 가든에서 텔레오토마톤teleautomaton이라는, 무선으로 조정되는 배를 시연하기까지 했다. 그 시연은 아주 잘되어 테슬라는 안에 숨겨놓은 훈련된 원숭이 같은 것은 없다는 것을 보이기 위해 모델을 열어 보여주어야만 했다. 이런 원격 조종은 분명히 몇 가지 군사적 응용을 할 수 있었지만 테슬라는 미 육군의 관심을 끄는 데 실패했다.

또 다른 불운한 시점의 예는 빌헬름 뢴트겐Wilhelm Röntgen이 엑스레이의 존재를 발표하기 몇 주 전에 테슬라가 엑스레이 영상을 찍었을 때였던 것 같다. 그래서 테슬라가 1895년에 전자기파 스펙트럼의 최말단의 활용을 선도했는데도 불구하고 우리는 엑스레이로 만들어진 사진을 "뢴트겐 영상"이라고 부른다.

결과적으로 그가 작업했던 많은 것들과 함께 이 같은 경우들을 보면 테슬라는 분명히 시대보다 앞서 있었다—그가 모든 권리를 조지 웨스팅하우스에게 양도했던, 교류 전류의 발전 그리고 송전에서의 신기원적 작업 외에도, 세상은 그의 발명을 받아들일 준비가 되어 있지 않았다.

테슬라는 자신의 무선 조종 텔레오토마톤이 관심 끌기에 실패하자 곧 무선 통신 대신 에너지의 무선 송전을 연구하는 데로 관심을 돌렸고, 콜로라도스프링스와 롱아일랜드에 있던 실험실에서 몇 가지 놀라운 시연을 했다. 이들 시연은 규모가 클 뿐 아니라 대단히 돈이 많이 들어서, 당시 다양한 투자자로부터 테슬라가 끌어올 수 있었던 풍부한 자금마저 심각하게 말려버렸다. 테슬라는 에너지 사업 쪽의 지인들에게 계속 아이디어를 내놓았지만 "무제한의 무선 무료 에너지"를 준비하는 야망에 대한 외부 자금 지원을 얻는 것은 많은 성과를 내지 못했다—잠재적으로 자기들의 엄청나게 수익성이 좋은 기존 사업 모델을 죽일 수 있는 뭔가를 위한 연구에 누가 돈을 대겠는가?

테슬라의 이러한 관심의 변화가 무선 통신의 발전을 마르코니와 다른 경쟁자들에게 넘겼다. 테슬라가 엄청난 성장을 막 경험하려는 시장을 의도적으로 포기하면서 이 사업의 다른 많은 참여자들이 그 과정에서 크게 부자가 되었다.

마르코니의 경우에는 특허 소유권자이자 이들 특정 특허들에 기반을 둔 작동하는 기기를 생산하는 회사의 소유주로서의 이중 역할 덕분에 상황이 더욱 강화되었다. 기기를 소개하는 현수막과 새로운 거리 기록에 관한 기사에 등장하는 그의 이름 때문에 거의 마술 같은 이들 새로운 기기 뒤에 누가 있는지 의문을 가질 수 없었다. 마르코니는 자기 기기에 용케 접목시킨 지속적인 개선을 계속 시연했다. 그의 세계적인 명성은 모든 새로운 성취와 사업 모델과 궤를 같이하며 커져갔다.

그에 비해 테슬라는 현란한 시연과 매체를 통한 많은 광고를 했지만 결국에는 자신의 지나치게 웅장한 아이디어들을 뒷받침할 만한 충분한 현금 흐름을 만들어내지 못했다.

테슬라는 파산했다.

테슬라의 발명 덕분에 부자가 된 조지 웨스팅하우스가 1934년 어려운 사정을 알고 테슬라에게 약간의 월 "자문료"(요즘 화폐가치로 2200달러 정도)를 주고 뉴요커호텔의 그의 방 값도 내주었다.

하지만 설상가상으로 3년 뒤 테슬라는 택시에 받혔고 건강이 회복되지 않았다. 1943년 1월 그는 호텔 방에서 86세의 나이로 죽었다.

대체로 보면 테슬라의 평생에 걸친 다양한 성취는 대단히 인상적이고 그의 많은 설계는 시대를 훨씬 앞서 있었다. 1926년 그는 또한 불가사의할 정도의 이런 정확한 예측을 했다.

무선이 완전하게 적용되면 전 지구는 거대한 두뇌로 바뀌는데, 이것은 사실상 모든 것이 실재하는 조화로운 전체의 일부가 되는 것을 의미한다.

우리는 거리에 관계없이 순간적으로 서로 교신할 수 있게 된다.

이것뿐 아니라, 수천 마일의 거리가 막고 있더라도 우리는 텔레비전과 전화를 통해 마주 보고 있는 듯이 서로 보고 듣게 될 것이다.

그리고 이런 일을 할 수 있는 기구들은 현재의 전화기에 비해 엄청나게 간단하게 될 것이다. 사람들은 자기 조끼 주머니에 하나씩 갖고 다닐 것이다.

우리가 "거대한 두뇌로 변환된 지구 전체"와 오늘날의 인터넷 사이의 연결을 만들어보면, 테슬라는 무선 통신 혁명뿐 아니라 스마트폰을 사용하여 어디에서나 어떤 자세한 내용도 확인할 수 있게 만든 컴퓨터 혁명까지를 내다보고 있었다.

그러나 테슬라의 "거대한 두뇌"의 현대판인 웹사이트를 둘러싸고 자라난 음모 이론 웹사이트의 폭발은 테슬라도 내다볼 수 없었는데 이는 테슬라의 거의 신비적 명성이 만들어낸 것이다. 그의 다재다능함과 그가 뚜렷한 근거도 없이 수많은 천방지축 같은 주장들을 한 것이 그에게 신비스러운 후광을 남겼고, 인식 속 이것의 강도는 독자의 은박지 모자(역자 주: 증명되지 않은 채 뇌를 조종하는 뭔가를 피하기 위해 쓰는 보호 모자)의 두께와 직접 관련이 있는 것이다. 더 난해하고 서류화가 부족한 테슬라의 연구를 지지하는 책과 비디오의 숫자는 놀라울 정도인데 그들 대부분은 테슬라가 만든 "강제로 숨겨진 발명품"들이 인류에게 가져올 무한한 혜택을 "사악한 정부"가 막으려고 한다고 천연덕스럽게 주장하고 있다.

아마도 이들 소문을 촉발하는 데 크게 도왔던 것은 미 연방수사국FBI이 테슬라가 죽은 지 이틀 후에 그의 소유물을 압류하고 그를 외국인처럼 취급했다는 사실이었을 것이다. 테슬라는 원래 세르비아계 이민자였지만 1891년에 미국 시민으로 귀화했으므로 이렇게 할 이유가 없었다.

테슬라의 마지막 유품에 대한 조사 결과 보고서는 관심 끌 만한 사항을 찾지 못했는데, 다음과 같이 적혀 있었다.

지난 15년 동안 [테슬라의] 생각과 노력들은 에너지의 생산과 무선 송전과 관련되어 있는 주로 추측 같은, 철학적이고 뭔가 홍보성의 글자들이었다. 그러나 그런 결과를 실현시킬 만한 새롭고 타당하며 쓸 만한 원리나 방법은 거기에 없었다.

그러나 연방수사국의 "볼 것이 없다" 식의 보고서는 음모론자들에게는 당연히 황소 앞의 붉은 깃발 같았다….

1956년 테슬라는 마침내 "기술 명예의 전당" 안에 이름을 걸었고 국제전기기술위원회는 국제단위계SI에서 자기 흐름 강도의 단위로 테슬라T를 선택하여 그의 성과를 기렸다. 그에 따라 니콜라 테슬라는 하인리히 헤르츠와 함께 영원히 기억될 것이다.

테슬라의 연구 초점이 계속 변했다면 마르코니는 무선 기술에 대한 철저한 집중으로 장치의 연결 거리 면에서 새로운 성과를 계속 만들어냈다. 1901년 그는 대서양 넘어 무선 통신을 달성한 첫 번째 인물이 되었다. 시연은 단 한 글자 모스 부호 "s"의 수신이었지만 무선 기술의 커다란 잠재력을 입증했다. 역사상 처음으로 신·구 대륙이 선 없이 실시간으로 연결되었다.

모스 부호와 초기 스파크 갭 송신기를 포함한 다양한 무선 기술은 테크톡 **스파크와 전파**에서 설명한다.

마르코니가 이런 이정표를 세울 당시 대륙 간 통신은 30년 이상 바다 밑 케이블을 통해서만 가능했다. 첫 번째 대서양 전신 케이블이 1866년 놓였는데 그런 먼 거리를 지나면서 생기는 상당한 신호 악화 때문에 분당 겨우 여덟 단어의 속도로 모스 부호 송신이 가능했다. 세기 초에는 몇 개의 비슷한 케이블이 있었는데, 새로운 것을 까는 것은 대서양 양편에 무선 장치를 설치하는 것과 비교해 엄청나게 비쌌다.

마르코니의 성공은 신문 1면 기사가 되었고 그는 세계적 명사가 되는 길로 제대로 들어섰다. 그는 즉각 자기 명성과 20세기 초의 느슨한 회사법을 충분히 활용하여 경쟁자들이 쫓아오기 전에 무선 통신에서 독점적 지위를 얻으려 노력했다.

예를 들면, 1901년 로이드 보험사와의 사용 허가 계약의 핵심 요구 조건은 마르코니와 비非마르코니 기기 사이의 통신은 허락하지 않는 것이었다. 기술적으로 이것은 대부분의 고객들에게 자연스럽지 않은 완전히 인위적 제한이었지만 당시 마르코니 장비의 고품질 덕분에 수용되었다.

자기 장비의 가장 확실한 시장이 바다-해상 간 통신임을 알고 있던 마르코니는 선박 길을 따라 주요 항구에 해안 무선 통신기를 설치함으로써 자신의 위상을 견고하게 하려 했다. 이렇게 해서 가장 눈에 띄고 중요한 위치들에 그의 장비들을 위한 튼튼한 발판을 놓을 수 있었다.

이런 독점 계약은 마르코니가 초기 판매를 확대하도록 도왔지만 무선 통신 장비의 수요가 너무 컸으므로 커다란 이익 가능성이 다른 여러 제조업체들을 곧 시장에 끌어들이기 시작했다.

무선 통신기의 기본 원리는 기술자들이 이해하고 베끼기에는 상당히 간단했으므로 결국에는 몇 제조업체들이 마르코니 제품의 품질을 추월까지 할 수 있었다. 그런 결과로 자기 기술을 계속 향상시킬 수 있었음에도 마르코니의 독점에 대한 요구는 점점 더 공허하게 들리기 시작했다. 기술적으로 알고 있는 고객들에게는 무선 통신 전파는 공유하는 상품이고 기기에 있는 이름은 신호를 송수신하는 근본적 물리학과 관계가 없다는 것이 명백했다.

본질적으로 상호 운용성이 내재된 시스템에 대한 독점적 지위를 주장하는 회사는 뭔가 잘못될 수밖에 없었고 마르코니에게는 1902년 초에 이런 일이 일어났다.

카이저 빌헬름 2세의 동생 프러시아의 하인리히 왕자가 SS 도이칠란트 배를 타고 미국 여행에서 돌아오는 길에 시어도어 루스벨트 대통령에게 "감사" 편지를 전송하려고 했다. 그러나 독일 배가 슬라비-아르코 AEG Slaby-Arco AEG 무선 통신기를 사용한다는 사실 때문에 마르코니가 설치된 낸터컷의 해안 수신소는 "호환되지 않는" 마르코니 장비로도 완벽하게 수신되는 메시지 전달을 거부했다.

기술적으로 많이 알고 있던, 대단히 화가 난 왕자가 여행에서 돌아온 후 형님인 황제에게 연락하여 무선 통신 통제에 대한 전 세계 회의를 만들도록 권유했다. 이 사건은 1년 후 이 사안에 대한 첫 번째 국제회의를 이끌어냈다.

비록 미국 측 대표단이 처음에는 진전된 정부의 통제에 대한 전망과 제조업체 간 협력의 요구에 미온적이었으나, 그런 규정이 1904년 발효되었다. 이것은 모든 해안선 무선 통신에 대한 정부 통제를 규정하고 전쟁 중에는 모든 무선 시설에 대한 완벽한 통제를 지시하기까지 했다.

마르코니는 맹렬한 허위 정보 캠페인으로 이 결정에 대항해 싸움을 시작했다. 해군에서 낸터컷 숄스 등대선Nantucket Shoals Lightship의 마르코니 장비를 없앴을 때, 무선 통신의 양쪽에서 자기들 장비를 갖고 있지 않는 것이 배와 해안 기지국 사이의 연락을 심각하게 위태롭게 한다고 마르코니 회사의 대표가 주장했다. 그러나 해군은 자체 내부 실험을 통해 제조업체 간 상호 연락성이 완전히 가능하다는 것을 알고 있었으므로, 마르코니 주장에 대한 장비국의 논평은 직설적이었다.

마르코니보다 다른 것이 더 좋을 수 있는데도 정부로 하여금 다른 시스템을 없애려고 하는 독점에 참여토록 유도하는 것은 무모한 시도다.

이런 움직임과 함께 미 해군은 모든 해안 무선 서비스를 초기의 인위적인 독점에서 "전면 개방"으로 바꾸었는데 여기서 선박 대 해안 서비스는 무료로 바꾸었다.

곧 이 서비스는 항해를 돕기 위해 해안에서 배로 보내는 시간 신호, 배에서 해안으로 날씨를 전달하는 것 같은 유용한 확장을 포함할 정도로 커갔다. 1906년 8월 26일 SS 카르타고가 첫 번째 허리케인 경고를 유카탄반도 해안 밖에서 보냈으며 대서양 지역을 통과하는 선박들은 정기적 날씨 보고를 보내기 시작했다.

이런 최신 정보 덕분에 다른 배들은 그에 따라 항로를 변경하는 것이 가능하게 되어 최악의 기상 지역을 피할 수 있었다. 1907년을 시작으로 "항해에 위험한 장애물"이라는 무선 경고가 일일 정기 전송에 포함되었는데 예정된 지역으로부터 방향을 바꾼 등대선에 관한 정보뿐 아니라 등대불이 고장 난 등대에 대한 통보도 포함했다. 무선 기술의 비교적 간단한 이러한 응용이 뱃사람들의 안전을 크게 향상시켰고 실시간 무선 통신의 잠재적 혜택을 실제로 보여주었다.

이 모든 실시간 메시지가 제공한 향상된 안전 덕분에 무선 장비는 그에 필요한 커다란 안테나 구조물을 감당하기에 충분히 큰 모든 배에 필수적인 부분이 되고 있었다.

여전히 무선은 비쌌으므로 대부분 필요할 때만 사용되었다. 여객선의 경우, 대부분의 용도는 해안 밖 메시지로 자기 친구들에게 여행에 대해 자랑하기 원하는 여행객들의 허영의 매체가 되는 것이었다.

이것을 오늘날 휴가지에서 쏟아져 나오는 수많은 페이스북과 인스타그램 업데이트와 비교해 보시라.

무선 통신기가 여전히 선택사항처럼 여겨지는 사실은 심각한 부작용을 낳았다. 이에 대한 경고의 예는 1912년 4월 15일 새벽 RMS 타이태닉에서 발생한 치명적 사건에 연관되어 일어났다. RMS 타이태닉은 배에 최신 마르코니 무선 장치가 있었지만 보낸 사고 신호를 가장 가까이 있던 배 SS 캘리포니아에서 듣지 못했는데, 그것은 단순히 SS 캘리포니아의 무선 통신사가 사고 10분 전에 자기 당번이 끝났기 때문이었다.

SS 캘리포니아가 메시지를 받았다면 침몰하던 RMS 타이태닉의 승객 수백 명이 살아남을 수 있었을 것이다.

더 고약한 우연은 RMS 타이태닉을 타고 있던 무선 통신사가 받은 몇몇 빙산 경고가 통신사가 여행객들에게 받은 개인적 메시지를 중개하느라 계속 바빴기 때문에 무선실을 벗어나지 못했다는 것이다. 사고 하루 전 발생한 무선 통신기의 기술적 문제로 이들 "중요한" 여객들의 메시지 미처리분이 쌓였고 통신사는 손이 없었다.

통신의 우선순위를 의미 있게 정하지 못한 이런 절차상 실수 외에도 새로 생긴 기술 자체도 심각한 문제들이 있었다. 예를 들면, 모든 전기 작동 무선 통신기의 불량한 선별 능력 때문에 근접 채널 간 간섭이 일어났다. 그래서 RMS 타이태닉은 침몰했던 당시 대서양 횡단 동안 다른 배들에게서 빙산 경고를 깨끗이 받는 것이 불가능했다.

이 모든 한계에도 불구하고 RMS 타이태닉에 실려 있던 무선 통신기의 존재가 뒤따른 구조 활동에는 결정적이었다. 그날 밤의 기상 조건하에서는 결정적인 무선 요청이 없었다면 여객 한 명도 살아서 구조되지 못했을 것이고, "침몰할 수 없는" 여객선이 처녀 운항 중에 사라진 것은 세기의 미제 사건이 되었을 것이다.

RMS 타이태닉에서 벌어진 일의 결과로 특히 SS 캘리포니아에서 밤낮 가리지 않고 수신하지 않은 것과 관련하여, 미국 상원이 1912년 모든 배들이 24시간 조난 주파수를 청취하도록 지시하는 '무선 통신법'을 통과시켰다.

비상 상황 속 무선 통신기의 유용성을 보여준 또 다른 예는 RMS 타이태닉 사고 6년 전에 일어났는데, 샌프란시스코에서의 1906년 끔찍한 지진 여파에서였다. 도시를 무너뜨린 진동은 그 지역 모든 전신국과 모든 전화 네트워크를 무너뜨려서 도시 전체가 완전한 통신 단절에 처하게 되었다. 지진 후 단 하나 작동하는 전신 연결은 가까이 마레섬에 있었는데 그 안에 무선 장비도 있었다. 지진 직전에 샌프란시스코 항을 떠났던 USS 시카고라는 증기선이 배 무선 통신기를 통해 소식을 듣고 곧바로 해안으로 돌아와서 샌프란시스코 항과 마레섬 사이의 중계소 역할을 하기 시작했다. 이런 임시변통의 무선 연결로 샌프란시스코는 미국 전역과 다시 연결되었다.

여러 번에 걸친 비슷한 사건들로 무선 연결의 이점은 제대로 알려졌다.

마르코니의 초기 인위적 독점을 없애고 자유 경쟁이 이어진 덕분에 이 새로운 기술의 발전과 이것이 적용되는 규모 모두 급속히 확장되었다.

그리고 수요와 광고가 있는 곳에는 잘 속는 사람들로부터 돈을 사취하려고 하는 사기꾼이 있기 마련이다. 어떤 사람들은 순전히 자기들 회사의 주가를 띄우는 방법으로 매체들이 떠드는 무선 통신기의 위대한 미래를 둘러싼 소문과 빈약한 특허권을 이용했다. 그들은 이런 말로 운 나쁜 투자가들을 꼬드겼다.

수백 달러를 투자하면, 평생 먹고살 수 있을 것이다.

그 결과, 의심스러운 주식을 희망찬 외부인들에게 파는 데 성공한 후 바로 파산하는 회사들을 보면서 세상은 첫 번째 무선 기술의 거품을 경험했다.

좋은 뜻이든 나쁜 뜻이든 언급해야 하는 이름 하나는 리 디포리스트 Lee de Forest인데, 그의 이름을 딴 회사의 패망에 대해 전적으로 그가 비난받을 수는 없다 하더라도 그의 아메리칸 디포리스트 전신회사는 정확하게 앞에서 이야기한 붐-파산의 사이클을 보였다.

디포리스트 자신이 다른 발명가들에게 맹렬히 소송을 거는 인물이었는데 그는 자기주장을 관철하기 위해 약간의 돈을 썼지만 그것이 법정에서 충분치 않았다. 반면에 그 또한 미국 검찰 총장으로부터 사기죄로 고소되었지만 후에 무죄를 받았다.

다채로운 사업 이력에도 불구하고 그는 첫 번째 3극 진공관인 그리드 오디온의 발명가로서 역사책에 공고히 자리 잡았다.

진공관은 약한 신호를 증폭할 수 있고 고품질, 고주파수 진동을 만들어서 수신기와 송신기 기술 모두를 혁신했다. 이 중요한 장치가 고체 전기공학 시대를 촉진했고 이것은 트랜지스터와 후에 마이크로칩의 발명으로 더욱 발전되었는데, 이 모든 것이 테크톡 **스파크와 전파**에서 자세히 논의된다.

그리드 오디온은 발명가들이 선배들의 작업물을 원래의 목적 이상으로 어떻게 향상시켰는지를 보여주는 훌륭한 예다. 전구에 내구성 필라멘트를 만들려는 시도 중에 토머스 에디슨은 자기 실험에 썼던 진공관 안에서 직류의 특이한 속성을 확인했다. 그는 그 현상을 이해하지 못했지만 발견한 것을 기록했고 그것을 에디슨 효과라고 불렀다. 이는 한쪽 방향으로만 전자의 흐름을 제한하는 방법이었다.

이 효과를 근거로 마르코니사의 기술 고문이던 존 앰브로즈 플레밍John Ambrose Fleming 경은 첫 번째 2극 고체 다이오드, 그 당시 열전자관이라 부르던 것을 만들어냈다. 이 부품으로 교류를 직류로 바꾸는 것이 가능해졌다—전기기계 기술만 활용해서는 대단히 하기 힘든 것이다. 열전자관은 어쩐지 신뢰할 수 없고 높은 운용 전압이 필요했지만 전기를 배급하는 수단으로서 교류의 위상을 더욱 강화시켰다.

1906년 리 디포리스트는 열전자관에 세 번째 전극을 추가해서, 모든 진공관의 원조인 첫 그리드 오디온을 만들어냈다. 게다가 1914년 진공관의 증폭 잠재력을 핀란드의 발명가 에릭 티거슈테트Eric Tigerstedt가 향상했는데, 진공관 안에 전극을 실린더 방식으로 재배치하면서 더 강력한 전자 흐름과 더 직선적 전기 특성을 낳게 되었다.

움직이는 부품이 없었으므로 진공관은 전기기계로 된 이전 것들보다 훨씬 더 신뢰할 만하고 작아졌다. 그것들은 무선 통신 기술을 혁신했을 뿐 아니라 다재다능한 전자 시스템의 시대를 그리고 궁극적으로는 최초의 컴퓨터로 가는 시대를 시작했다.

지나서 보니, 그리드 오디온으로 촉발된 전자 혁명을 보면 리 디포리스트는 자신의 발명으로 노벨상을 받았어야 했다. 그리드 오디온은 40년 후에 트랜지스터 같은 진정한 게임 체인저였다. 그러나 존 바딘John Bardeen, 월터 브래튼Walter Brattain, 윌리엄 쇼클리William Shockley가 전설적인 벨 연구소에서의 트랜지스터에 관한 작업으로 노벨상을 받는 동안 리 디포리스트는 운 나쁘게도 받지 못했다.

결국 RMS 타이태닉 사고 후에 제정된 1912년 '무선 통신법'이 또 다른 잠재적 문제를 해결했다. 무선 통신의 출현은 수많은 기술 지향 열성가들을 이 새로운 기술을 실험해 보도록 끌어들였고, 아마추어 무선 활동의 존재가 '무선 통신법'에서 처음으로 공식화되었다. 이들 실험들이 공식 무선 통신을 방해하는 것을 방지하기 위해 아마추어 무선은 1500kHz 또는 그 이상의 주파수를 사용하도록 강제되었다. 이들 높은 주파수는 당시에는 쓸모없다고 생각되었는데, 곧 완전히 잘못된 가정임이 밝혀졌다. 그래서 기술 그리고 무선 전파의 움직임에 대한 이해가 향상되면서 아마추어 무선 용도로 지정된 주파수는 여러 해에 걸쳐 재배정되었다.

많은 경우에 아마추어 무선사들의 도움은 중요한 가치가 있었다. 이 예는 3장 **전쟁 중의 무선 통신**에서 볼 수 있다.

아마추어 무선 활동은 무선의 실험과 발전에서 작지만 활발한 부분인데 전 세계에 수백만의 활동하는 아마추어 무선사가 있다. 이 활동의 다양한 단계들은 지역에서부터 전 세계 통신까지 퍼져 있는데 지구 전체로 신호를 보내기 위해 전용 OSCAR(아마추어 무선용 궤도 위성) 중계 위성을 쓰기까지 한다.

03

전쟁 중의 무선 통신

마르코니의 해상 무선 통신이 생기자마자 전 세계 해군들은 공해상 배에서 메시지를 전송하고 받을 수 있는 가능성을 보았다.

미 해군은 1899년에 마르코니 장비를 써서 충분한 시험을 했고 이 기술을 모든 함대에 배치하도록 결론지었다. 같은 해 12월 해군 장관에게 보낸 보고서에 추가적인 압박이 있었는데, 영국과 이탈리아 해군은 그들 함선에서 마르코니 무선 장비를 이미 활용하고 있는 반면에 프랑스와 러시아 해군은 프랑스 뒤크레테 회사Ducretet Company의 무선 송신기를 가지고 있다고 언급했다.

가상 적들의 능력에 맞서기 위한 무력 쟁탈전은 20세기 초에도 오늘날처럼 만연했고 좋든 싫든 군사적 응용이 기술의 도약 배후에 있는 하

© Springer International Publishing AG, part of Springer Nature 2018
P. Launiainen, *A Brief History of Everything Wireless*,
https://doi.org/10.1007/978-3-319-78910-1_3

\ 흥미로운 무선 이야기

나의 추진력이었다. 무선 통신 분야도 여기에서 예외는 아니었다.

세기 초 굴리엘모 마르코니Guglielmo Marconi와 이름이 같은 회사는 가용한 상업용 무선 장비의 선구자였지만 미국 해군과 마르코니 사이의 협상은 좋게 끝나지 않았다. 이것은 모두 마르코니의 대단히 기회주의적 압박 때문이었다. 해군이 무선 통신기 20대의 견적 가격을 요구하자 마르코니는 파는 대신 리스를 원했고 첫해에 2만 달러 그리고 그 후 매년 1만 달러를 요구했다. 지금 돈으로 하면 총액이 50만 달러 그리고 무선 통신기 한 대당 2만 5000달러가 되는 것이었다―마르코니의 확장되는 사업에는 보장된 깔끔한 수입처였다.

선박에 무선 통신기를 장착해야 한다는 요구에도 불구하고 미 해군은 마르코니와 이런 규모의 리스 계약을 시작하고 싶지 않았으므로 대신 관망하기로 했다. 마르코니의 이 단기적 욕심이 독점을 만들겠다는 그의 큰 그림에 첫 번째 금이 가게 했다. 마르코니의 해군과의 계약이 보류되면서 다른 제조업체들이 기회를 잡고 연 사용허가료 요구 없이 제안서를 냈다. 그래서 여러 제조업체의 장비를 충분히 시험한 후 미 해군은 독일 슬라비-아르코 AEG 무선 통신기 20대를 구입하는데, 마르코니의 장비보다 상당히 저렴할 뿐만 아니라 해군의 내부 실험으로는 저간섭 그리고 높은 선별이라는 면에서 우월한 기술을 제공했다.

이 새로운 경쟁은 20세기 초 무선 기술의 단순성을 보여준다. 빌헬름 2세 황제와 좋은 관계를 가졌던 독일인 교수 아돌프 슬라비Adolf Slaby와 당시 그의 조수 게오르크 폰 아르코Georg von Arco는 1897년 영국해협 너머로의 실험에 참가했다. 슬라비는 이 기술의 커다란 가능성을 알고 있었으며, 특히 군 관련하여 마르코니 장비를 성공적으로 복제하여 독일 무선 산업의 탄생을 이끌고 곧 세계적으로 마르코니의 막강한 경쟁자로 자라났다.

독일산 장비를 군사 목적으로 구입한 것이 당시의 또 다른 회사인 NESCONational Electric Signaling Company의 즉각적인 공격을 촉발했다. 그들의 대리상은 해군이 NESCO의 "국내용" 장비를 사든지 아니면 적어도 그들이 NESCO의 특허를 침해했다고 주장하는 슬라비-아르코 AEG 무선통신기에 붙은 로열티를 내라고 했으나 실패했다. 이 일로 해군은 거론된 특허에 대한 조사를 시작했고 결국은 그 주장은 명분이 없다고 결론지으며 슬라비-아르코 AEG로부터 구입을 진행할 수 있었다.

슬라비-아르코 계약이 발표되자 마르코니는 엄청난 장기 사업 기회에서 사실상 배제된 것을 알았다. 해군의 주문을 놓친 결과가 가져올 경제적 그리고 홍보상 영향을 깨닫고 마르코니는 해군에 다른 사용료 면제 제안서를 냈다. 그러나 당시 사용 가능한 장비들의 품질을 자체 조사한 결과를 신뢰하여 해군은 자기 입장을 지키면서 슬라비-아르코 AEG 장비로 첫 번째 함대 배치를 진행시켰다.

몇 년 후 미국, 독일 간의 관계 악화가 해군에게 연합국 공급선을 다시 찾도록 했지만 마르코니와의 리스를 재고하지는 않았다―기기는 항상 구입했고 빌리지는 않았다.

모든 건전한 구매 절차처럼, 해군은 정해놓은 엄격한 요구 조건과 사양을 준수하면서 제조업체들이 기술적 장점을 근거로 경쟁하도록 했다. 이것이, 회사들이 개혁하고 통신 가능 거리와 방해 전파 선별력 양쪽 모두에서 상당한 향상을 비교적 짧은 시간 내에 이루게 했다.

1905년 12월 19일, 거의 3500킬로미터의 새로운 거리 기록이 코니아 일랜드에 있는 맨해튼 해변의 해군 기지와 파나마의 콜론 사이에서 수립되었다. 이 거리는 아일랜드의 서해안과 뉴펀들랜드 사이 대서양의 해저

전화 케이블의 길이보다 길었고 해저에 케이블을 까는 엄청난 비용 없이 파나마 운하 건설 현장과 연결할 수 있게 했다.

이들 장거리 무선 연결이 원거리 해군 기지들과 통신하는 데 새로운 저비용의 채널을 제공했지만 이 새 기술에 가장 영향을 받은 것은 해군의 전략이었다. 이 시점까지 배들은 수기 신호, 깃발 또는 신호등으로 하는 모스 부호를 사용해 육안 조건 안에서만 통신할 수 있었다. 공해에 나가 있을 때는 바다에서 육지로의 통신은 집비둘기를 사용해 가능했는데 그러한 방식은 초보적이고 단방향 해법이라는 명백한 한계가 있었다. 배가 새로운 지시를 받으려면 전신을 쓰기 위해 항구로 들어오거나 적어도 신호등을 사용할 수 있도록 해안에 충분히 가까이 와야 했다.

배들이 언제라도 새로운 지시를 받고 자신들의 상태 및 위치 그리고 중요한 관찰을 필요할 때마다 보고할 수 있게 되었으므로 무선 통신기의 등장은 이 모든 것을 바꾸었다. 즉석 통신의 엄청난 힘이 글자 그대로 삶과 죽음의 차이를 결정할 수 있었는데 전시에는 더욱 필수적이 되었다.

이 새롭고 순간적인 통신 채널에도 불구하고 초기에 어떤 지휘관들은 공해상에 나가 있을 때 지시를 받는 가능성에 분노했다—그들은 이 새로운 명령 체계가 의사결정에서의 자신들의 권위를 약화시킨다고 받아들였다. 이제는 새로운 지시를 해군성에서 받는 것이 언제라도 가능해졌으므로 해상에 있을 때 그들이 자기 배에 대한 논란의 여지가 없는 지휘관이 될 수 없었다.

실제 전투 중에는 간섭 때문에 무선 통신기가 쓸모없을 것이며 모든 지시가 즉각 적에게 노출된다는 주장 또한 나왔다. 결국 무선 송신은 누구나 들을 수 있기 때문이다. 그러나 1장 **쓰시마 해협**에서 다룬 시나노마루 선상의 무선 통신기의 사용이 가져온 처참한 결과가 이 새로운 기술을 향한 모든 저항을 완전히 없애버렸다.

도청 문제는 공유하는 메시지의 암호화를 위한 암호책 사용으로 우회할 수 있었고 그런 시도는 역사상 이미 널리 사용되어 왔다. 그러므로 암호화된 송신을 적이 듣는 것의 가장 나쁜 부작용은 수신 신호의 강도를 근거로 송신기의 상대적 거리를 상정하는 가능성이었다.

쓰시마 해협의 전투 이후 전함에 무선 통신을 장착하는 면에서 후퇴는 없었다.

세기 초에 무선 통신기를 활용하는 첫걸음이 육지에 있는 부대에서도 이루어지고 있었는데 그런 첫 번째는 1899년 남아프리카의 보어 전쟁에서였다. 실제 전쟁 상황에서 무선 통신기가 사용된 것도 이때가 처음이었다.

해군 장비로 사용하기 위해 영국 부대에 보냈던 마르코니의 장비가 육지용으로 현지에서 개조되었고 심지어 지멘스에서 만든 부품을 원래의 마르코니 기기와 조립해 쓰기까지 했다. 지멘스 무선 통신기의 부품은 영국군이 탈취한 선적분이었는데 원래는 보어군에 가도록 되어 있었다.

하지만 처음 결과는 그다지 대단하지 않았다.

심각한 문제는 커다란 안테나 지지대 설치였는데 안테나를 매달 돛대가 없어서 대나무로 임시방편으로 제작해야 했다. 바람이 세게 불면 안테나 줄을 들어 올리기 위해 커다란 연을 사용했다.

현지 날씨가 또 다른 장애물을 만들었다. 지역 내 자주 있는 천둥의 간섭이 가장 기본적인 기계적 신호 탐색기인 코히러를 엉키게 해서 수신기를 못 쓰게 만들어버렸다.

코히러에 대해서는 테크톡 **스파크와 전파**에서 좀 더 알 수 있다.

더욱이 무선 통신기의 최상의 전송과 수신을 위한 접지의 중요성을 아직 잘 이해하지 못했기 때문에 장비의 나머지 부분이 완전히 가동되는 경우에도 도달 폭이 제한되었다.

소금물이 탁월한 전도성이 있어서 무선 통신기 접지 목적에는 최적이었으므로, 배에서는 접지가 문제가 아니었다. 그래서 남아프리카로 보낸 마르코니 무선 통신기가 항구에 정박 중인 배에 재설치되고 통신에 사용되었는데 육상 무선 통신기보다 더 나은 통신 가능 구역을 제공했다.

약 10년 후 1차 세계대전 중에 육상용 휴대용 무전기 기술이 빠르게 발전했다. 엉키기 잘하는 전기기계적 코히러가 탄화규소 기반의 신호 탐색기로 대체되어 적도 지역에서의 잦은 천둥 속에서 이전에 있던 전파 방해 문제를 없앴다. 더 중요한 것은 이 해결책이 지속적으로 발생하던 기계적 변형에 대해 훨씬 더 탄탄했다는 것이다. 이것이 실제 현장에서 수신기의 신뢰성을 크게 향상했다.

초기 육상용 시스템 중 하나는 냅색 통신소Knapsack Station였다. 필요한 안테나, 접지 매트, 배터리를 합쳐 40킬로그램 정도 되었으므로 그걸 움직이는 데 네 명으로 구성된 팀이 필요했다. "휴대용"이라는 용어가 오늘날의 그런 장비에서 기대하는 것과는 많이 달랐지만 이동식 통신소는 전선이 빠르게 변하는 육상 전쟁에서 큰 차이를 만들었다. 네 명의 팀만으로 예고 없이 거의 어디에든 필요에 따라 무선 통신소를 세울 수 있게 되었다. 명령을 즉각 보내고 받을 수 있고, 지휘부도 전장 상황에 대한 최신 정보를 받을 수 있었다.

냅색 통신소는 4인 조가 필요했으나 이전의 텔레풍켄 제품—노새가 끄는 마차에 장착된 무선 통신기뿐 아니라 보어 전쟁 당시 마르코니 무선 통신기를 실은, 말이 끄는 무선 통신 마차—보다 큰 발전이었다.

또한 최초의 무선 통신기 자동차가 1차 세계대전 막판에 나오게 되었다—이는 두 가지 별개의 급속히 발전하는 기술을 합친 이점의 예다.

스스로의 통신을 가능케 하는 것 그리고 적의 통신을 방해하는 것 양쪽 모두 현대전에서 중요한 부분이라는 것은 명백했다. 그래서 1차 세계 대전이 시작되었을 때 영국 해군이 즉각 행동에 뛰어들었다. 독일과 남미와 미국을 연결하는 해저 케이블이 준설되었다가 절단되었고 독일의 장거리 무선 통신소들이 전 세계에 걸쳐서 공격당했다.

이들 장거리 무선 통신기들은 아직 드물어서 귀했으며 적의 손에 넘어가는 경우 잠재적 가치도 잘 알려져 있었다. 예를 들면, 1914년 독일군이 브뤼셀에 접근하고 있을 때 벨기에는 통신 범위가 약 6000킬로미터인 벨기에에 무선 통신소를 폭파하기로 결정했다—그것을 그냥 놔두면 독일군이 먼 전장에 있는 부대들과 연락하는 데 도움이 될 것이었다.

무선 통신 기술은 항공으로도 확장되었는데 통신만이 아니라 운항을 위해서도 사용했다. 무선 통신 기반의 운항 시스템이 체펠린Zeppelin이라는 독일 비행선들을 위해 고안되었는데, 야간 또는 구름 위를 날 때 육안으로 보이는 이정표 없이 위치를 결정했다. 이 새로운 운항 시스템은 열악한 기상 조건을 활용할 수 있게 했고 느리게 움직여 쉬운 목표가 될 수 있는 체펠린을 적이 찾아서 격추하기 어렵게 만들었다.

하지만 얻을 수 있는 유일한 표시가 그 지점까지의 방위였으므로 정확도는 충분치 않았다. 거리 정보는 다른 수단으로 계산해야만 했다. 그래서 1918년 체펠린이 무선 통신 운항만으로 런던을 폭격하려 했을 때 땅에 떨어진 폭탄은 없었다.

이들 초기 시스템의 개선된 버전들이 전쟁 후 민간용에서 길을 찾았고, 이제는 위성 기반의 운항이 상식이 되었지만 전통적인 육상 기반 무선 운항 보조장치가 오늘날에도 상업 항공의 기초인데, 이는 6장 **하늘 위**

고속도로에서 논의할 것이다.

새로 발명된 진공관 기술이 군사용으로 빨리 응용되어, 장비의 크기를 줄이고 개선된 선별력으로 무선 통신 거리가 향상되었다. 진공관의 활용 덕분에 고주파 사용으로 바꾸는 것이 가능해졌는데, 필요한 안테나의 크기는 사용하는 주파수에 반비례하기 때문에 주파수가 높을수록 훨씬 더 작은 그래서 휴대하기 더 좋은 안테나가 필요했다. 세워놓는 큰 안테나는 찾기 쉬워서 전장에 세워지자마자 적의 표적이 되므로, 빨리 조립·해체할 수 있는 더 작고 덜 눈에 띄는 안테나는 중요한 발전이었다.

마지막으로 진공관 기술은 통신을 위해 모스 부호가 아닌 말의 사용을 가능케 해 정보 교환의 속도를 상당히 개선했다. 숙달된 무선 통신사는 모스 부호로는 분당 30~40단어를 보내고 받을 수 있는 데 반해, 말로 하는 이야기는 분당 쉽게 100~150단어에 달했다. 가장 중요한 것은 음성 통신을 사용함으로써 무선 통신기 작동에 관한 기초 훈련을 받은 누구든지, 점과 대시라는 지식 없이도 바로 메시지를 중개할 수 있었다는 점이다.

2차 세계대전 직전 휴대용 무선 통신기는 자존심 강한 군대라면 없어서는 안 되는 필수 장비였다. 진공관이 이제는 표준이 되었고 간편한 무선 통신 장비가 자동차, 탱크, 비행기 그리고 작은 배에까지 설치되었다. 수신기와 송신기를 각각의 기기에 넣는 대신 이를 합한 송수신기 개념이 표준이 되었다.

무선 통신기는 1차 세계대전 동안에도 탱크에서 이미 사용되었지만, 안테나의 크기 때문에 통신하는 동안에는 탱크를 세워야 했고 장비를 밖에 설치하여 무선 통신소를 만들어야 했으므로 탱크는 공격에 노출되었다. 그러나 독일이 폴란드를 침공하면서 2차 세계대전을 시작했을 때 판제어Panzer 탱크는 정지하지 않고 전투 중에도 사용할 수 있는 무전기를 가지고 있었다. 지속적인 무전기 접속으로 생긴 전례 없는 유연성은 블리츠크리그Blitzkrieg—나치 독일의 빠른 전진과 기술적으로 우월한 공격 원칙—의 핵심 요소였다.

전장에서 상호 정보 운용성을 극대화하기 위해 연합군은 통신 장비를 표준화하려고 노력했다. 결국 2차 세계대전에서 가장 창의적인 손 무전기인 BC-611의 채택에 이르게 되었다. 이것은 당초 갤빈제조사Galvin Manufacturing라는 회사에서 만들었는데 전쟁 전에는 자동차 무전기를 생산하고 있었다. 엄청난 전쟁 수요 때문에 연합국 내 몇 개 다른 회사들도 제조하는 것으로 결론이 났다. 전쟁 말까지 BC-611 13만 대가 생산되었다.

BC-611은 최초의 실제 워키토키였는데 2.3킬로그램의 기기 안에 배터리 두 세트와 모든 부품이 들어 있는 진짜 휴대용 수신기였다. 배터리 하나는 진공관 필라멘트 가열용이고 다른 하나는 실제 통신 회로용이었다. 기기의 크기는 한 손으로 작동하기 손쉬울 정도였다. 완전한 송수신기를 그런 작고 간편한 방수 기기로 가졌다는 것은 여전히 진공관 기술에 기반을 둔 당시 여건을 고려하면 기술적 경이였다. 아마도 가장 중요한 것은 사용자 인터페이스가 아주 간단했다는 점일 것이다. 기기를 켜려면 안테나를 늘리고, 말하려면 단순히 버튼을 눌렀다. 물리적으로 내부 크리스털 팩을 바꾸고 기기 안의 안테나 코일에 맞춰 주파수가 정해지므로 실제로 야전에서 운용하기 전에 고정할 수 있었다—무전기를 예기치 않게 잘못된 채널로 돌릴 수 있는 선택 스위치가 없었다.

이 모든 것 덕분에 이것은 누구든지 최소한의 훈련만으로 운영할 수 있는 진짜 일인용 군사 무전기였는데, 지형에 따라 2~4킬로미터 폭으로 최전선 작전에 완벽하게 맞았다.

사용하는 주파수 면에서 BC-611은 또 다른 휴대용 무전기이며 완전한 설치를 위해서는 조원 두 명이 필요했던 SCR-694와 호환되도록 만들어졌다. 이것은 무전기, 배터리가 필요 없는 수동 발전기와 안테나 세트를 담은 네 개의 가방 때문이었다. 그 결과 이 설비의 총무게는 49킬로그램이었다. 지프에 설치되듯이, 차량에서 사용할 때는 추가로 PE-237 진동 전력 공급장치가 무전기에 필요한 다양한 운용 전압을 발전하는 데 사용되었다.

SCR-694는 대단히 견고하고 방수가 되고 운송 설정에서는 뜨기도 했다. 그러나 무게 때문에 차량용이나 반고정형으로 강등되어 예를 들어 이동이 덜한 야전 지휘소에서 사용된 반면, BC-611은 최전선에서 사용되었다. 이들 모델 둘 다 노르망디에서의 연합군 침공에서 필수 장비였지만 오버로드 작전 동안 그리고 그 후 프랑스 해안에 투입된 인력과 물자의 규모 때문에 이전 세대의 더 무겁고 복잡한 SCR-284 역시 침공 당시 널리 사용되었다.

BC-611과 SCR-694 모두 3.8~6.5MHz 주파수 대역에서 작동했고 SCR-284는 최고 주파수 한계가 5.8MHz였다.

전쟁의 막바지에 갤빈제조사는 주파수 변조를 사용하는 최초의 군사용 무전기도 생산했는데 SCR-300이라고 불렀다. 이 배낭 크기의 장치는 최상의 음질과 대역폭을 제공했으므로 유럽과 태평양 섬 모두에서 사용되었다.

다양한 변조에 대한 논의는 테크톡 **스파크와 전파**에서 볼 수 있다.

늘 그래 왔듯이, 전쟁 동안 일어난 혁신에서의 커다란 도약은 전쟁이 끝나면 바로 민간용이 되었다. 갤빈제조사의 BC-611과 SCR-300이 이것의 완벽한 예인데, 회사는 사명을 모토롤라로 바꾸어서 20세기 후반 무선 사업의 주요 사업자가 되었다.

워키토키 개념은 널리 사용되는 민간용으로, 장거리 트럭 운전사가 등장하는 거의 모든 영화에 나오는 27MHz 대역의 민간 대역CB 무전기와, 미국의 FRSFamily Radio Service와 호주의 UHF CBUltra-High Frequency Citizens Band 같은 보다 최근의 개인용 휴대 송수신기 모두 이런 것이다. 하지만 이것들의 공통 국제 표준―사양, 사용 허가와 전 세계에 걸친 주파수―이 없으므로 이들 기기 한 쌍을 한 나라에서 사서 다른 나라에서 사용하는 것은 국내법과 규정에 위배될 수 있다. 예를 들면, 유럽식 PMR 무선 통신 시스템은 미국, 캐나다 그리고 호주의 아마추어 무선 용도인 주파수를 사용하고 있다.

이들 모든 방식이 2차 세계대전부터의 군사용 전신들처럼 통신을 위해 단일 채널만을 사용하므로 연결은 하프 듀플렉스였다. 즉, 한 번에 한쪽 참여자만 말할 수 있지만 수화자는 무제한 수로 동일 채널에 있을 수 있다.

무선 조종은 20세기 초 군사용으로 첫발을 뗐다. 2장 "**이건 아무 소용이 없어요**"에서 설명했듯이, 니콜라 테슬라가 미국 군대에 1898년 원격 조종의 유용성을 설득하려고 했으나 당시에는 아무런 반응을 얻어내지 못했다. 겨우 10년 후인 1909년에 프랑스 발명가인 귀스타브 가베Gustav Gabet가 첫 번째 무선 조종 어뢰를 보여주었고, 1차 세계대전 동안에는 영국의 아치볼드 로Archibald Low가 이미 무선 조종 비행기를 열심히 연구하고 있었다. 로는 이 주제를 노년에 계속 연구했고 "무선 조종 시스템의 아버지"라는 명성을 얻었다.

군사작전에서 무선 조종의 가치는 전 세계 중요 지점에서 위성 조종 드론이 테러리스트를 찾아내는 데 사용되는 요즘 시대에는 분명하다.

재미있는 것은 트랜지스터 기술이 싸고 쉽게 구할 수 있게 된 1950년 대부터 열성적으로 시작되었던 무선 조종의 활발한 민간 사용의 역사를 이 분야의 성과들이 위축시켰다는 것이다. 원격으로 비행하는 모형 비행기 또는 더 구체적으로 모형 헬리콥터는 상당한 기술이 필요했고 기술이 부족하면 종종 아주 값비싼 대가를 치렀다. 반면에 요즘의 카메라 드론 세대는 누구든지 날릴 수 있고 조종 신호가 없어져도 자동으로 출발한 지점으로 돌아올 정도로 자동화되었다. 이제는 화산 주변, 그리고 (가장 헌신적인 기록영화 제작자는 고려하지 않더라도) 예산을 넘어서던 여러 위험한 촬영 장소에서 환상적인 고화질HD 영상을 기록하는 것도 가능해졌다—이는 컴퓨터와 무선 기술이 결합한 또 다른 탁월한 예다.

2장 **"이건 아무 소용이 없어요"**에서 이미 간략히 논했던 아마추어 무선 활동이 전쟁 작전에도 종종 중요한 영향을 끼쳤다.

1차 세계대전의 시작에 독일 부대들이 아무도 그들의 대화를 엿들을 수 없다고 생각하고 당시 마르코니 수신기가 수신할 수 있는 것보다 저 주파수로 통신하고 있음을 두 명의 영국 아마추어 무선사인 바인툰 히피슬리Bayntun Hippisley와 에드워드 클라크Edward Clarke가 자기들이 직접 만든 수신기로 알아냈다.

히피슬리는 자기들이 관찰한 것을 해군성에 보여주고 군 지휘부가 특수 청취소를 세우도록 설득했는데, 후에 이곳은 북해 해안 헌스탠톤 해안가에 있는 히피슬리 헛Hippisley Hut으로 알려졌다. 해군성은 이 활동의 잠재력이 아주 가치 있다고 여겨 그에게 필요한 장비를 살 수 있는 백지 수표와, 24시간 운영에 필요한 충분한 인력을 채용할 권한을 주었다. 히피슬리 헛의 직원 대부분은 동료 아마추어 무선사들이었고 그들은 청취 설비 몇 대를 현장에서 만들었는데 송신 지점을 1.5도 정확도까지 찍어 내는 데 사용할 수 있는 새로운 방향 추적 무전기도 만들었다.

독일 해군과 비행선 활동의 몇몇 손실은 이 청취소의 공이었다. 가장 눈에 띈 것은 영국 해군에게 독일 함대의 출발을 경고해 준 것이었는데, 이것이 유틀란트 해전이었다. 영국이 독일보다 더 많은 함선과 사람들을 이 전투에서 잃었지만 최종적으로 전쟁의 남은 기간 동안 북해를 향한 무력 시도를 독일 해군은 다시 하지 않았고 북해는 영국의 완전한 장악 하에 남게 되었다.

더 최근에는 1982년 아르헨티나가 포클랜드 제도를 침공했을 때 레스 해밀턴Les Hamilton이라는 아마추어 무선사가 모든 통신 연결이 끊어졌을 때 은밀하게 섬 안의 아르헨티나 부대의 위치와 상황을 계속 보고했다. 영국 부대들이 섬을 탈환하기 위한 공격을 시작할 때 이 정보가 결정적 이었다.

아마추어 무선사는 평화 시에도 자신들의 가치를 입증했다. 2017년 허리케인 마리아가 거의 모든 통신 기반시설을 망가뜨리고 푸에르토리 코 섬을 황폐화시킬 때 국제적십자사는 정보 흐름 관리를 돕기 위해 아 마추어 무선사 자원봉사자들이 재해복구팀에 합류하도록 요청했다.

무전기가 전시에 필수불가결한 통신 도구로 입증되었지만 군사작전 관련하여 한 가지 분명한 결점이 있었다. 도청을 원하면 누구라고 모든 송신을 찾을 수 있었으므로 송신의 비밀을 지키기 위해서는 적이 가로채 더라도 이해할 수 없게 메시지를 암호화해야 했다.

암호화된 메시지를 사용하는 것이 새로운 일은 아니었다—여러 세기 에 걸쳐 교신의 비밀을 지키기 위해 암호화된 메시지는 사용되어 왔고, 새로운 것은 무전기가 제공하는 즉시성이었다.

공유하는 암호책은 1차 세계대전 동안 메시지를 암호화하는 데 사용 되었지만, 암호책 한 권이 적의 수중에 들어가 버리면 비밀을 완전히 잃는 분명한 문제가 있었다. 히피슬리 헛 작전의 성공은 어떤 영국군이 독일 암호책의 복사본을 구해냈기 때문이었는데 메시지를 찾아낼 뿐 아니라 해독도 할 수 있었다.

비슷한 상황을 피하기 위해 독일군은 암호 과정을 기계화하는 연구를 했고 1차 세계대전 끝에 이니그마라는 시스템을 이런 목적을 위해 개발했다.

기계식 타자기처럼 생긴 기기에 송신자와 수신자 양쪽이 알고 있는 회전자rotor를 고르고 기계에 붙어 있는 자판을 사용해 메시지를 타자한다. 그러면 기기는 타자된 각 문자를 회전자에 따라서 새로운 글자로 바꾸고, 그 결과 횡설수설처럼 보이는 문장이 통상적인 수단으로 송신되었다.

수신하는 쪽에서는 같은 회전자 덕분에 그 과정이 역으로 되어서 메시지가 원본, 읽을 수 있는 형태로 복원되었다.

이니그마는 모스 부호와 함께 사용되었는데, 덜 긴급한 교신에 가장 적절했으며 베를린의 사령부에서 보낸 수뇌부 지시를 전달하는 데 사용되었다.

2차 세계대전 직전에 이니그마는 문장 암호화용으로 회전자가 다섯 개로 개선되어, 총 158,962,555,217,826,360,000가지의 회전자 조합을 제공했다. 독일군은 시스템이 너무 복잡해서 이니그마 기기를 연합군이 결국은 갖게 되더라도 깨뜨리기 불가능하다고 결론지었다. 무작위로 올바른 하나를 찾아내기에 선택할 수 있는 회전자 위상이 너무 많았고 사용하는 위치가 매일 자정에 변하기 때문에 적군의 손에 실제로 기기가 있더라도 문제가 없었다.

그 결과, 1940년경까지 독일군은 내부 교신에서 거의 완벽한 보안을 누렸는데 그즈음 이 암호를 깨뜨리려는 첫 시도가 성공하기 시작했다.

영국군은 성공적인 암호 해독의 엄청난 결과를 알고는 자원을 아끼지 않았다. 약 1만 명의 노력으로 이니그마 암호를 마침내 해독했다. 핵심 팀은 영국 블레츨리 파크에 있는 일급비밀 장소에서 유명한 수학자 앨런 튜링Alan Turing의 지휘하에 작업했는데 폴란드의 암호해독가가 했던 이전의 이니그마 해독 작업을 엄청나게 확장했다.

결국에는 명백한 안전성을 과신한 독일군이 일상의 메시지 속에 불필요한 반복적 구조를 사용하거나, 이전 날과 아주 사소하게 세팅만을 바꾸어서 가능한 결합을 크게 줄였던 사실 때문에 이니그마의 몰락이 왔다. 영국은 여전히 일상의 암호를 해독하기 위해 억지 기법을 써야 했지만 가능한 결합의 수가 불가능에서 간신히 감당할 정도로 바뀌었다.

그러므로 기술 자체가 이니그마를 실패하게 한 것이 아니라, 이니그마는 예측 가능한 인간의 행위로 인해 몰락했다.

이들 반복되는 패턴의 일부가 찾아지고 암호 해독 노력의 출발점으로 사용될 수 있었으므로 영국은 봄베The Bombe라는 기계를 설계해 매일 반복적으로 없어진 조합을 조직적으로 찾으려고 했다. 봄베는 현대 컴퓨터의 전신이라고 볼 수 있고 이것 때문에 앨런 튜링은 "현대 컴퓨팅의 아버지"로 여겨진다. 오늘날에도 튜링 테스트는 인간이 컴퓨터와 글로 대화를 나눌 때 실제 인간 또는 기계와 대화하는지를 알아내는 실험을 말한다.

독일군이 자기들 암호가 해독된다는 것을 알아내고 뭔가 새롭고 더 복잡한 것으로 대체할 수 있는 가능성을 줄이기 위해 가로챈 메시지를 기반으로 취하는 대책에 통계적 방식들이 적용되었다. 전반적인 전쟁 상황 면에서 가장 결정적인 정보에만 조치가 취해졌다.

계획 수립자들이 매일, 어떤 해독된 독일 공격 계획을 좌절시키고 어떤 계획을 그냥 하도록 놔둘지 선택할 때 감당해야 하는 도덕적 딜레마를 상상해 볼 수 있다. 건드리지 않는 경우들은 연합군 측의 수천 수백의 사망으로 끝날 것이고 그 잠재적 피해자 중에 계획 수립자들의 가까운 친인척이 있기도 했다.

실시간 교신을 암호화하는 이 전쟁 동안에 재미있게도 미군이 전쟁터 음향 송신을 암호화하는 또 다른 기발한 방법을 내놓았다.

아메리카 원주민 나바호 언어는 나바호 사회 밖에서는 알려지지 않았으므로 이 언어를 배우는 유일한 길은 나바호 사람들과 함께 사는 것인데 1940년대에는 나바호족 외 30명 정도만 그 언어를 할 수 있는 것으로 추산되었다―그 언어를 배우기 위한 교과서도 문법도 없었다.

그래서 군에서 채용한 나바호 화자가 군대의 무선 운영자가 되어 교신을 위해 나바호 언어를 사용했다.

여기에 또 다른 복잡성을 더하려고 "탱크", "비행기" 그리고 아돌프 히틀러를 의미하는 "미친 흰둥이" 같은 단어에는 변환된 나바호 단어 조합을 선택했다.

미군 연구에 따르면, 나바호 "암호병Code Talker"이 세 줄짜리 메시지를 암호화, 송신 그리고 해독하는 데 무선 운영자로서 서로 이야기하게 하면 이니그마 같은 암호 기계를 사용하면 30분까지 걸리는 데 비해 20초에 할 수 있었다.

암호화 목적으로 잘 알려지지 않은 언어의 원주민을 사용하는 발상은 1차 세계대전 중에 작은 규모로 이미 시험되었지만 2차 세계대전 중 태평양 제도의 전장에서 가장 널리 사용되었다. 그 이유는 나치 독일 지휘부가 이 방법을 알고 독일 인류학자들로 구성된 내밀한 그룹을 이 토착어를 연구하도록 미국에 보냈기 때문이다. 미국 전쟁 지휘부는 이들 활동이 열매를 거두었는지는 몰랐지만 이런 역정보 활동을 알고 있었으므로 나바호 말 사용자를 주로 일본군 상대로 쓰도록 결정을 했다.

"모호함으로 하는 보안"이라는 개념에 기반을 둔 이런 시스템은 궁극적으로는 암호화에서 나쁜 접근법으로 여겨지지만 이 특정 경우에서는 완벽하게 작동했다. 일본군은 들은 것에 당황했고 나바호 언어 전송을 해독해 내지 못했으므로, 이는 전쟁 끝까지 계속 암호화의 효과적인 방법이었다.

반면에 일본군은 미국이 전쟁 중 사용하던 다른 모든 암호 방식은 해독할 수 있었다.

연합군은 일본군 암호를 해독해 냈는데 봄베에서처럼 특별히 성공적인 대책으로 해독된 정보를 주워 모을 수 있었다.

1943년 4월 18일 야마모토 이소로쿠 제독의 발라레섬 도착의 정확한 시간을 알려주는 메시지를 가로챔으로써 미국 공군은 P-38 라이트닝 전투기 편대를 보내어 야마모토를 태우고 가던 미쓰비시 G4M 폭격기를 따라가 결국 격추시킬 수 있었다.

이것이 일본군에는 심각한 타격이었다. 야마모토는 진주만 공격의 배후였고 사실상 일본 군대의 수뇌부로서 당시 천황 다음이었다. 이 성공적인 암호 해독으로 일본은 전쟁의 핵심 전략가를 잃었고 그 자리를 비슷한 역량의 사람으로 대체하지 못했다. 또한 태평양의 과달카날 제도 손실 직후 그런 권위를 가진 인물을 잃은 것이 일본 군대 사기에 큰 충격이 되었다. 당시 야마모토 방문의 유일한 이유는 미군이 태평양으로 최근 진군한 후 일본군 사기를 향상시키는 것이었다. 미국 정보 당국의 암호 해독 능력 덕분에 결과는 정반대가 되었다.

2차 세계대전의 암호 해독과 암호화 노력에 관한 재미있는 역사가 몇 편의 영화로 나왔다. 나바호 언어 사용에 대한 홍미 있는 소개가 〈윈드

토커〉라는 영화에서 나오고, 블레츨리 파크에서 튜링과 그의 팀이 했던 일은 〈이미테이션 게임〉에 그려졌다.

적의 교신을 방해하려는 훨씬 조잡한 또 다른 접근법도 있다. 적과 같은 주파수로 강한 신호를 전송하면 적은 교신할 수 없게 된다. 적군이 다른 주파수로 바꾸면 새로운 송신을 자동 검색으로 순식간에 찾아내 또다시 막을 수 있다.

디지털 컴퓨터 기술이 송수신기에 들어갈 만큼 충분히 작아진 시점에는 새롭고 간접적인 암호화 접근법인 주파수 도약(호핑)이 군대에서 이용되었다.

이 방식에서는 송신 그리고 수신하는 무전기 모두 서로 맞춰져 있는 내부 타이머가 있고 주파수 순서표를 공유하고 있다. 송신기는 지속적으로 빠르게 주파수 사이를 건너뛰고 동기화된 수신기는 이들 주파수를 같은 주파수 표에 따라서 맞추게 된다.

적군이 사용 중인 순서와 시기 선택에 대한 정보가 없다면 통상의 송신기로는 이런 송신을 교란시키는 것이 불가능하다. 마찬가지로, 정확한 순서를 알지 않고는 고정된 주파수로만 엿듣는 어떤 사람에게는 주파수 도약 송신이 그 채널에 무작위 간섭처럼 들리기 때문에 대화를 엿듣는 것이 불가능하다.

이 방식은 적절히 사용되면 기계에 근거한, 뚫을 수 없는 준암호화 채널을 제공한다.

주파수 도약이 전시 교신에만 유용한 것은 아니다. 고정 주파수에 나타나는 모든 간섭에 대해 대단히 잘 작동한다. 이 "오염된" 주파수가 순서당 아주 짧은 시간 동안만 사용되므로 채널의 질에 대한 전반적인 영향은 최소화된다. 그래서 9장 **미국의 길**에서 보듯이 주파수 도약은 결국 일상의 민간용으로 그 길을 뚫었다.

기술의 소형화 덕분에 모든 병사에게 개인화된 디지털 교신기를 제공하는 것이 가능하기 때문에 전문 군사용 무전기 운영자는 점점 더 드물어지고 있다.

전통적인 점대점 송신 대신, 전쟁터의 이 모든 가용한 무전기가 그물통신망mesh network을 만드는 데 사용될 수 있고, 모든 개개의 무전기가 범위 내의 다른 무전기를 인식하고 망을 통해 정보를 연결하는 데 활용될 수 있다.

그물 통신망에 대한 더 많은 논의는 테크톡 **그물 통신망 만들기**를 참조하기 바란다.

전장용 그물 통신망을 만들려는 초기 시도는 1997년 미국 국방성의 연합전술 무전기시스템JTRS 프로젝트에서 시작되었다. 이것은 아주 야심 찬 프로그램으로 많은 비용과 일정 초과 때문에 고전했는데 기대되는 결과와 가용한 기술의 수준이 아직 모아지지 않았다. 프로젝트의 전반적 비용은 수십억 달러에 달했으며 개인용 무전기 하나의 예상 비용이 3만 7000달러였다. 모든 문제에도 불구하고 프로그램은 기술적 수준에서 여전히 진행 중이고 또 다른 떠오르는 기술인 SDRSoftware Defined Radio와 그물 통신망을 합치는 것을 목표로 하는 듯하다. 최근의 급속한 SDR 기술 발전으로 JTRS가 그 목표를 달성하고 결국에는 미국 군대 무전기 구조를 통일하는 희망을 제시하고 있다.

SDR는 테크톡 **성배**에 설명되어 있다.

덜 중요한 것은 아니지만 마지막으로, 군과 민간 양쪽 모두에서, 교묘하고 자세하게 구상된 내용의 선전을 대중에게 전파하는 것이 2차 세계대전 동안에 통신 전쟁의 중요한 면이 되었다.

추축군이 연합군의 사기를 떨어뜨리려는 일일 송신을 시작했다. 영국 특유의 악센트로 말하는 아일랜드 협력자인 독일의 호호 경Lord Haw-Haw 이 사실상 2차 세계대전 전 기간, 방송을 통한 선전 활동으로 연합군을 폭격했고, 태평양에서는 영어를 하는 일본 여성들로 꾸려진 일본의 도쿄 로즈Tokyo Rose가 유행하는 미국 노래와 곧 닥칠 절망의 끔찍한 협박을 엮어 미군들을 "다루었다".

그런 전송은 진짜 목적이 명백했음에도 청취자들이 흥미를 갖도록 많은 실제 정보가 간간이 섞여 있었다—국내의 심각하게 제한된 소식 때문에, 특히 성공적이지 않은 군사작전에 관하여, 군인과 민간인 모두 자기 동료와 사랑하는 이들에 대한 추가 정보 소식통을 찾는 데 열심이었는데 이들 적군의 전송을 듣는 것이 자기 정부의 심하게 검열된 메시지에 대한 대안이 되었다.

진짜 선전물과 신뢰성 있는 정보의 좋은 혼합을 만들어내는 것이 바람직했는데 연합군 지휘부에게는 자신들의 정보 흐름을 향상시키는 것이 소식이 부정적이더라도 충분히 효과적임이 밝혀졌다.

이들 선전 노력에 기여한 것은 참가자 개인에게는 결국 좋지 않았다.

호호 경의 역할을 한 주요 인물인 윌리엄 조이스William Joyce는 1939년에 독일로 도망간 아일랜드 파시스트였는데 전쟁 후 반역죄로 교수형당했고, 도쿄 로즈 중 한 명으로 알려진 미국 출신 일본인 이바 도구리 다키노는 미국으로 돌아가려고 할 때 반역죄로 옥에 갇혔다. 그녀는 도쿄 로즈 참여를 입증할 충분한 증거가 없다고 결론이 나면서 10년 후 결국 풀려났지만 90세 나이로 죽을 때까지 이 잠재적 연계의 그늘이 드리워져 있었다.

단방향의 새로운 무선 통신인 방송이 두 세계대전 사이의 세월 동안 일반화되면서 호호 경과 도쿄 로즈 같은 존재들이 있을 수 있었다.

무선의 황금시대가 우리 사회에 심대한 영향을 미쳤으며, 이 첫 번째 가전 붐으로 이끈 재미있는 이야기가 다음 장의 주제다.

04

무선의 황금시대

캐나다 목사의 아들 레지널드 페센든Reginald Fessenden은 캐나다 퀘벡에 있는 비숍대학교에서 수학 석사 학위를 받았을 때 겨우 14살이었는데 부속 비숍칼리지에서 또래 소년들을 가르쳤다.

능력을 인정받고 졸업을 위한 필수 수준의 학업도 분명히 끝냈지만 그는 18살에 정규 학위 없이 대학을 떠나 버뮤다 섬에서 교사로 일하기 위해 이사 갔다.

하지만 그의 개인적 관심은 미국 본토에서 진행 중이던 전기 혁명에 정확히 꽂혀 있었다. 바로 2년 후 그는 결국 호기심 때문에 마음을 고쳐 먹었다. 그는 "천재 그 자체"인 토머스 에디슨을 위해 일한다는 분명한 목적을 가지고 뉴욕으로 이사했다.

© Springer International Publishing AG, part of Springer Nature 2018
P. Launiainen, *A Brief History of Everything Wireless*,
https://doi.org/10.1007/978-3-319-78910-1_4

처음에는 에디슨이 페센든의 독특한 학력을 인정하지 않았지만 "어떤 일도 마다하지 않겠다"라는 그의 주장에 기회를 주었고, 페센든은 에디슨 회사 중 한 곳에서 비숙련 시험기사가 되었다. 그 후 4년 동안 그의 헌신이 성과를 거두었고, 회사 안에서 빨리 승진하여 수석 화학자가 되어 1890년 에디슨의 재정적 문제가 그를 밀어낼 때까지 다른 많은 우수한 기술자들과 함께했다.

이 사소한 좌절은 페센든을 멈추게 하지 못했다. 테슬라처럼 그는 조지 웨스팅하우스에게 잠깐 채용되었고 새로 습득한 실질적인 전기 기술로 펜실베이니아대학교 전기공학과의 학과장이 되었다.

그는 새로 발견된 무선 전파의 실질적인 시연 제품을 만들기 위해 연구했지만 마르코니가 1896년 성공적인 시연을 발표하면서 경쟁에서 졌다고 느꼈다.

페센든은 통상의 스파크 갭 접근법으로 작동되는 장치를 만들려 했는데, 어느 날 실험 중에 송신기에서 모스 키가 엉키면서 수신기에서 지속적인 웅웅 소리가 났다. 이것을 좀 더 조사한 후 페센든은 음성을 실을 수 있게 무선 송신이 어떻게든 변조될 수 있다는 것을 이론화했고 이 가능성을 연구하는 것이 그 뒤 여러 해 동안 그의 주된 관심사였다.

대학 진급에서 누락되자 그는 학교를 떠나 이 분야의 연구를 지속할 수 있도록 개인 자금을 찾기 시작했다.

페센든의 첫 자금적 돌파구는 1900년에 생겼는데, 기상청의 일기예보 설정을 전신에서 무선으로 바꾸는 계약을 미국 기상청에서 따냈다. 계약서 문구는 그가 발명한 모든 것의 소유권을 그가 가질 수 있게 허용했고 이 시기 동안 그는 신호 탐색 기술에서 몇 가지를 개선했다.

그의 개인적 목표는 여전히 무선 전파를 통한 음향 전송이었고 1900년

말 그는 결국 성공했다.

그의 초기 음향 송신 장치가 여전히 가장 기본적인 전기기계적 스파크 갭 기술을 기반으로 하고 있었다는 것은 기억할 만한데, 고체전자 부품의 발명이 아직이었기 때문이다. 그러므로 그가 작업해야 했던 극히 원시적인 기술을 고려하면 모스 부호가 아닌 음성 전송은 커다란 성취였다.

여러 해에 걸쳐 페센든은 엄청난 다작의 발명가가 되었는데, 그의 이름으로 500가지 이상의 특허를 가지고 있었다. 1906년 그는 대서양 횡단 양방향 모스 통신을 처음 달성했고 5년 전 마르코니의 단방향 통신을 추월했다. 이 작업으로 그는 이온층의 효과를 접했는데 이것은 당시 사용하던 주요 주파수를 반사하는 초고층 대기권에 있는 층이었다. 그는 송신의 범위가 1년을 두고 그리고 매일 태양 복사의 영향으로 크게 변하는 것을 확인했다. 그는 의도하지 않았던 대서양 횡단 음향 송신 역시 해냈다. 미국에 있는 수신기를 목표로 했던 시험이 우연히 스코틀랜드에서 들린 것이다. 페센든은 그해 후반 최상의 이온층 조건에서 통제된 설정으로 이것을 재현하고 싶었으나 운 나쁘게 겨울 태풍이 스코틀랜드 수신소의 안테나를 망가뜨렸다.

음향 송신 성공이 페센든의 유일한 획기적 발명은 아니었다. 1901년 발표한 그의 헤테로다인 원리는 시대를 앞서 있었고 이론을 실제로 확인해 줄 수 있는 전자 부품이 생기기 3년 전이었다. 이 원리는 슈퍼헤테로다인 수신기 조립에 적용된 것으로 지금도 사용되는 주요 무선 수신 기술이며, 테크톡 **스파크와 전파**에 설명되어 있다.

페센든의 음향 송신에서의 초기 진전이 투자자들의 관심을 끌었고, 새로 만든 NESCONational Electric Signaling Company라는 회사에서 그는 기존의 스파크 갭 시스템을 대체하기 위한 연속파 송신 기술을 계속 연구했다. 이 과정에서 그는 자신의 기존 핵심 특허를 NESCO에 이전했고 회사를 위한 지적 재산권의 중요한 포트폴리오를 만들었다.

그는 이 새로운 접근법을 추진하는 동안 당시 몇몇 무선 개척자들에게 업신여김을 받았는데, 그들은 스파크 갭 시스템이 충분한 강도의 무선 전파를 만드는 유일한 방식이라고 강하게 믿고 있었다.

그리고 실제로 전기기계 장비를 통해 고주파 발생기를 만드는 것이 대단히 복잡한 것으로 판명되었다. 성공적인 시연자들도 아주 낮은 송신력만 만들 수 있었고, 이는 페센든의 초기 연속파 송신에 의한 거리를 약 10킬로미터 정도로 제한했다. 페센든은 이 작업을 GE와 외주 계약했는데 이 회사는 토머스 에디슨이 만든 여러 회사를 합병한 데 뿌리를 두고 있었다. GE와 페센든의 계약은 언스트 알렉산더슨Ernst F.W. Alexanderson의 감독하에 진행되었는데 페센든과의 계약이 만료되고도 그는 이 연구를 계속했고 결국은 아주 성공적인 알렉산더슨 교류발전기를 만들어서 역사책에 이름을 올렸다. 그가 만든 것은 대서양 넘어서 닿는 데 충분할 정도로 강력한 전기기계적 연속파 송신기였다.

그러나 페센든은 20세기 초반에는 제한된 범위에 대해 그다지 걱정하지 않았다—그는 변조로 음향을 사용할 수 있는 커다란 가능성과 변조 문제가 해결된 후에만 파워 처리가 중요하다는 것을 알고 있었다.

페센든은 수많은 시연에서 좋은 진전을 이루었고 그중에는 1906년 크리스마스 즈음에 처음으로 음악을 송출한 일도 있었는데, 그때 그는 직접 노래를 부르고 바이올린을 연주했다. 그는 송출을 위해 축음기 녹음도 사용했다.

성공적인 시연 덕분에 페센든은 방송 개념의 —청취자에게 프로그램의 단방향성 송출을 한— 첫 실행자로 간주될 수 있다.

그리고 그는 사전 녹음된 음악에 직접 해설을 붙였으므로 자신도 모르는 사이에 세계 최초의 라디오 디제이가 되었다.

그 며칠 전엔 유선전화 시스템과 무선 음향 송신 시스템을 상호 결합시킴으로써 이들 두 가지 통신 기술이 병합되는 것을 매사추세츠에 있는 브랜트록에서 시연하기도 했다.

진짜 개척적인 회사가 종종 그렇듯이 NESCO는 불운하게도 투자자들이 기대했던 투자 수익을 내지 못했고 이것이 페센든과 주주들 사이에 상당한 마찰을 야기했다. 3장 **전쟁 중의 무선 통신**에 그려졌듯이 NESCO가 미국 해군의 무전기 사업을 통해 발판을 얻으려 한 초기 시도는 성공적이지 못했고, 훗날 기록을 보면 NESCO 회사 구조를 벗어난 페센든의 광범위한 사업 활동이 전반적 상황에 도움이 되지 않았다. 그래서 그와 재정 후원자들 간에 길고 복잡한 법적 다툼이 뒤따랐고 NESCO를 법정 관리까지 몰고 갔다.

그러나 그 직후 마침내 페센든에게 행운이 돌아왔다. 새로 발명된 진공관 기술이 가능해지면서 고출력 연속파 발생을 위한 실행 가능한 방안이 생겼다. 그 결과, 페센든이 특허 신청을 했던 음향 변조와 수신기 양쪽 기술들이 결국 열매를 맺기 시작했다. NESCO의 특허 자산이 우선 웨스팅하우스에 팔렸고 후에는 RCARadio Corporation of America의 지적 재산권이 되었다.

페센든은 이 거래 일부에 대해 다투었고 1928년 그의 사망 불과 4년 전에 RCA는 상당한 현금 지불과 함께 사건을 정리했다. RCA에는 아주 좋은 거래가 되었는데 회사는 얻은 기술을 완전히 활용하여 20세기 중반 최대 회사 중 하나가 되는 길로 들어섰다.

사업상 여러 번의 좌절과 시작 단계의 불운에도 불구하고 페센든의

20여 년 이상에 걸친 연속파 기술에서의 단계적 성과는 무선 송신 기술 역사에서 주목할 만하다. 그가 이룬 성과는, RCA가 앞장선 방송 혁명으로 이끈 결정적 단계였다.

RCA의 이야기는 1차 세계대전 직후부터 시작한다.

전쟁 초기에는 대서양 횡단 무선 송신을 지배적인 한 회사가 장악했다 —그것은 영국에 있던 마르코니 사업 제국의 일부였던 미국 마르코니 무선전신회사였다.

이 회사의 자산을 당시의 법이 요구하는 대로 전쟁 중에 미국 군부가 인수했지만, 전쟁이 끝난 후 이들은 마르코니에 돌려주는 대신 외국 회사들을 미국 시장에서 쫓아내기 위해 회사 자산들을 대단히 기회주의적이고 보호주의적인 일련의 조치들을 통해 강제로 사들였다.

이 매각의 이유는 마르코니사의 입장을 위태롭게 했던 독창적 기술의 세부사항 때문이었다.

RCA의 최대 주주는 GE였는데 앞에서 거론했듯이 이들은 알렉산더슨 교류발전기를 제조했다. 이 교류발전기는 마르코니가 제조하고 세계적으로 유통하던 장거리 송신기의 핵심 부품이었고, 한 번에 고출력 연속파를 만들 다른 수단이 없었다. 그래서 GE가 마르코니 미국 자산과 교환하여 마르코니에게 미국 외 사용 목적으로 이들 교류발전기를 지속적으로 팔 것을 제안했을 때 마르코니는 미국 자회사 매각을 수용하는 외에 다른 선택방안이 실제로 남아 있지 않았다.

그 결과, 미국 마르코니 무선전신회사의 자산은 RCA의 초기 핵심 자산이 되었다. 이 일에서 정말 웃긴 건 빠르게 진보하고 있던 진공관 기술이 5년도 채 되기 전에 알렉산더슨 교류발전기를 구닥다리로 만들었다는 사실이었다.

미 육군과 해군은 새로 설립된 회사의 산파로서 이사회 의석을 얻었고, 가장 중요하게는 전쟁 중 강제로 병합한 특허권을 통해 GE와 다른 주요 회사들 간 무선과 전자 부품 기술을 둘러싼 많은 잠재적 분쟁을 진정시켰다. 그 결과, 강력한 특허 포트폴리오와 엄청나게 부유한 후원자들 덕분에 RCA는 전후 사회경제적 활황기에 최상의 입지를 확보할 수 있었고, "적절한 시기에 적절한 위치에 있었던" 성공 이야기의 하나가 되었다.

무선 기술은 성숙되었고 고출력 음향 송신이 가능해졌으며 무선 수신기 제조 원가가 대중이 살 만한 수준까지 떨어졌다. 그 결과, 무선 수신기(라디오)는 "필수" 기기가 되었으며 각 가정은 이를 대량으로 사들였다.

새롭고 대단히 유용한 발명품이 대중에게 살 만하게 된 다음에 아주 많이 보였던 하키 스틱 곡선 단계에 수요가 이르렀다. 이 경우 판매는 갑자기 하늘을 찌르고 최고의 제품을 가진 회사들은 자기들이 만들 수 있는 만큼 팔 수 있게 된다.

RCA는 소비 태풍 속에 있었고 당시 가장 위대한 사업 지도자인 데이비드 사르노프David Sarnoff를 대표로 두고서 회사는 빠르게 무선에 관한 모든 것을 취급하는 거대 기업이 되어서 전 세계적으로 알려진 첫 번째 통신 제국을 만들었다.

데이비드 사르노프는 마르코니 낸터컷 무선 중계소의 무선 운영자로 고용되었던 러시아 이민자였다. 다음의 운명적인 메시지를 받았을 때 그가 근무 중이었다.

타이태닉호가 빙산에 부딪혀 빠르게 가라앉고 있다.

사르노프는 그 후 72시간 동안 구조 활동 관련 메시지를 쉬지 않고 전달했다고 주장했다.

타이태닉호 사고 후 4년 동안 사르노프는 마르코니 미국 사업에서 빨리 승진했고, "라디오 음악박스 메모Radio Music Box Memo"라고 널리 알려져 있는 이야기에 따르면 방송 사업 모델인 그의 아이디어를 1916년 미국 마르코니 무선전신회사 경영층에게 팔려고 하면서 이렇게 말했다.

무선 통신기(라디오)를 피아노나 축음기 같은 느낌의 "가정용품"으로 만드는 개발 계획을 마음속에 가지고 있다. 이 구상은 무선으로 가정에 음악을 보내는 것이다.

그는 이 구상을 성공시키지 못했으며 1차 세계대전이 발발하자 전쟁 기간 동안 민간 라디오 개발이 완전히 동결되었다.

마르코니의 자산이 전쟁 후 RCA에 양도되자 데이비드 사르노프를 포함해 직원 대부분이 거래의 일부로 넘어갔다. 이 새로운 국면에서 사르노프는 드디어 그 대담한 전쟁 전 계획을 지속하는 데 필요한 지원을 얻게 되었다.

사르노프는 오락, 뉴스 그리고 음악을 대중에게 전파하면 RCA가 생산하는 기기에 대한 큰 수요가 있을 것을 알고, 무선 통신 수신기(라디오)의 제조뿐 아니라 송신할 내용의 창작까지 포괄하는 대규모, 다면적 활동으로 회사의 콘셉트를 바꾸는 데 소요되는 자금을 새로 싹이 나는 RCA가 제공하도록 하는 자기의 구상을 성공적으로 설득했다. 그의 조치들이 기존의 양방향 통신 시스템을 오늘날 우리가 갖고 있는 수십억 달러의 단방향 방송 제국으로 바꾸는 혁명을 시작했다.

1921년, 그는 헤비급 권투 시합의 실황 방송을 했는데 그날 밤 청취자 수는 수십만 명으로 추산되었다. 이것은 어느 물리적 장소에 모을 수 있는 수보다 훨씬 많은 청중이었다.

쉽게 도달할 수 있는 커다란 청취자 시장이 탄생했다.

이런 이벤트들은 이 새로운 방식의 잠재력을 보여주었고, 판매는 폭등했고, 시장 장악을 향한 RCA 행진도 안정적이었다. RCA가 미국 무선 황금시대의 촉매가 되었고, 방송파는 음악부터 스포츠 생중계 그리고 최신 뉴스까지 모든 종류의 오락으로 채워졌다. 이것은 전혀 새로운 경험을 만들었다. 즉, 청취자의 상상력을 건드리는 소리 풍경이 있는 라디오 극장이었다.

가끔은 라디오 극이 제작자의 서투른 꿈 이상으로 성공했다.

1938년 10월 30일 조용한 일요일 저녁, CBSColumbia Broadcasting System의 일반 청취자들이 "뉴욕의 파크플라자호텔에서 연주되는" 감미로운 생음악을 즐기고 있었다.

하지만 곧 음악은 뉴스 속보와 뒤섞이기 시작했다. 처음에는 평범한 일기예보였다가 그다음에는 화성 표면에 나타난 섬광에 대한 이상한 망원경 관찰에 관한 보도였다.

당황한 천문학자와의 인터뷰가 나오고 음악이 그 후 계속되었다.

그리고 또 다른, 뉴저지에서 관찰된 다수의 유성들의 목격담이 보도되었다.

더 많은 음악과 일상의 뉴스가 뒤따랐다.

그러나 바로 이들 생방송으로 보이는 뉴스 속보의 내용은 경고성으로 바뀌었다. 뉴저지의 그로버스 정미소Grover's Mill 앞마당에 불길한 소리에 둘러싸인 이상한 원통형의 물체가 있다고 설명했다. 이들 보도에는 그

원통형 물체에서 기어 나온 "이상한 생명체"를 목격한 증언이 뒤따랐다.

보도는 점점 더 마구잡이 공황 상태가 되었고 사이렌 소리와 악쓰는 소리가 마당에서 들리면서 결국 생방송은 갑자기 중단되었다.

방송이 계속되면서 "현장 장비의 기술적 문제"를 중단 이유로 들었지만, 또 한 번의 간단한 음악 간주 후에 "화성에서의 침입"이 일으킨 몇 건의 사망 사고에 대한 무거운 보도가 있었다.

뉴저지에 계엄령이 선포되었다.

군대가 이들 침입자들을 공격하고 있다는 내용이 보도되었고, 화성인에게 당한 엄청난 피해자들의 생생한 현장 이야기가 뒤따르고 동시에 점점 더 많은 원통들이 착륙했다고 보도되었다.

"워싱턴의 내무부 장관"의 대단히 감상적인 연설이 뒤이었는데, 지구 사람들에 대한 "충격적인 공격"을 그리고 있었다.

속보가 거듭될수록 상황은 더 나빠졌다. 폭격기와 대포로 화성인에게 맞대응했으나 결과는 나빴고, 결국 이웃 도시인 뉴욕 역시 화성 침입자들이 점령했다는 보도가 홍수를 이루었다.

그러나 뉴욕이나 뉴저지에서 누군가가 이를 들으면서 창밖을 내다보았다면, 광선총을 자랑하는 화성인이 어디에도 전혀 보이지 않았을 것이다.

이렇게 간단히 확인할 수 있는데도 고약한 보도로 가짜 속보가 계속 쌓이면서 일부 청취자들은 패닉 상태에 빠졌다.

이 시점에 할로윈 전야 장난 같은 극 형식의 프로그램이 만들어졌다는 첫 공고가 나갔지만, 모든 사람이 그 메시지를 들은 건 아닌 듯하다.

심각하게 이야기가 전개되다가 결국 뉴욕 파괴에 대한 보도가 널리 퍼진 후에 화성 침입자들이 갑자기 죽어버렸다. 그들은 일상적인 우리 지구 병원균에 대항하는 면역력이 없어 보였다.

전쟁은 끝났다. 지구 대 화성, 약간의 바이러스 도움으로 1 대 0.

하지만 실생활에서는 잠재적인 화성인들은 자기들 고향 행성에 여전히 굳건히 있었고, 그 프로그램은 H.G. 웰스의 『우주 전쟁The War of the Worlds』이란 소설의 기발한 각색이었다—분명히 일부 청취자들은 이미 알아차린 사실인데, 화성인에 대한 이야기 줄거리와 묘사가 그들이 읽었던 책에 있는 것과 엄청 같았기 때문이다.

그러나 다른 많은 사람들은 이것을 알아차리지 못한 듯 보였고, 그 "리얼리티 쇼" 접근법은 CBS에 채널을 맞춘 많은 사람들을 놀라게 했다. 청취자 중 많은 이들이 가장 인상 깊은 순간인 프로그램의 중간에 들어왔으므로 단순한 장난이라는 첫 공지 사항을 놓쳤다.

그 결과 미국 전역의 청취자들은 그들이 들은 것을 실제 사건의 묘사로 받아들였고, 젊고 야망 있는 오슨 웰스Orson Welles라는 그 쇼의 감독은 갑자기 뜨거운 맛을 보게 되었다. 심지어 몇몇 자살까지 그 쇼 탓을 했다.

이튿날 아침 갑자기 열린 기자회견에서 웰스는 자신 및 자신의 회사가 소송을 당하거나 방송 허가를 빼앗기지 않도록 잘 이야기했다. 심심한 유감을 표하면서 그는 다음과 같은 말을 했다.

우리는 지난밤 방송의 결과에 대해 깊은 충격을 받았고 유감스럽게 생각합니다.

그런 후 웰스는 쇼의 "예측하지 못한 영향"을 거론하면서, 쇼가 단지 라디오 극장 극으로 만들어졌다는 몇몇 공지가 방송 중에 있었다고 강조했다.

쇼의 효과성을 둘러싼 전국적인 미디어 소동media circus의 결과로 웰스는 할리우드에서 아주 성공적인 경력을 쌓게 되었고 그는 〈시민 케인〉

이라는 가장 위대한 걸작 중 하나를 창작하게 되었다.

〈우주 전쟁〉은 좋은 쪽이든 나쁜 쪽이든 모두에서 방송의 파급력을 구체적으로 보여주었다. 무선 통신은 양방향 정보 교환을 위한 통신 도구로만 유용한 것이 아니고 단방향의 강력한 전달 매체이기도 해, 실시간으로 인구 다수에 닿을 수 있고 대중의 감정을 진정시키거나 점화시키는 데 사용할 수 있는 도구였다.

이 엄청난 힘은 또한 완전히 비도덕적인 선동 목적에도 사용될 수 있는데 이는 3장 **전쟁 중의 무선 통신**에서 논의한 바 있다.

이 모든 것은 고체전자 부품의 급속한 개발을 통해 가능해졌는데, 이로써 수신기 기술이 크기에서 작아졌을 뿐 아니라 일반인들이 살 수 있을 만큼 충분히 저렴해졌다.

가장 싼 무선 수신기인 크리스털 수신기는 1904년경부터 나오기 시작했다. 스파크 갭과 연속파 송신 모두에 적당했지만 청취자가 뭔가를 들으려면 헤드폰을 사용해야 했다. 또한 덜 민감해서 청취자가 신호를 받으려면 송신기에 비교적 가까이 있어야 했다.

1920년대에는 1차 세계대전 동안 얻은 소형화의 빠른 개발 덕분에 진공관 기반의, 살 수 있을 만한 기기가 생겼다. 이들 기기들은 이제 내부 증폭기와 스피커가 있어서 청취자들은 더 이상 헤드폰이 필요하지 않았다. 능동 전자 부품과 함께 슈퍼헤테로다인 기술의 적용으로 수신 범위가 크게 확대되었고, 따라서 어느 주어진 위치에서든 가용한 수신소의 숫자가 증가했다.

테크톡 **스파크와 전파**에서 고체전자의 이점과 슈퍼헤테로다인 기술에 대해 자세히 논의하고 있다.

처음으로, 이제는 전 가족이 수신기 주변에 모여 함께 듣는 경험을 할 수 있게 되었다. 새로운 가족 오락이 생겨난 것이다.

늘어난 수요는 수신기의 대량생산을 이끌었고, 이로 인해 제조업체 간 심한 경쟁과 함께 가격이 빠르게 인하되었다. 세상은 첫 번째 가전 활황을 맛보고 있었다―이는 대규모 적용을 위해 새로운 기술이 성숙하는 동안 이후 무수히 반복된 현상이다.

수신기의 늘어난 복잡성과 진공관의 제한된 수명 때문에 이따금 수신기 수리가 필요했다. 이번에는 이런 상황이, 계속 늘어나는 소비자의 기기들이 정상 작동하는 데 필요한 완전히 새로운 서비스 산업을 만들어냈다.

방송 쪽으로는 빠르게 늘어나는 대중 청취자들이 쉼 없는 오락 콘텐츠를 기대하고 있었고, 1920년에는 웨스팅하우스가 미국의 첫 정부 지정 방송국이 되었다. 웨스팅하우스는 슈퍼헤테로다인 기술 특허를 샀다는 사실 때문에 RCA의 대주주 중 하나가 되었는데 RCA는 경쟁력 있는 라디오 수신기를 만들려면 그 기술이 있어야 했다.

원래 방송 콘텐츠 제작은 라디오 장비 판매를 지원하는 데 필요한 단순한 경비로 여겨졌지만, 방송국 수가 늘어나면서 그것들을 유지하는 비용이 크게 늘었고 라디오 광고는 자금 조달에 가장 풍성한 재원이 되었다. 광고 기반의 라디오에 대한 독점이 처음에는 AT&TAmerican Telephone and Telegraph에 주어졌으나 그런 방대하고 지속적으로 성장하는 시장을 한 개 회사가 관장하는 것은 바람직하지 않게 여겨졌다. 그 결과, CBS 그리고 RCA의 방송 자회사인 NBCNational Broadcasting Company 같은 커다란 네트워크의 뿌리가 내려졌다. 이들 네트워크는 미국 전역으로 확장되었고 곧 모든 주요 도시 지역을 감당하게 되었다.

전국 네트워크가 만들어지고 이전에는 개별로 존재하던 방송국들이 망을 이루며 연합하면서, 이 새로운 매체에 대한 청취자 수 전망이 이전에 경험해 보지 못한 정도까지 성장했다. 처음으로 뉴스, 이벤트, 종교 설교, 스포츠 그리고 여러 오락을 전국 규모로, 실시간으로, 이벤트가 행해질 때 들을 수 있었다. 라디오는 통합하는 매체가 되어, 정보와 오락의 끊임없는 방송을 청취자 일상의 배경으로 또는 집중해 듣는 중심 작품으로 제공했다.

라디오는 첫 번째 사회경제적 평등을 만든 것이었는데, 누구라도 그들이 살던 시대의 대도시에서 아무리 멀리서 살더라도 교육받은 도시 거주자들과 같은 정보 흐름에 갑자기 다가갈 수 있게 되었기 때문이다. 어떤 신문은 당황하여 심지어 라디오 프로그램의 공지를 하지 않기로 했는데, 이들은 자기들 사업 모델을 잃게 될까 두려워했다. 최신 사건의 소식을 바로 알리고 업데이트할 수 있는 것과 인쇄된 언론이 어떻게 경쟁할 수 있겠는가?

전국적 보도의 잠재력은 엄청난 청취자였다. 1924년에 이미 미국에만 300만 대 이상의 수신기가 있었다─대략 열 가정 중 한 가정이 수신기 한 대를 샀으며, 카페, 식당 등 공공장소는 라디오 수신기를 고객을 끄는 자석처럼 여겼다.

동시에, 라디오 방송국의 숫자가 이미 500개 정도로 많아졌다.

페센든의 첫 번째 음향 송신이 겨우 18년 전이고 진공관이 처음 산업적으로 프랑스에서 제조된 것이 겨우 9년 전임을 감안하면 이것은 진짜 놀랄 만한 성장이었다.

기술 면에서 진공관의 주요 제조업체가 된 RCA는 그 부품 생산이 1922년에서 1924년 사이에 125만 대에서 1135만 대로 성장한다고 보았다.

1929년 대공황이 미국에 닥쳤을 때 방송을 제외한 대부분의 사업이 고전했다. 라디오는 표를 살 필요도 여행비를 낼 필요도 없는, 비용이 덜 드는 오락의 원천으로 보였으므로 1930년과 1933년 사이에 라디오 400만 대가 추가로 팔렸다는 것은 이상한 일이 아니었다.

광고권을 가진 전국 망을 소유했다는 것은 돈을 찍어내는 권리를 가진 것과 마찬가지였다. 미 대륙 전역에 방송되는 프로그램이 생겨났고, 수백 개의 보다 작고 독립적이며 지방에서 운영하는 라디오 방송국으로 보완되었다.

광고는 새로운 매체의 빠른 확장에 중요한 촉매제로, 간단하고 지속적인 자금 지원 모델을 제공했다. 가장 성공적인 쇼와 스포츠 행사에 보장된 수백만의 청취자에 닿기 위해 광고주들은 가용한 시간대를 두고 치열하게 다투었고 전국 망들은 경매가를 가장 많이 쓰는 이에게 방송 시간을 팔았다. 미국에서 라디오와 광고의 결합은 이익 천국에서 맺어진 결혼 같았다.

대서양의 다른 편에서는 이 새로운 기술의 초기 전개에서 매우 색다른 접근법이 취해졌다.

영국에서 첫 번째 국립 방송국은 1922년 BBCBritish Broadcasting Company를 만들면서 설립되었고 창립자 중 한 명이 다름 아닌 굴리엘모 마르코니 그 자신이었다. 다음 해 '무선전신법Wireless Telegraphy Act'으로 연 10실링의 라디오 수신료가 도입되었다.

이것을 균형 있게 보면 노무자의 평균 주급이 2파운드 12실링이었으므로 영국에서 라디오를 즐기는 비용은 기존의 수입 수준과 비교해 전혀 과다하지 않았지만 직접 광고 없이 영국식 방법이 작동하게 했다.

정부가 부과한 간접세로부터 자금이 들어온다는 사실이 BBC를 광고 기반의 라디오 망과 비교해 훨씬 독립적인 위상을 갖게 했고, 아마도 이런 근본적 차이 때문에 1927년 새로 이름을 바꾼 BBCBritish Broadcasting Corporation는 설립이 100년 지난 후에도 여전히 세계에서 가장 균형 잡히고 비편파적인 뉴스 소스로 알려져 있다.

영국은 아직도 수신료 구조를 유지하고 있는데, 오늘날에는 라디오가 아닌 텔레비전을 대상으로 하며 2017년 기준으로 동일 가구 또는 회사 내 15대 수신기까지 연 200달러 정도 든다.

그러므로 평균적인 영국 가구는 BBC의 지속적인 독립을 위해 일 50센트 정도를 지불하고 있는 셈이다.

존재하는 대량 시장과 진행되고 있는 기술의 빠른 발전이 제조업체들에게 선순환 사이클을 만들어주었다. 주파수 변조Frequency Modulation: FM로의 움직임 덕분에 1930년대 말에 고품질 음향 송신이 가능해졌고 그에 따라 소비자에게 수신기를 업그레이드할 자극을 주었다. 지금은 어디서나 볼 수 있는 FM 라디오가 탄생한 것이다.

주파수 변조는 테크톡 **스파크와 전파**에 더 설명되어 있는데 높은 주파수와 그에 상응하는 더 좋은 음질 가능성 사이의 관계는 테크톡 **공짜는 없어요**에서 자세히 다룬다.

소형화의 진전 덕분에 첫 번째 휴대용 라디오가 1930년대 생겨났다. 더 작게 만들면서 수신기를 차에 둘 수 있어서, 미 대륙에서는 그때나 지금이나 여전히 아주 일상적인, 길고 지루한 운전 중에 오락을 즐길 수 있게 되었다.

직설적 광고로 장식된 음악이 많은 방송국의 프로그램에서 주요 내용이었지만 광고주들은 좀 더 교묘한 접근을 하기도 했다.

직간접적으로 후원자를 밝히는 장수 라디오 극이 광고된 제품과 고객들 간의 강력한 연결을 제공하면서 대단히 성공적이었다. 이들 연속극은 매일 방송되면서 청취자들이 다음 편을 손에 땀을 쥐면서 열렬히 기다리게 만들었고 당연히 여기에는 광고주에 대한 더 많은 안내가 엮여 있었다.

이들 쇼를 위해 제작되는 대부분의 음향 효과는 실제 방송 중에 만들어졌고, 그리고 놀랄 만큼 복잡하면서 혁신적이었다. 그것들은 이야기 줄거리를 지원하는 형상화된 음향을 제공하면서 청취자들의 상상력을 도왔고 그럼으로써 모든 사람들이 쇼에 대한 자기만의 개인적 경험을 갖게 되었다.

그러나 텔레비전이 소개되면서 동영상의 매력이 시청자의 경험을 완전히 바꾸어놓았다―모든 사람이 같은 형상을 보고 나누었으므로, 자기 거실에서 본다는 것만 빼면 영화관에 있는 것 같았다.

텔레비전 동영상의 최면 효과가 더 수동적이긴 하지만 훨씬 쉽게 이해되므로 오늘날 라디오 극장은 프로그램 편성에서 살아남은 드문 예외에 속한다.

그러므로 방송 모델은 이 새로운 시각 매체를 통해 지속되었지만 커다란 광고 예산과 함께 새로운 발전의 초점은 빠르게 텔레비전으로 넘어갔다. 1950년대를 시작으로 뒤따라온 변화는 버글스의 노래에 적절히 요약되었다. "비디오가 라디오 스타를 죽여버렸다Video killed the Radio Star."

텔레비전의 출현이 제조업체 그리고 기기를 유지 보수하는 회사들에게 또 다른 완전히 새로운 시장을 만들어주었고 동영상이라는 추가적 힘이 광고를 완전히 새로운 수준의 설득력으로 끌어올렸다.

그 결과, 라디오 프로그램 예산은 허물어졌고 전국적 신디케이션의 가치도 바랬다. 라디오 프로그램 청취자의 구조와 기대 숫자는 근본적으로 바뀌었다. 라디오의 초점은 점점 뉴스, 토크 쇼, 지역 정보 전달 그리고 특히 매일의 출퇴근 시간처럼 다른 곳에 집중해야 하는 순간들에 맞는 음악으로 옮겨갔다.

음악 콘텐츠라는 새로운 강점을 통해 라디오를 구해낸 것은 결국 버글스 같은 밴드였고, 이는 청취 경험을 더욱 향상시킨 기술적 진전 덕이었다. 바로 FM 라디오에 스테레오 음향이 추가된 것이다.

스테레오 음향 송신으로의 변경은 이미 시장에 나가 있던 기존의 모노 수신기 수백만 대를 쓸모없게 만들지 않는 기발한 방식으로 진행되었다. 이것은 FM 라디오의 폭넓은 채널 대역폭을 현명하게 활용하여 가능했다. 스테레오 음향 신호 왼쪽과 오른쪽 채널의 아날로그 합이 정확히 이전처럼 보내졌으므로 기본적으로 완전하게 모노 음향과 하위 호환되었다. 이것에다 왼쪽과 오른쪽 음향 채널의 아날로그 차 신호가 일반 모노 음향 송신 위에 추가되어 있는 38kHz 반송파를 변조하는 데 사용되었다.

FM의 채널 폭이 100kHz이고 모노 음향은 15kHz 최대 주파수만으로 제한되었으므로 거기엔 기본 시스템에 아무 변화 없이 그런 추가 38kHz 반송파를 넣을 충분한 여유가 있다.

모노 수신기는 이 추가 정보에 반응하지 않는다—추가 정보는 38kHz 반송파에 실려 있으므로 일반 스피커와 헤드폰은 그런 고주파수의 음향을 재생할 수 없고 재생하더라도 인간 청력 밖에 있을 것이다. 그러나 새로 나온 스테레오 수신기는 이 추가 반송 신호를 뽑아내고 복조하여, 두 개의 병렬 신호 소스인 L+R와 L−R 간의 간단한 아날로그 합과 차를 통해 원래의 왼쪽 그리고 오른쪽 신호를 다시 만들어낸다.

대역폭에 대한 추가 논의는 테크톡 **공짜는 없어요**에서 볼 수 있다.

교통 정보와, 방송국 인식 정보가 내장된 송신을 보내는 채널들로 자동 전환시키는 RDSRadio Data System 연결을 제외하고 1960년대 초 이후 FM 라디오는 기본적으로 똑같았다. 그러나 디지털 기술의 등장과 함께 음향 방송은 디지털 오디오 방송Digital Audio Broadcast: DAB 송신의 시작 때문에 또 다른 주요 기술적 변화를 맞고 있다.

아날로그와 디지털 같은 개념들은 테크톡 **크기 문제**에서 다룬다.

이 새로운 디지털 연결 전개에서 가장 큰 장애물은 DAB가 이미 나가 있는 수십억 대의 FM 라디오와 호환되지 않는다는 사실이고 그래서 진전이 대단히 느렸다. 가장 값싼 디지털 음향 수신기가 유럽에서 30달러까지 내렸지만 전통적인 아날로그 FM 라디오는 여전히 10달러 이하로 살 수 있고 FM 수신기의 기능은 보통은 우리의 휴대전화에도 내장되어 있다.

더 고약한 것은 DAB가 DAB+로 발전 단계를 나아갔지만 1세대 DAB 수신기와 호환되지 않았고 모든 초기 어댑터를 소용없게 만들었다는 사실이다. 현재 30여 개국이 DAB를 시험했거나 이 기술을 기반으로 정기적으로 송신하고 있음에도, 보편적이고 확실히 자리 잡은 값싼 사용자 기술 때문에 전통적인 아날로그 FM 라디오가 이제까지 끈질기게 버티고 있다.

DAB에 대한 좋은 사례 연구는 영국인데, 스웨덴, 노르웨이와 함께 1995년 최초로 DAB 송신을 한 세 나라 중 하나였다. 2001년에는 런던 지역에 50개의 DAB 방송국을 두었음에도 DAB의 청취자는 상대적으로 정체되어 있었다.

이런 모든 잠재되어 있는 이슈에도 불구하고 DAB를 처음 소개한 노르웨이는 아날로그 FM 라디오를 끄고 2017년 12월 DAB로 나아갔다.

노르웨이에서의 FM 라디오 중단이라는 첫 번째 시도를 전 세계 모든 방송사들이 예민하게 지켜볼 것이다. 노르웨이는 좋은 기반시설과 높은 생활수준을 가진 부유한 국가이므로 그런 근본적인 변화에 가장 쉬운 장소여야 한다.

참고로, 시리우스 XM 위성 라디오가 전국을 통해 다채널 디지털 방송을 하고 있는 미국에서는 DAB로 옮기는 계획이 없고 또 다른 대안인 하이브리드 아날로그/디지털인 HD 라디오가 도입되었다.

HD 라디오에서는 스테레오 음향 오디오를 실은 것과 같은 동일한 하위 호환 방법을 사용하여, 기존 아날로그 송신의 윗단에 동시 디지털 신호를 싣기 위해 FM 라디오 채널의 추가 대역폭을 사용한다. 이 데이터 흐름이 동일한 음향을 디지털 형식으로 제공할 수 있으며 또한 다른 콘텐츠를 위한, 제한된 숫자이지만 복수의 병행 디지털 채널을 허용한다.

그러므로 HD 라디오 채널은 보통 FM으로 작동한다. 이런 면에서 DAB보다 더 실질적인 업그레이드이지만 실제로 유행할지는 두고 봐야 한다.

방송사 입장에서 DAB와 HD 라디오로 옮겨가는 기술적 이유는 디지털 텔레비전과 같으며, 이는 5장 **동영상에 넋을 잃다**에서 자세히 다룬다.

디지털 데이터 스트림은 전통적인 FM 라디오보다 들을 때 훨씬 더 성가신 경험을 하게 하는 이슈들이 있다.

아날로그 FM 라디오에서는 낮은 신호 강도와 많은 간섭이 있을 때에도 방송 내용을 이해하는 것이 일반적으로 가능하다. 대부분의 경우, 연속성도 있다. 신호의 질은 나빠도 한 번에 수 초씩 완전히 없어지지는 않는다.

디지털에서는 신호가 완벽하거나, 아니면 수신 상태에 시끄러운 구멍이 생기는데, 디지털로 부호화된 수신 신호가 불완전한 까닭에 부정확하게 풀려 금속성의 날카로운 소리를 낸다. 라디오를 듣는 것이 운전 중 주요 활동의 하나이기 때문에 움직일 때 이런 것은 더욱 문제가 될 수 있다.

위성 기반의 시리우스 XM에서는 위도에 따른 각도 때문에 "위로부터" 신호가 항상 오는 까닭에 이 수신 문제가 덜 두드러진다. 위성 안테나가 보통 자동차의 지붕 위에 있으므로 위의 위성과 계속 가시 연결을 갖는다. 당연한 일이지만 다리 밑에 있거나 여러 층의 주차장으로 들어가면 신호가 끊길 수도 있지만 그렇지 않으면 수신 질은 아주 좋은 편이다.

개인적으로, 앞에 거론한 것 외에 시리우스 XM 수신에 문제가 있었던 단 한 번, 즉 글자 그대로 "구체적" 경우는 시애틀 인근의 깊은 숲속을 운전할 때였다. 내가 그런 북쪽 위도에 있는데도 당시 나무들은 적도 위에 있는 위성과의 가시선을 자를 만큼 높았고, 들어오는 마이크로파 신호를 방해할 정도로 아주 빽빽했다.

불량하거나 또는 이동 간의 수신 상황에서의 차이점들 외에도 DAB의 장점을 대중에게 파는 것은 디지털 텔레비전보다 많이 어려울 것이다. 대부분의 소비자에게 디지털 텔레비전은 화질 개선을 알아차리기 쉬운 반면, 라디오에서는 일반 스테레오 FM 송신이 일반적으로 "충분히 좋으므로", 하위 호환 방식의 HD 음향의 출현은 장기적으로나 그 가치를 입증할 것이다.

그에 더해, 각 디지털 채널에 사용되는 대역폭을 정할 수 있는 완벽한 융통성 덕분에 방송사 입장에서 디지털 음향으로 바꾸는 것은, 기본 로직을 거부하는 방식으로도 할 수 있다—그런 경우는 DAB를 개척한 영국인데, 어떤 채널들은 아주 낮은 비트와 심지어 모노 음향 신호를 선택하여 둘 모두 전통적인 아날로그 FM 방송과 비교해 DAB의 음향이 완전히 뒤떨어지게 만들었다.

DAB와 HD 음향 모두 여전히 판단이 끝나지 않았다.

그러나 텔레비전의 등장과 함께 방송의 또 다른 혁명이 일어나고 있었으므로, 아날로그든 디지털이든 스테레오 음향 경험은 동영상에 경쟁이 되지 않았다. 텔레비전이 바로 우세를 잡았다.

05

동영상에 넋을 잃다

탐구심 많은 젊은 생각, 많은 여유 시간 그리고 영감을 주는 독서가 합쳐져 많은 발명가들을 성공적인 경력으로 이끌었다. 필로 판즈워스Philo T. Farnsworth라는 이름의 12살 소년에게, 그의 가족이 1918년 아이다호주 릭비의 커다란 농장으로 이사한 후 이런 복된 결합이 생겨났다.

새집을 이리저리 둘러보다가 판즈워스는 다락에서 여러 권의 책과 잡지를 발견했고 여가 시간에 그 내용을 탐독했다.

집에는 판즈워스에게 새롭고도 호기심을 자극하는 특별한 것도 있었다―바로 농장의 전깃불을 공급하는 초보적인 전기 발전기였다. 이것은 이사 전 유타주에서 판즈워스가 살았던, 호롱불의 통나무집과 비교하면 엄청난 발전이었다.

판즈워스는 다소 신뢰할 수 없었던 발전기의 문제점을 알아내어 어머니에게 반갑게도 집의 수동 세탁기를 돌릴 수 있도록 고물 전기모터를 장착하기까지 했다.

판즈워스가 찾아낸 책과 잡지에는 텔레비전 개념에 대한 참고자료들이 있었지만 작동하는 무선 시제품은 아직 없었다. 당시 무선의 최신 제품은 간단한 음향 송신기였지만, 공중으로 화면들을 송신하는 생각은 기술 잡지들에서 널리 예견되고 있었다.

당시 텔레비전에 대한 개념은 1884년 특허 등록된 닙코 디스크라고 부르는 기계적 개념에 근거를 두었다. 닙코 디스크 기반의 시스템에서는 둘레를 따라 일정하게 구멍이 뚫린 원반에 의해 영상이 동심원 호(역자 주: 활 모양)로 슬라이스되고 각 호에서 나온 빛은 전자 광 센서를 조절하는 데 사용된다. 그러면 송신 쪽과 시간을 맞춰 수신 쪽에서 그 과정을 되돌림으로써, 송신하는 닙코 디스크에 주사되고 있는 동적으로 변화하는 영상이 재생된다.

이것은 기껏해야 어설픈 시도였다. 높은 속도로 도는 커다란 디스크가 장치를 시끄럽게 하고 굉장한 충격을 만들기 쉬웠다.

최초의 작동하는 닙코 디스크 기반 시스템은 1907년 러시아의 보리스 로싱Boris Rosing이 만들었는데 그는 여러 해에 걸쳐 열성적으로 자기 설계를 계속 수정했다. 로싱은 그 시스템으로 여러 특허를 얻었으며 그의 시제품은 완벽한 시스템 도해와 함께 ≪사이언티픽 아메리칸≫ 잡지 기사로 소개되었다.

불행하게도 로싱은 이오시프 스탈린의 숙청의 재물이 되어 1933년 시베리아 추방 중에 죽었다.

판즈워스는 기계적 접근법의 근본적 한계를 알고 아직 고등학교 재학

중일 때 완벽한 전자식의 초안을 만들기 시작했다. 그의 설계 개념은 평행으로 스캔한 직선(주사선)을 빠르게 이어서 반복적으로 층으로 쌓아 스냅 샷, 프레임을 구성하는 것이었다. 이것들이 연속으로 아주 빠르게 보여진다면 동영상의 느낌을 주게 된다.

판즈워스에 따르면, 그는 집안의 밭을 갈면서 스캔 라인에 대한 구상을 얻었다.

자기 생각을 고등학교의 화학 선생님과 의논한 덕분에 계획한 시스템의 개략도를 얻고, 후에 방송 거대 기업인 RCA를 상대하는 중요한 특허 분쟁을 이기는 데 도움을 주는 값진 증인을 우연히 만들 수 있었다.

또 다른 발명가 칼 브라운Karl Braun은 1897년 브라운관을 가지고 텔레비전의 고체로 된 디스플레이를 해결해 냈는데 이것은 CRTCathode Ray Tube의 전신으로 완벽하게 전자적이며 매끄러운 동작의 영상을 만들 수 있을 만큼 충분히 빨랐다. 그러므로 모든 텔레비전의 디스플레이에는 동작하는 부품이 필요 없어졌다. 로싱의 초기 버전도 디스플레이에는 CRT를 사용했다.

브라운은 또한 무선 기술 개척자 중 한 사람으로, 튜닝 회로 분야에서 많은 진전을 이루었다. 그것 때문에 1909년 굴리엘모 마르코니와 함께 노벨 물리학상을 받았는데, 이에 대해서는 2장 **"이건 아무 소용이 없어요"**에서 다룬 바 있다.

텔레비전의 송신 쪽에서 기계 부품을 없애는 것은 영상 처리에서 완전히 새로운 접근법이 필요했고 이것에 대한 판즈워스의 해법을 해상관이라고 불렀다.

감광 센서판 위에 영상을 비추기 위해 전통적인 카메라 렌즈 시스템이 사용되는데 센서의 각 영역이 판 위의 상응하는 위치에 노출되는 빛의 양에 정비례하는 작은 전하를 갖도록 만든다. 이 센서를 수평, 수직 방향으로 전기 그리드가 있는 진공관 같은 구조로 집어넣음으로써 전자 빔이 센서의 표면을 따라 방향을 틀고 각 스캔된 위치에 도달하는 빛의 양에 비례하여 끊임없이 변화하는 전자 흐름을 만든다.

해상관은 완전히 전자적이기 때문에 초당 수십 번 전 센서 영역을 커버하도록 충분히 고속으로 이 과정이 반복될 수 있고, 그래서 정지 영상의 연속된 조합이 인간의 눈으로는 연속 동작처럼 인식될 수 있을 정도로 충분히 빨라진다.

해상관의 출력을 송신기의 변조 신호로 사용하고 신호에 적절한 시간 조절 정보를 심으면, 포착된 정지 화상의 흐름은 수신부에서 재생되므로 기존의 CRT 기술이 수신된 신호를 디스플레이하는 데 사용될 수 있었다.

판즈워스의 작동되는 해상관 시제품은 비디오카메라 튜브의 주 기능을 제공했던 첫 번째 기기였고, 쉽게 작동할 수 있는 고품질의 텔레비전 카메라를 향한 길을 닦았다.

판즈워스는 자신의 구상을 실제로 영상을 전송할 수 있는 시스템으로 바꾸는 데 몇 년이 걸렸지만, 자기 발명품의 엄청난 경제적 잠재력에 대한 믿음이 너무 커서 자신의 초기 고용자인 명문 미국해군사관학교에 명예 제대를 요청하기까지 했다. 이렇게 하면 앞으로 그가 등록하는 모든 특허의 단독 소유권자가 되는 것이 확실했기 때문이다.

판즈워스는 샌프란시스코의 자선사업가 두 명을 설득해 연구자금 6000달러(오늘날 가치로 약 7만 5000달러)를 조달할 수 있었고, 그 돈으로 실험실을 세우고 자신의 텔레비전 구상에 전념할 수 있었다.

작동되는 해상관 시제품으로 그는 1927년에 첫 번째 정지 화상을 보내는 데 성공했다. 시험 송신 화면의 단순하고 직선인 안정된 영상이 그의 수신 CRT에 나타났을 때 그는 다음과 같이 말하며 자신이 입증해 낸 것을 제대로 알고 있었다.

이거네요, 전자 텔레비전.

판즈워스는 좋은 유머감각을 보여주기도 했다. 재정 후원자들이 자기들 투자에 대한 재무적 수익을 보이라고 계속 압박을 가할 때 그가 투자가들에게 보여준 첫 영상은 달러 표시의 영상이었다.

1929년 그는 자기의 원래 시제품에서 기계 부품을 모두 없애버리고 다른 사람보다 먼저 자기 아내의 영상을 송출했다—인간 피사체를 보여주는 최초의 실시간 텔레비전 송출이었다.

그러나 경쟁이 달아올랐고, 부가 같이 왔다.

자기주장을 뒷받침하는 관련 특허와 함께, 작동되는 전자 해상관 시스템을 가지고 있었는데도 판즈워스는 그 특허 가치를 무효화하려는 RCA와 힘든 분쟁에 들어갔다. RCA는 큰 예산을 들여 판즈워스의 것과 같은 원리를 따르는 영상 카메라 개발을 진행하고 있었고, 데이비드 사르노프는 RCA가 특허 사용권자가 아닌 특허 소유권자임을 확실히 하려고 했다.

사르노프는 판즈워스의 특허권을 10만 달러라는 높은 금액과 RCA의 사장이 되는 제안으로 사려고 했으나, 판즈워스는 발명가로서 자립을 선호했고 그 대신 사용허가권으로 수익을 얻으려 했다.

이것은 사용 허가 비용을 피하겠다는 사르노프의 생각에 반하는 것이었으므로 그는 판즈워스에 대한 소송 절차를 시작했다. 법정에서 RCA의 변호사들은 공개적으로 촌놈이 이런 규모의 혁명적 아이디어를 낼 수 있다는 생각을 조롱했지만 RCA가 투입할 수 있었던 돈과 인력에도 불구하고 그들은 결국 패소했다. 판즈워스의 주장을 지원한 결정적 증언은 앞에서 거론한 화학 선생님한테서 나왔는데 그는 몇 년 전에 판즈워스가 자신에게 주었던 해상관 개략도 원본을 제출할 수 있었다.

이 중요한 세부사항이 이 주제에 대한 판즈워스의 작업 날짜가 RCA 연구소에서 블라디미르 즈보리킨Vladimir Zworykin이 했던 작업보다 빨랐음을 보여주었지만, 즈보리킨 역시 텔레비전 기술 분야에서 몇 개의 초기 특허들을 등록했다.

RCA의 입지를 더욱 약화시킨 것은 즈보리킨이 그들이 주장했던 초기 작업의 어떤 작동되는 예도 제공할 수 없었다는 사실이었다. 그의 특허는 지나치게 포괄적이었다. 판즈워스는 RCA가 법정에 내놓았던 것보다 4년 후에 신청되었지만 자기 특허 신청과 정확하게 맞는 동작 시제품을 가지고 있었다. 사르노프는 RCA가 불리한 입장에 처했음을 알았지만 가능한 한 사건을 끌기로 결정하고 판결에 대해 끊임없이 반론했다. 그의 계획은 그 절차를 통해 판즈워스의 자금을 말리고 남은 특허 보호 유효 시간을 줄여서 그를 그 건으로 묶으려는 것이었다.

RCA는 1934년에 이미 기본적으로 패소했지만, RCA가 불가피한 상황을 받아들이고 판즈워스와의 소송을 해결해야만 하기까지 돈도 많이 든 무망한 항변을 하느라 5년이 더 걸렸다.

판즈워스는 10년에 걸쳐 100만 달러를 받고 자신의 특허에 대한 사용료를 받았다─당초 사르노프가 제안한 10만 달러보다 상당히 늘어난 금액이었다.

당시에는 이것이 판즈워스에게 중요한 승리 같았지만 운명은 그의 편이 아니었다. 일본의 진주만 공격으로 미국이 2차 세계대전에 참전하게 되고 이것이 텔레비전 방송 분야의 모든 개발을 다음 6년간 깊은 동면 상태에 빠뜨렸다.

전쟁 후 판즈워스의 특허권은 텔레비전이 하키 스틱 곡선을 그리기 직전 만료되었다. 판즈워스에게 커다란 손해였는데 약속된 사용료 지불은 이루어진 적이 없었다.

하지만 고정 지급액은 남아 있었으므로 이 새로 얻게 된 재정적 자립으로 판즈워스는 핵융합부터 우유 멸균 시스템 등 다른 많은 주제들을 계속 연구했다. 그는 또한 서큘러 스위프 레이더 디스플레이Circular Sweep Radar Display라는 구상을 특허 냈는데 이것은 현대 항공관제 시스템의 개념적 기본이다.

판즈워스는 일생 동안 300여 가지 특허를 등록했지만 텔레비전 발명만큼 성공하지는 못했으며 결국 부를 잃고 우울증과 알코올중독에 빠져들었다. RCA와의 골치 아픈 소송 중에도 이 같은 개인 문제들이 이미 있었다.

필로 판즈워스는 64세에 폐렴으로 사망했다.

1971년 같은 해 말, 그의 주적 데이비드 사르노프 역시 80세의 나이로 죽었다.

데이비드 사르노프가 진정한 천재였는지 아니면 적기 적소에 우연히 계속 그 자리에 있게 된 무자비한 사업가였는지 판단하기는 어렵다. RCA가 끊임없이 제기한 소송이 판즈워스의 인생 후반 그의 정신적, 육체적 피폐의 주원인이었음은 분명하다.

어떤 자료에서는 4장 **무선의 황금시대**에서 나온 라디오 음악박스 메모 Radio Music Box Memo 원본의 존재에 이의를 제기하기도 하지만 RCA가 사르노프의 지휘 아래에서 첫 번째 진정한 방송 대국이 된 것은 의심의 여지가 없다. 그러나 사르노프는 판즈워스를 역사의 페이지에서 지워버리려 한 것을 부끄러워하지 않았다. 1956년의 RCA 기록 영화인 〈텔레비전 이야기The Story of Television〉는 판즈워스를 거론하고 있지 않다―줄거리는 "사령관" 사르노프와 즈보리킨이 서로를 텔레비전의 배후 인물로 칭찬하면서 RCA의 성취를 "역사상 최초"로 말하고 있다. 판즈워스의 실험적 텔레비전 시스템이 그들보다 5년 전에 방송되었는데도 RCA는, 텔레비전 시대는 사르노프가 1939년 뉴욕 세계박람회에서 했던 연설과 후속 시연에서 시작되었다고 했다.

이런 종류의 꾸며낸 이야기는 자금이 풍부한 홍보부서를 둔 큰 회사가 자기들 좋은 대로 역사를 다시 쓰는 힘을 보여주는 전형적 예다.

그러나 1930년대 데이비드 사르노프는 라디오 방송의 붐을 경험하면서 텔레비전 사업의 엄청난 사업성을 명확히 이해했고 그것의 가장 큰 몫을 갖기로 마음먹었다. RCA는 라디오 방송 사업으로 엄청난 사업 자금을 만들었고 사르노프는 이 새로운 매체로 비슷한 성공을 거두기를 원했다.

1930년대와 1940년대에 등장하기 시작한 다양한 비디오카메라 튜브 해법의 기본 원리가 판즈워스의 접근법을 따랐음에도 영상 정보를 전기 신호로 바꾸는 합의된 방법이 없었다―전 세계에서 만들어진, 초기 해법에 대한 영상 송신 방법의 실제 실행이 너무 다양했다. 미국 내에서조차 RCA가 처음에는 (지리적 여건이) 다른 지역별로 다른 표준들을 사용했고 그래서 실제로 텔레비전의 대규모 전개의 가능성을 없애버렸다.

이 문제를 정리하기 위해 RCA는 흑백텔레비전의 영상 녹화, 송신, 디스플레이 처리 그리고 표준을 완성하는 데 5000만 달러 이상을 썼다. 당시에 이는 엄청난 금액이었다―뉴욕의 엠파이어스테이트 빌딩의 건설 비용보다 조금 더 많거나 샌프란시스코의 골든게이트 다리 건설비의 약 두 배였다.

그러나 이 일은 필수적이었다. 미국에서 전국적으로 성공하려면 텔레비전은 공동 표준이 필요했고, 그리고 1941년 진주만 공격으로 더 이상의 모든 텔레비전 활동을 멈추기 직전 525 주사선 송신이 채택되었다.

전쟁 후 공동 표준으로 제조업체들이 계속 가격을 낮추며 호환되는 텔레비전 수신기를 생산하기 시작하면서 20여 년 전 라디오 방송에서 벌어졌던 것과 비슷한 폭발적 소비자 성장의 길을 열었다. 방송의 개념은 같았지만 추가된 움직이는 화면의 힘으로 최종 소비자의 경험은 이제 엄청나게 향상되었다.

RCA가 이룬 비디오카메라 튜브 분야의 향상 작업은 흥미로운 반전이 있다. 소송 절차가 시작되기 전 판즈워스는 즈보리킨에게 자기의 해상관의 단계적 창조 과정을 설명해 주면서 RCA가 자기 연구에 자금을 지원하기를 희망했다. 즈보리킨은 대답 대신 해상관 제조 공정의 자세한 설명을 전보로 RCA 사무실로 보냈고 그가 연구소로 돌아왔을 때 판즈워스의 해상관 복사본이 그를 기다리고 있었다.

그러므로 특허 소송이 여전히 한창 진행 중이었지만 RCA 연구소의 방대한 자원들은 작업으로 바빴는데 이제는 경쟁자가 자발적으로 블라디미르 즈보리킨에게 준 정보로 도움을 받은 셈이었다. 연구소에서 신세대 비디오카메라 튜브의 방송이 시작되었고 이는 이전 것보다 더 선명하고 예민했다. 하지만 여전히 개선의 여지가 많이 남아 있었다. 아주 초기 버전은 스튜디오에 엄청나게 밝은 조명이 필요했고 출연자들은 비디오카메라 튜브가 빨간 입술과 밝은 흰색 피부 같은 강한 색깔에 문제가 있었으므로 녹색과 갈색의 얼굴 화장을 해야만 했다.

그리고 출연자들은 원래 모두 백인이었다.

첫 번째 흑인 뉴스 앵커 맥스 로빈슨Max Robinson은 생방송 스튜디오의 밝은 스포트라이트 아래에 앉기까지 10년 동안 텔레비전 뉴스에서 보이지 않는 목소리였다. 그는 실제로 1959년 고의로 방송에 나갔다가 이튿날 해고되었지만, 바로 다른 방송국에 채용되었다. 결국 그는 카메라 앞에 자기 자리를 얻었고 1969년에는 〈아이위트니스 뉴스〉 팀의 아주 성공한 뉴스 앵커가 되었다.

대서양 다른 편에서는 1929년부터 런던 중심부에서 BBC가 텔레비전 송신을 바쁘게 하고 있었는데 판즈워스가 첫 번째 완전 전자 해상관을 내놓고 운용했던 같은 해였다. 그러나 영국 시스템은, 작동되는 닙코 디스크 기반의 장치를 시연했던 스코틀랜드인 존 로지 베어드John Logie Baird 가 1926년에 만든 기계적 설비에 기반을 두고 있었다.

기계적 시스템은 해상도가 심하게 제한적이었다. 베어드의 첫 번째 시연품은 전체 영상에 주사선 다섯 개만 지원할 수 있었다. 인간의 얼굴을 보여주는 데 필요한 해상도를 연구한 후에 베어드는 주사선을 30개로 바꾸었다. 여러 해에 걸쳐 그는 주사 메커니즘을 개선했고 240 주사선의 해상도에 도달할 수 있었는데 기계적 방식으로는 아주 높은 것이었다.

베어드는 텔레비전 실험을 대단히 많이 했다. 그는 많은 새로운 용도들에 시스템을 계속 적용했고, 전화선을 이용해 런던에서 글래스고까지 그리고 후에는 뉴욕까지 장거리 송신을 보내는 데 성공했다. 이런 모든 발전이 판즈워스가 최초 해상관의 완전한 전자 버전을 개발하고 있던 비슷한 시기에 일어난 것을 생각하면 아주 인상적이었다.

그러나 무겁고 고속으로 도는 디스크가 있는 이들 시스템은 엉성하고 시끄러웠으며, 가장 나쁜 것은 실제 초점 깊이와 가능한 광선 수준 면에서 아주 제한되어 있었다는 것이다. BBC의 시험 송신에서 출연자들은 선명한 화상을 만들기 위해 약 0.5×0.5미터의 공간 안에서 공연을 해야만 했다.

초기 공개적 송신 실험에서 베어드는 BBC 라디오 송신기를 활용했지만 그의 송신기는 한 번에 화상만 또는 음향만 보낼 수 있었다―그러므로 송신은 묵음의 비디오와 빈 화면의 음향을 번갈아 보냈는데, 아주 어색했다. 자막이 실제 음향으로 대체된 것을 제외하면 무성영화 같았다. 결국에는 BBC가 그의 작업에 흥미를 느껴 전용 송신기 두 대를 제공했다. 하나는 비디오용, 다른 하나는 음향용이었다. 그래서 베어드는 세계 최초로 비디오와 음향으로 동시에 실제 텔레비전 방송을 한 인물이 되었다.

베어드와 판즈워스에 대한 재미있는 일화는 두 개척자들이 1932년에 만났다는 사실이다. 판즈워스는 사용권을 베어드에게 팔아 RCA 소송 비용을 감당할 자금을 만들려고 했는데 베어드가 사실 아주 부유한 사람이 아니라는 것을 몰랐다. 이 회합에서 두 사람은 각각의 시스템을 시연했는데, 이때 베어드는 대단히 걱정스러웠다. 판즈워스가 보여준 것은 자기의 기계식 텔레비전 방식보다 훨씬 앞서가고 있는 것으로 보여, 곧 닥칠 시스템 전쟁에서의 패배 앞에서 그는 미래 작업에 대한 긍정적 결과를 보장하고자 사용권 교환 거래를 제안했다. 판즈워스는 이것이 런던으로 온 재정적 목적은 아니었지만 수용했다.

전자식 텔레비전의 지속적인 발전으로 베어드의 기계식 해법에 불길한 조짐이 보였다. 영국 합작 회사인 마르코니-EMI 텔레비전 회사가 RCA 브라운관 기술의 권리를 얻었고 BBC의 전문가들을 초청해 완전 전자식 텔레비전을 시연했다. 그 결과 BBC는 베어드와 마르코니-EMI 시스템을 격주로 송신기를 통해 운용하기 시작했다. 구상은 이들 시스템의 품질 비교에 대한 공정한 고객 피드백을 얻는 것이었지만, 사양을 보기만 해도 진정한 경쟁이 될 수 없었다. 프레임당 240 주사선과 심하게 제한된 스튜디오 전용 초점으로는 정상적인 필름 같은 심도 인식이 되는 마르코니-EMI의 산뜻한 405 주사선과 경쟁할 수 없었다. 피드백은 시청자뿐 아니라 출연자들에게서도 왔는데 그들은 연출자들에게 "베어드 주간"에는 출연시키지 말아달라고 사정했다.

BBC의 이중 송신으로 베어드는 자신의 상업용 수신기를 개조할 수밖에 없었고, 그 결과 세계 최초의 이중 표준 텔레비전인 베어드 모델 T5를 만들었는데, 그것은 베어드와 마르코니-EMI 송신 양쪽을 모두 보여줄 수 있었다.

독일에서 전자 텔레비전이 적합한 시스템으로 뽑혔을 때 텔레비전의 미래에는 기계식 해법을 위한 자리가 없는 것이 명백해졌다. 그러나 텔레비전의 최초 특허받은 방식을 인정하여 그 발명가를 기념하기 위해 첫 번째 독일 텔레비전 방송국은 파울닙코 텔레비전 방송국이라고 불렀다.

1936년에 BBC는 EMI 전자 비디오카메라로 교체했고 그 품질은 계속 향상되었다. 1937년 5월, 슈퍼이미트론Super-Emitron이라고 부르는 버전은 조지 6세의 대관식에서 첫 야외 송신을 할 수 있을 만큼 민감해졌다.

베어드는 시스템 싸움에서의 실패로 처음에는 좌절했지만, 마르코니-EMI 시스템이 장점을 근거로 승리했음을 이해하고, 판즈워스와의 사용권 교환 거래 덕분에 자기의 실험 역시 전자 영역으로 옮겼다. 운명 또한 간여했다. 최신의 기계식 시제품이 있던 베어드의 실험실이 1936년 11월 30일 런던의 상징인 수정궁의 화재로 파괴되었고, 백지에서 시작하기 쉽게 되었다. 화재의 결과는 아주 나쁘지 않았는데 베어드는 수정궁에 있던 자신의 장비를 복구할 만한 보험이 있었다.

베어드는 계속 이 분야에서 혁신을 진행하여 1944년에는 첫 번째 컬러텔레비전을 만들었고, 500 주사선의 입체3D 텔레비전 원형을 특허 내기까지 했다.

전쟁 후 베어드는 1000 주사선의 컬러텔레비전인 텔레크롬Telechrome에 대한 야심찬 계획을 제안해, 그런 시스템 제작의 자금 지원에 BBC가 처음부터 관심 갖게 했다.

화질 면에서 텔레크롬은 오늘날의 디지털 고화질Digital High Definition 텔레비전과 거의 같았지만, 아날로그 시스템이기 때문에 채널당 많은 양의 대역폭이 필요했다. 그래서 테크톡 **공짜는 없어요**에서 설명한 이유 때문에 텔레비전 총 채널 수를 제한했다.

불행하게도, 진행되고 있던 영국의 전후 복구 사업이 가용 자원에 심각한 압박을 가했고 마르코니-EMI의 405 주사선 버전은 답보 상태에 머물렀다.

모든 텔레비전 송신이 2차 세계대전 동안 중단되었지만 1946년 BBC가 송신을 재개하자 영국의 텔레비전은 하키 스틱 곡선을 그렸다. 첫 여섯 달 동안에만 텔레비전 2만 대가 팔렸는데 전쟁 후 여전히 사치품으로 간주되던 것을 고려하면 엄청 많은 양이었다.

동시에 미국에서도 전쟁 기간 중에 모든 뛰어난 전자 제조업체들이 전쟁 활동에 참여하고 있었으므로 상업용 텔레비전이 방송 중단되었다.

얄궂게도 필로 판즈워스의 판즈워스 텔레비전 앤드 라디오 코퍼레이션은 전쟁 중에 미 육군의 무전기 장비를 제조하면서 최상의 재정적 상태로 운영되고 있었는데, 당시 제조한 제품은 널리 쓰였던 야전 및 항공 무전기 BC-342의 115볼트 버전인 BC-342-N으로 형식 지정된 고주파 송수신기였다. 그러나 전쟁 기간 계약이 제공한 충분한 자금에도 불구하고 판즈워스 텔레비전 앤드 라디오 코퍼레이션은 미국에서 전후 텔레비전 제조업 하키 스틱 곡선이 시작되기 직전에 망했다.

하지만 판즈워스의 명성은 전후에 살아남았다. 신뢰성과 사용 편의성 덕분에 판즈워스 텔레비전 앤드 라디오 코퍼레이션이 만든 수천 대의 잉여 BC-342-N 무전기는 무선 아마추어 장비로 새로운 길을 찾았다.

전 세계가 동일한 텔레비전 표준을 사용할 수 없는 좋은 기술적 이유들이 있지만 국가 보호주의도 이 게임에서 한몫했다. 하지만 쌓인 주사선에 근거를 두고 영상을 잡아내고 보여주는 기본 개념은 모두 같았고—주사선의 숫자와 초당 프레임 수가 다를 뿐이었는데 이것 덕분에 텔레비전 제조업체들은 지역별 차이를 만든 필요한 일부를 남겨둔 채 진짜 대량생산 시장의 길을 닦았다—, 대상 시장과 별개로 텔레비전 세트에 필요한 대부분의 부품은 같았다.

그 후에 일부 제조업체들은 베어드 모델 T5를 따랐는데 이는 상황에 맞춰 여러 표준을 지원해서 서로 다른 방송 형식을 채택한 지역 간 경계에 가깝게 사는 사람들에게는 요긴한 것이었다.

기술적인 면으로 나라마다 다른 주사선수와 프레임률을 갖는 이유는 전력 배급을 위해 쓰이는 주파수에서 비롯되었다. 예를 들어, 유럽은 50Hz 교류를 쓰는 데 반해, 미국과 다른 여러 나라들은 60Hz를 표준으로 쓰고 있다.

인간의 눈은, 어떤 등 타입은 실제로 고속으로 계속 깜박거리며 전력 주파수에 맞춰서 꺼졌다 켜졌다 한다는 사실을 알아낼 만큼 빠르지 않은데 백열등이 이 현상을 보이는 가장 좋지 않은 것이다. 그러나 텔레비전 카메라의 주사 속도는 이것을 찾아내기에 충분히 빨라서 배전 주파수와 맞춰야만 한다—잘못 맞추면 스트로보 효과 때문에 움직이는 흑백 띠가 텔레비전 화면에 나타난다. 50Hz 교류 전력 주파수를 쓰는 나라에서는 초당 25프레임을, 60Hz 교류 전력 주파수를 쓰는 나라에서는 초당 30프레임을 선택하면 피할 수 있다. 전력 주파수의 절반으로 샘플링 주파수가 나오지만 샘플은 진행되는 전력 사이클과 같은 양상을 보인다.

결과적인 프레임 수는 송신 채널의 가능한 대역폭과 함께 한 개의 영상 프레임 안에 심을 수 있는 주사선수에 수학적 제한을 가한다.

여러 지리적 지역마다 쓰인 텔레비전 표준 과잉에 추가된 또 다른 변수는 송신 신호에서의 음향과 영상 부분 주파수 분리 그리고 결국 기존의 흑백텔레비전 송신으로부터 손쉬운 발전이었던 컬러 정보 인코딩에 사용되는 방법이었다.

사족이지만, 교류 배전을 위해 주파수들이 다를 이유는 진짜 없다—이 것은 모두 시장 간의 보호주의로 압축된다. 20세기 초 테슬라의 제안으로 미국은 60Hz를 선택했고 영국은 독일과 함께 50Hz 버전으로 갔고, 양쪽 모두 실질적으로 서로의 전기모터 기기를 수입하는 것이 더 어려워졌다. 그 결과, 나머지 세계 역시 현지 전력 네트워크가 깔리는 시기에 대서양의 어떤 쪽이 현지 영향력을 더 크게 가졌었는지에 따라 단순하게 나뉘었다.

영국에서 전후 그다음 기술 단계는 1964년 BBC가 625 주사선 서유럽 표준으로 바꾸면서 시작되었다. 공통의 유럽 표준을 공유하면서도 영연방은 여전히 텔레비전 송신 신호 안의 음향과 영상 부분 사이에 다른 주파수 분리를 선택했다.

나는 영국에서 핀란드로 이사하면서 영국 TV 세트를 가져갔을 때 이 사소한 비호환성 때문에 약간 웃기는 경험을 했다. 내가 없는 동안 전기 공이 텔레비전 안테나를 지붕에 설치하러 왔는데, 그는 몇 시간 동안 시스템을 맞추었으나 완벽한 화면에도 불구하고 왜 소리가 안 나는지, 안테나 증폭기가 범인이지 않을까 짐작하면서 고전하고 있었다.

내가 집에 도착해서 이 이상한 행태의 이유를 설명하자 그는 안도했다. 실제 문제는 내 복합 표준 비디오 리코더를 전면 튜너로 사용하면서 SCART 커넥터를 통해 텔레비전을 모니터 모드가 되게 함으로써 쉽게 피할 수 있었다. 고화질 아날로그 비디오를 위한 두툼한 유럽식 표준 커넥터인 것이다.

확실히 자리 잡은 대량 시장 환경 속에서 근본적인 시스템 업그레이드를 처리할 때 한 가지 중요한 면은 가능할 때마다 하위 호환성을 확보하는 것이다. 이를 다룬 아주 좋은 예는 스테레오 음향이 FM 라디오에 추가된 방법으로 4장 **무선의 황금시대**에서 다루었다.

텔레비전 송신에 컬러를 등장시키는 것 역시 비슷한 방법으로 해야 했는데 그래야 시장에 이미 나와 있는 텔레비전 세트가 고물이 되지 않을 수 있었다.

흑백텔레비전 신호의 기존 주사선은 이미 각 선의 밝기 또는 휘도 정보를 담고 있으므로, 이제 필요한 것은 컬러 정보를, 즉 영상 신호의 기존 구조에 추가된 색차 정보를 갖는 것이었다.

이것은 송신 신호에 고주파 컬러버스트를 심음으로써 해결되었는데, 두 개의 주사선 송신 사이(타이밍)에 보내졌다. 그 구간은 흑백텔레비전은 아무런 정보도 기대하지 않는 구간이므로 효율적으로 그것(추가된 정보=고주파 컬러버스트)을 무시했다. 그러나 새로 나온 컬러텔레비전 수상기는 이 추가적인 색차 정보를 추출할 수 있었고 수신된 주사선의 휘도 정보에 합쳐서 주사선을 완전한 컬러로 보여줄 수 있었다.

한 개 주사선의 휘도와 색차 정보가 정확히 같은 시각에 도착하지 않았으므로 그것들의 재동기화의 모든 과정은 당시의 아날로그 회로로 실행하기 대단히 까다로웠지만 이 해법이 이미 있던 수백만 대의 흑백텔레비전과 완벽한 호환을 만들어냈다.

스테레오 음향 그리고 컬러 영상의 추가는 양쪽 모두 기존의 널리 채택되고 있던 시스템이 근본적으로 바뀔 수 없는 상황에서의 해법으로서 대단한 예들이다—인간의 독창성이 근사하게 개입하여 하위 호환적이며 기존의 고객군을 해치지 않는 해법을 만들어냈다.

아날로그 컬러 방식에서는 미국이 525 주사선의 흑백 NTSCNational Television System Committee 해법에 컬러버스트를 추가로 심는 구상을 처음 내었다. 휘도 정보와 간섭을 일으키지 않으면서 이 추가 데이터 버스트를 적용하기 위해서 미국에서의 프레임률은 초당 30프레임에서 29.97프레임으로 살짝 수정되어야 했다.

운 나쁘게도 이 시스템에 적용된 단순한 컬러 입력의 1세대 해법은 어떤 수신 조건에서는 컬러를 왜곡하는 경향이 있었고 NTSC라는 두음 문자에 농담으로 새 뜻이 생겼다. "Never the Same Color(색이 같은 적이 없다)."

컬러 왜곡은 주로 수신된 신호가 직접 또는 가까운 사물로부터의 반향을 통해 안테나에 도달하는 다중 경로 간섭multipath propagation interference 때문에 주로 발생했다.

NTSC 시스템의 내재하는 한계가 PALPhase Alternating Line 표준을 만들어냈고 1960년대 말에는 이것이 브라질뿐 아니라 서유럽에서 표준이 되었는데 브라질은 60Hz 전력 주파수 때문에 초당 30프레임으로 약간 개조한 것을 사용해야 했다. 표준의 이름이 설명하듯이 주사선 사이에 컬러 진동을 교차시킴으로써 실질적으로 수신된 신호의 모든 페이스 오류를 없애고 변함없는 컬러 질을 제공했다.

세 번째 주요 시스템인 SECAMSéquentiel couleur à mémoire은 프랑스에서

개발했다. 프랑스와 많은 이전 식민지 그리고 프랑스의 외부 영토에서 사용했다. SECAM은 또한 소련에서 선택해 대부분의 냉전 소련 블록 국가들에 강요했는데, 기술적 장점 때문이 아니고 서양 텔레비전 방송을 보면서 있을 수 있는 "나쁜 서양의 영향"을 줄이기 위함이었다.

그 결과, 철의 장막을 따라 이웃의 텔레비전 방송을 여전히 볼 수는 있었지만 복합 표준 텔레비전이 아니면 음향이 없는 흑백 화면만 볼 수 있었다. 그러므로 동독에서 가장 잘 팔린 전자 부품은 텔레비전용 PAL-SECAM 전환 키트였는데 어쨌든 서독의 프로그램이 동독의 것보다 특히 뉴스에 관해서는 좀 더 의미가 있다고 여겨졌기 때문이다.

결국에는 동독에서 만든 텔레비전조차도 PAL 호환성을 장착했다.

하지만 정치적으로 추진된 이 인위적인 동-서 기술 분할은 지역들마다 완벽하지는 않았다. 알바니아와 루마니아는 PAL을 썼고, 소련 지배 밖이면서도 그리스는 1992년 PAL로 이전했으나 원래 SECAM을 선택했었다.

텔레비전의 선전 효과는 과장하기 쉽지 않다. 아마도 이 "나쁜 서양의 영향"이 냉전 분열을 허무는 데 큰 역할을 했고 베를린 장벽 제거와 독일 통일로 이끌었을 것이다.

컬러텔레비전의 등장이 사용되는 표준의 포푸리(종류)를 늘렸으며 그래서 국제전기통신연합International Telecommunication Union이 공식적으로 1961년 아날로그 텔레비전 표준의 승인 세트를 결정했을 때 약간씩 다른 15개 버전을 선택할 수 있었다.

세상이 결국 디지털 텔레비전으로 옮겨갔을 때, 방송 표준은 여전히 다른 네 종류가 있었다. 일본, 유럽, 미국 그리고 남미가 모두 다른 형식으로 결정했는데 부분적으로는 기술적 장점을 근거로, 부분적으로는 또다시 순전히 보호주의를 기반으로 했다.

그래도 15개 지상파 표준을 네 개로 줄였으므로 지난 50년 사이에 분명히 발전은 있었다.

아날로그와 디지털 같은 개념은 테크톡 **크기 문제**에서 논의한다.

이 모든 아날로그의 믹스 앤드 매치 방식은 천천히 그러나 분명히 디지털 텔레비전의 전개와 함께 역사 속으로 사라지고 있다. 영상의 질에 이런 진전을 이룬 원조는 소니의 1125 주사선 아날로그 HDVSHigh Definition Video System인데 1980년대 말 일본에서 소개되었다.

엄청나게 빠른 디지털 신호 처리와 컴퓨팅 능력의 향상 덕분에, 비디오와 음향 콘텐츠를 아날로그 형식으로 송신할 때보다 훨씬 적은 대역폭만 필요한 디지털 데이터 스트림에 비디오와 음향 콘텐츠 모두를 압축하는 것이 이제는 가능해졌다. 아날로그 방송과 연관된 모든 문제는 그것이 흑색 화면만 보여주든, 액션으로 가득한 화면을 보여주든, 항상 가용한 채널 대역폭 모두를 독차지한다는 것이다.

반면에 디지털 텔레비전 방송 구조는 수상기의 영상 기억장치의 존재에 의존하고 있고 본질적으로 각각의 프레임 간의 잘 다듬어진 차이들만 송신하는 것이다. 이것은 어느 주어진 시간에 비디오를 송신하는 데 필요한 대역폭의 양이 방송되는 콘텐츠에 따라 크게 변한다는 의미다. 가용 대역폭의 최대치가 가장 과중한 장면 변화에서의 화질 상한치를 정한다. 즉, 폭발 또는 무리한 카메라 동작 같은 많은 움직임이 있으면 아주 잠깐 동안 눈에 띄는 화소 오류가 보인다.

디지털로 구성된 데이터의 극단적 유연성에서 비롯된 또 다른 발전은 채널의 원하는 해상도를 선택할 뿐 아니라 여러 디지털 채널을 하나의 데이터 스트림에 묶는 가능성이다. 이것이 하나의 텔레비전 송신기가 한 개의 방송 신호 안에서 동시에 복수의 채널을 방송하고 수신단 쪽에서는 마지막으로 별개의 채널로 추출되도록 한다. 이것은 4장 **무선의 황금시대** 디지털 오디오 방송Digital Audio Broadcast에서 이미 간략하게 언급했다.

그 결과, 디지털 채널에 필요한 낮은 대역폭을 활용하고 네 개의 채널을 묶으면, 세 개의 송신기를 끄면서도 여전히 이전처럼 같은 채널을 즐길 수 있다. 이 모든 네 개의 채널이 실제로 하나의 송신 스트림을 통해 온다는 것은 사용자들에게 완전히 자명한 사실이다.

이것은 몇 가지 장점을 가져온다.

우선 텔레비전 송신기는 수십 또는 수백 킬로와트 범위의 전력이 필요하고 종종 24시간 내내 작동되므로, 상당한 양의 전기가 절약될 수 있다.

둘째, 송신기와 안테나 탑을 유지 보수하는 데 비용이 많이 드는데, 한 개의 실제 방송 송신으로 채널들을 묶음으로써 이 하드웨어의 많은 부분이 쉴 수 있다.

그러나 가장 중요한 것은 이 방법이 귀중한 무선 주파수 스펙트럼을 절약하고 다른 목적으로 재사용할 수 있게 한다는 점이다. 이런 유의 풀려난 스펙트럼은 실제로 아주 가치 있는 무선 부동산이고, 그것을 재사용하는 혜택은 10장 **주머니 속의 인터넷**에서 더 논의한다.

앞의 예에 이어서, 송신기 두 개를 쉬게 하면서 나머지 두 개를 동작하는 네 개 채널 디지털로 바꾸면 많은 대역폭과 운영비를 절약할 뿐 아니라 보너스로 두 배의 채널을 마음대로 사용할 수 있다. 이들 추가 채널들은 가장 비싸게 써넣은 응찰자에게 임대하면 네트워크 운영자에게 더 많은 잠재 수익을 제공할 수 있다. 대역폭에 대한 추가 논의는 테크톡 **공짜는 없어요**에서 찾을 수 있다.

디지털 영역으로 바꾸는 추가 혜택은 음향과 비디오 모두의 질이 전통적인 아날로그 방송과 비교할 때 훨씬 더 일관성이 있다는 점이다. 아주 좋은 수신 환경에서 비디오와 음향 질에 대한 유일한 제약 요인은 채널에 할당된 최대 대역폭이다.

디지털화에 뒤따르는 역효과는 수신의 모든 오류가 일반적으로 아날로그 텔레비전에서보다 훨씬 더 성가시다는 사실이다. 디지털 비디오 신호는 프레임 간 차이를 관리하는 것에만 단단히 기반을 두고 있기 때문에, 수신에서의 모든 건너뛰기는 수 초 동안 왜곡되거나 멈춘 영상을 상당히 많이 만들고 음향 부분에서는 끔찍한 쇠 긁는 소리를 일으킨다. 이들 문제는 움직이는 수신 상황에서 가장 많이 나온다—고정된 지상파 텔레비전 장치와 케이블이나 위성 텔레비전에서는 수신된 신호 강도가 어떤 한계점을 넘기만 하면 수신된 화면과 음향의 질이 이론만큼 좋다.

디지털 텔레비전으로 바꾸는 것의 문제는 이전 아날로그 텔레비전과 호환될 방법이 없다는 것이고 그래서 이것은 진정한 세대교체다. 모든 새 디지털 텔레비전 수상기는 아날로그 방송을 다룰 회로가 있지만 송신기가 아날로그에서 디지털 방식으로 바뀌었으므로 이전 아날로그 텔레비전 수상기는 결국 멸종의 길로 갈 것이다.

디지털 텔레비전이 가져온 더 좋은 화질과 낮은 필요 대역폭이라는 좋은 점을 21세기 시작 무렵 위성 텔레비전에서 사용하기 시작했다. 최대한의 채널들을 위성이 송신하는 하나의 마이크로파 빔에 밀어 넣는 데서 얻어지는 절약은 상당했고 디지털 송신이 만든 고화질은 케이블 텔레비전과 경쟁하고 있던 위성 방송사에는 최상이었다.

위성 텔레비전을 수신하기 위해서는 항상 특수 수상기가 필요했지만 디지털 신호를 아날로그로 바꾸는 데 필요한 전자장치를 추가하는 것이 가능했으므로 소비자들은 기존의 텔레비전을 모니터 모드로 계속 사용하는 것이 쉬웠다.

위성 텔레비전 디지털화의 주요 동인은 필요한 우주 기간시설을 구축하는 비용이었다. 위성을 가볍게 만들수록 우주로 발사하는 데 비용이 적게 들므로 개별 무거운 마이크로파 안테나와 그에 필요한 송신기의 숫자를 최소화하려 했다. 전자장치가 적다는 것은 위성의 기대 수명 동안 고장 나는 품목이 적다는 것이고 줄어든 광선의 숫자 덕분에 더 가벼운 태양광 패널이 위성 전원을 공급하는 데 사용될 수 있으므로 전체의 무게와 복잡성을 감소시켰다.

우주 수준의 위성 발사와 실제 개발이 위성 방송 시스템을 만드는 데 비용이 가장 많이 나가는 부분이므로, 광선의 숫자를 줄이기 위해 값나가지만 첨단 디지털 회로를 추가하는 것이 위성 발사의 총비용을 실제로 줄이는 것이었다.

수신 쪽에서는 고객들이 위성 서비스 제공사들과 다년간 관계를 갖게 마련이므로 위성 수신기의 디지털화로 발생하는 추가 비용은 월 구독료로 여러 해에 걸쳐 거둘 수 있었다.

위성 텔레비전 시스템에 관해서는 7장 **적도 부근의 통신 체증**에서 더 읽을 수 있다.

케이블 텔레비전 시스템은 무선이 아니지만 텔레비전 방송 혁명의 긴요한 부분이었고 이런 맥락에서 한두 마디 할 만한 가치가 있다.

대부분의 대도시 지역은 수백 개의 채널을 방송하는 케이블 텔레비전 시스템을 제공하면서 자체 배급 시스템의 케이블 안에서 실질적으로 무선 스펙트럼의 독립적인 버전을 만들고 있다. 차폐된 케이블 환경의 추가적 장점은 신경 써야 할 송신기나 규제의 한계가 없는 것이다. 케이블 안의 이 작은 완전히 독립된 세계의 모든 주파수들은 케이블 회사가 소유하고 그들이 원하는 대로 나누거나 장악할 수 있다.

이 장치는 양방향 통신으로 활용되기까지 하는데, 통상의 케이블 프로그램에 추가해 인터넷과 유선전화선을 제공하면서 폭넓게 사용되고 있다.

사용 가능한 케이블 채널의 숫자가 이제는 수백 개에 달하기 때문에 디지털로 가는 것이 계속 증가하는 용량에 대한 요구와 향상된 화질의 추구에 부응할 수 있는 유일한 길이었다. 위성 사업자와 마찬가지로, 디지털 배급으로의 이동은 많은 케이블 회사들이 여전히 구독제 프로그램을 별도의 셋톱 박스를 통해 배급하고 있는 사실에 도움을 받았는데, 이것이 신호를 아날로그 형식으로 바꿀 수 있다. 입력되는 프로그램 방송이 디지털이지만 고객은 집의 텔레비전 세트를 바꿀 필요가 없다.

텔레비전 콘텐츠 배급의 최신 접근법은 인터넷을 배급 매체로 사용하면서 완전히 디지털로 가는 것이다. 즉, 배급 케이블 안에 병렬로 모든 채널들을 쌓는 대신, 고객이 관심 있는 채널의 디지털 영상 실시간 방송을 선택하면 콘텐츠가 다른 인터넷 기반 자료들처럼 전달되는 것이다.

인터넷의 활용이 이전에는 고비용 때문에 진입하기 매우 어렵던 방송 시장을 넷플릭스, 아마존 그리고 훌루 같은 완전히 새로운 주문형 제공자들에게 열었고, 이제는 이들 새로운 참여자들이 거대한 위성 텔레비전 사업과 전통적인 케이블 텔레비전 사업 양쪽을 위협하고 있다. 엄청나게 커지고 있는 인터넷 기반의 배급 접근법에 아직도 적극적이지 못한 기존 참여자는 최근의 기술적 변화로 큰 문제에 봉착할 가능성이 크기 때문에, 혼합형 해법이 적극적인 회사들에서 이미 발표되고 있는 것은 놀라운 일이 아니다. 하나의 예로, 유수한 위성 텔레비전 제공사인 스카이 Plc는 완전한 구독용 텔레비전 패키지를 2018년 인터넷을 통해 유럽 전역에 제공한다고 발표했다.

인터넷으로 제공되는 새로운 접속 방식 덕분에 좋은 비디오 리코더조차도 가상화되고 있다. 모든 채널의 콘텐츠는 끊임없이 네트워크 제공사의 디지털 저장 시스템에 녹음·녹화되고, 고객들은 원하는 시간에 공유된 단일 저장소에서 디지털화된 미디어에 접근할 수 있다.

이런 유의 타임 시프트 능력이 주문형 제공사들의 등장과 함께 전통적인 텔레비전 소비 모델을 파괴하고 있다. 생방송 스포츠 이벤트나 속보와 같이 즉각적인 가치가 명확히 내재된 미디어 콘텐츠는 제외하고, 이제 고객은 시간을 자유롭게 선택할 수 있으며 점점 더 미디어 소비 장소까지 선택하는 추세다.

타임 시프트는 광고 건너뛰기도 가능하게 하는데, 이는 비구독 서비스 제공사들에게는 주요 위험 요인이 되고 있는 반면, 구독 기반 서비스는 고객들이 월 몇 달러의 비용으로 미디어를 소비하는 동안 성가신 광고를 없애기 좋기 때문에 붐을 이루고 있다.

그러나 프로그램이 어떤 방식으로 전달되든 간에 텔레비전은 사람들이 시간을 보내는 방법을 전면적으로 뒤집어 놓았다. 텔레비전을 보는 시간은 해마다 늘어났고 지금은 우리 삶의 주요 부분이 되었다. 2014년 기준 기록 보유자인 평균 미국인은 매일 TV 시청에 4.7시간을 소비했다. 자고 먹고 일하는 데 소비하는 시간을 제하면 다른 활동에 쓰는 시간은 별로 없다. 최근에야 인터넷이 눈동자 시간의 새로운 도전자로 드디어 떠올랐다.

텔레비전의 유혹은 인간이 시각 존재라는 데 뿌리를 두고 있다. 우리 대뇌피질 표면적의 40퍼센트까지가 시각을 위한 것이다.

우리를 먹잇감으로 하려는 잠재 포식자를, 최대한 가까이 오기 전에 찾아내는 데 우리의 생사가 달렸기 때문에, 우리 시각 범위 안의 아주 작은 움직임까지 감지하도록 우리 감지 기능은 최적화되어 창조되었다. 그러므로 켜져 있는 텔레비전 세트는 끊임없이 우리의 관심을 끈다. 그것이 우리 뇌에 "내장된" 기능이기 때문에 버티기 대단히 힘들다.

그 중독성 때문에 텔레비전은 무선 전파의 적용이 우리 삶에 가져온 가장 중요한 변화였다—이동전화가 있기 전까지.

기술이 발전하면서 우리에게 가용한 한정된 무선 스펙트럼 속에 훨씬 더 많은 정보를 집어넣을 수 있게 되었다. 고체전자공학의 발전 덕분에 비디오카메라의 센서 부품은 영상 프레임을 뽑아내기 위해 더 이상 진공과 전자 빔이 필요하지 않다. 마찬가지로 수신 쪽에서도 부피 큰 CRT 화면은 우리의 아날로그 유물이 되었으며 평판 기반의 LEDLight-Emitting Diode와 LCDLiquid Crystal Display로 대체되었다.

이들 최근의 발전 중 어느 것도 헤르츠, 맥스웰, 마르코니 그리고 아주 많은 이들의 발명품과 이론들 위에 해결책을 만들어냈던 필로 판즈워스와 그 동료들의 힘든 연구와 독창성을 통해 텔레비전에서 보는 모든 것이 실현되었다는 사실을 없애지는 못한다.

초기 세대의 작업을 끊임없이 개선하고 확장하는 이 능력이 인간성의 가장 다산적인 면모 중 하나이고 겨우 100년 전 처음 활용된 눈에 보이지 않는 전파의 이용을 여전히 진행시키고 있다.

그러나 테슬라가 원격 조종 시제품으로 무선 혁명의 아주 초창기에 보여주었듯이 이들 눈에 보이지 않는 전파는 음향과 영상을 소비자에게 전송하는 것과 완전히 다른 목적으로 사용될 수도 있다.

우리 대부분이 전혀 모르는 이들 대체 용도 중 가장 뛰어난 것은 수백만의 항공 여행자들이 거의 모든 종류의 기상 속에서도 A 지점에서 B 지점까지 안전하게 닿게 하는 것이다. 다음 장에서 이들 "하늘 위 고속도로"를 살펴보기로 하자.

06

하늘 위 고속도로

1937년, 당시 미디어에서 "항공의 여왕"이라고 부르던 어밀리아 에어 하트Amelia Earhart는 자신의 성취 목록에 역사상 최초 기록을 이미 몇 개 가지고 있었다. 그녀는 대서양을 단독으로 비행한 첫 번째 여성이었는데 한 번도 아닌 두 번이었고, 여성 파일럿 고도 기록도 보유하고 있었다.

다음 단계로 에어하트는 세계 일주 비행을 한 첫 번째 여성이 되려고 했으나 비행기의 기술적 문제 때문에 바로 단념할 수밖에 없었다. 그러 나 비행기가 수리되고 다시 비행할 준비가 되자마자 그녀는 이번에는 캘 리포니아의 오클랜드에서 다시 시도했다.

한 달 반여 동안의 비행 그리고 29회의 중간 기착 후인 7월 2일, 뉴기 니의 라에에 있는 자그마한 비행장에서 반짝이는 록히드 엘렉트라 쌍발

© Springer International Publishing AG, part of Springer Nature 2018
P. Launiainen, *A Brief History of Everything Wireless*,
https://doi.org/10.1007/978-3-319-78910-1_6

기에 가솔린을 가득 채우고 그녀는 세계 일주 운항 중 가장 위험한 구간을 앞두고 있었다.

에어하트는 오클랜드로 돌아가기까지 세 비행 구간만 남겨놓고 있었다.

비행기에는 그녀의 유일한 승조원이자 뛰어난 항법사이며 그리고 그녀의 지구를 도는 고된 동쪽 여행을 도와온 프레드 누넌Fred Noonan도 타고 있었다.

현재 기착지인 라에까지 42일이 걸렸으며 다음 비행은 태평양의 거대한 공간의 첫 구간을 건너도록 되어 있었다―라에에서 하울랜드섬이라고 부르는, 2킬로미터 길이에 0.5킬로미터 폭의 작은 산호섬까지는 거리가 4000킬로미터였고 비행시간은 18시간이었다.

태평양의 크기는 가늠하기 어렵다. 지구 전체 표면의 거의 3분의 1을 차지하고 있어 우주에서 보면 물의 엄청난 푸르름을 깨는 몇 점의 땅 조각만 보일 뿐, 눈에 들어오는 거의 전 지구를 채우고 있다.

오늘날에도 태평양의 많은 섬들은 공항이 없고 한 달 또는 더 드문드문 찾아오는 배밖에 없으므로, 현대 사회의 시끄러움에서 벗어난 장소를 찾고 있다면 태평양의 몇몇 섬들이 그 목록에 반드시 있을 것이다.

1937년 대양을 건너는 기존의 운항 방식은 존 해리슨John Harrison이 경도(태양의 위치 계산)를 찾는 문제를 해결한 이후 약 200여 년 동안 사용되고 있는 해군의 방식에 기반을 두고 있었다. 이는 현 위치를 얻는 데 육분의와 정확한 시계로 해, 달, 별들의 위치 계산을 하는 것이었다.

이들 관찰에 기반을 두고 파도의 방향을 점검하고 그 지역에서 가용한 간헐적 기상예보에도 의존하면서 바람 역시 보정하며 예상 방위를 계산했다.

대양의 엄청난 지역을 가로지르는 비행기도 완전히 동일한 접근법을 사용했으므로, 프레드 누넌이 항법사일 뿐 아니라 공인된 선장이었다는 것은 놀라운 일이 아니었다. 근자에 그는 팬아메리칸항공의 태평양 횡단 수상비행기를 위한 몇 가지 운항 루트를 만드는 데 참여했었고 그래서 이런 도전을 시도하는 것은 낯설지 않았다.

그러나 엘렉트라는 수상비행기가 아니었으므로 비행 끝에는 활주로를 찾아야만 했고 하울랜드섬이 그 범위 안에서 활주로가 있는 유일한 섬이었다.

그들은 실제 위치를 확인하는 데 이용할 수 있는 몇 개의 섬 외에 항로상 아무것도 없었기 때문에 그런 긴 비행 후에 그런 작은 목표물을 맞히는 것은 대단히 야심찬 것이었다. 이 문제를 완화하기 위해 계획은 섬에 정박하고 있던 아이태스카Itasca라는 미 해경 선박에 실려 있는 새로운 무선 위치 설정 기술의 추가 도움을 받는 것이었다—아이태스카의 무선 송신기가 엘렉트라를 목적지로 안내하는 위치 불빛을 제공할 예정이었다.

엘렉트라는 비행 직전 라에에서 신품 방향 탐지 수신기를 설치해 탑재하고 있었는데 이런 중거리 운항 방식은 대양에서 여러 시간의 비행이 야기할 수 있는 운항 오류에 충분한 지원을 제공할 것으로 여겨졌다.

마찬가지로 아이태스카호 역시 방향 탐지 장치를 탑재하고 있었고 비행기의 송신을 잡는 데 사용할 수 있었으므로 모든 수정된 안내가 에어하트에게 전달될 수 있었다.

신뢰할 만한 위치 조정을 받을 수 있는 물리적 위치가 불과 몇 군데만 있는 그런 긴 비행을 통해, 18시간의 비행 후 정확히 하울랜드섬에 도착하는 것이 가능하지 않은 결과라는 것은 필연적이었다. 그러므로 무선 항법 장치의 도움은 대단히 환영받았다.

무선 방향 탐지Radio Direction Finder: RDF 시스템이라는 구상은 간단하다.

고정된 무선 송신기가 저주파 신호를 지구상 알려져 있는 장소에서 송신하고 수신기는 회전하는 루프 안테나를 사용해 수신 신호의 방향을 결정한다. 루프의 직각 위치에서 루프의 가장자리가 수신한 신호들은 상쇄되고 신호 세기의 뚜렷한 약화가 관찰된다. 이런 "0이 되는 위치"에서 안테나의 각을 읽음으로써 송신소의 상대적 방위를 결정하고 비행기의 방향을 그에 따라 맞출 수 있다.

무선 방향 탐지 시스템은 전용 송신기가 필요하지도 않다—상응하는 주파수로 보낼 수 있는 무선 송신기는 어느 것이라도 가능하다. 그러므로 무선 방향 탐지 수신기가 2차 세계대전 이후 더욱 일반화되면서 방송용 송신기가 종종 이런 목적으로 이용되었고, 추가적으로 비행사를 위한 음악과 여러 오락물을 제공하는 혜택도 있었다.

그러나 1937년 태평양상에서 찾을 수 있는 유일한 송신기는 미 해경 아이태스카에 탑재된 것으로, 기대한 대로 도착 예정 시간 즈음에 아이태스카는 에어하트로부터 아주 강한 음향 송신을 받았다.

그녀는 잔뜩 깔린 구름으로 인한 시야 불량을 보고하면서 아이태스카 선원들에게 엘렉트라의 방위를 자기가 보낸 음향 통신으로 계산해 주기를 요청했는데 아이태스카의 무선 방향 탐지 수신기가 에어하트가 사용하는 음향 송신 주파수는 지원하지 않는다는 것을 알지 못했다—그녀는 실제로 이 새로운 기술에 대해 모르고 있었다. 마지막 수신된 신호의 강도로 볼 때 비행기가 실제로 의도한 목적지 인근에 있었다는 것이 명백했으나 알 수 없는 이유로 양방향 통신은 되지 않았다. 에어하트는 아이태스카에서의 RDF 신호를 그녀 쪽에서 수신했음을 확인하기까지 했으나 그것으로 방위를 얻을 수 없음을, 왜 그런지는 자세한 내용을 밝히지 않은 채 내비쳤다.

수신된 오전 8시 43분 마지막 송신은 짐작되는 위치와 비행 방향과, 아주 낮은 고도로 연료가 거의 바닥난 채 어떤 육지라도 찾으려 한 것을 말하고 있다. 마지막 수단으로 아이태스카는 선박 보일러를 이용해 엄청난 연기를 에어하트가 볼 수 있도록 뿜었지만 비행기로부터 더 이상 수신된 송신은 없었다.

엘렉트라는 자취도 없이 사라졌다.

미 해군이 인근 지역에 대한 폭넓은 수색을 했지만 비행기나 승무원의 어떤 흔적도 찾지 못했다.

엘렉트라의 마지막 위치와 그 승무원들의 운명은 오늘날까지 풀리지 않은 수수께끼로 남아 있고, 승무원과 엘렉트라 기체 잔해에 대한 수색은 아직도 이따금씩 헤드라인을 장식하고 있다. 인근의 산호섬에서 인간의 유골이 발견되었다는 보도가 있었지만 이 책을 쓰고 있는 시점에는 에어하트나 누넌과 결정적으로 합치된다는 확인이 발표되지 않았다.

두 승무원은 공식적으로는 실종 2년 후에 사망으로 발표되었다.

실패 뒤에 있던 이유들에 대한 조사가 몇 가지 잠재적 문제점들을 시사하고 있었다.

첫째, 기상이 나빴으며 비행 중 낮은 적란운 그늘과 작은 섬들을 구별해 내는 것이 그런 상황 속에서 대단히 어려울 수 있었다.

둘째, 하울랜드섬의 추정 위치는 약 9킬로미터 정도 벗어나 있었다. 항공 기준으로는 그리 멀지 않지만, 불량한 시야를 야기한 연무 속에서 마지막 접근 순간에 목표 섬이 갑자기 사라지게 할 정도로, 누넌이 충분히 길을 벗어날 수 있는 거다. 이런 정도의 오류 때문에 그들은 목표 지점을 지나쳐 비행했을 수 있고 하울랜드섬 주변 공해를 맴도는 꼴이 되어버렸다.

에어하트가 저지른 가장 큰 실수는 아마도 새로 장착한 무선 방향 탐지 장치의 사용을 익히지 않았다는 사실일 것이다. 라에에서 이륙 전 시스템에 대한 간략한 소개만 받았을 뿐이었다.

고의적으로 문제를 만드는 것처럼 들릴지 모르겠으나, 그녀 입장에서는 무선 방향 탐지 시스템은 단지 예비 수단일 뿐이었다. 그들은 이미 지구의 3분의 2를 전통 운항 방식으로 돌았고 그동안의 성공들 때문에 에어하트는 잘못된 자신감을 얻었던 것 같다.

불운하게도 라에에서 하울랜드섬까지의 비행 구간은 여정 중 가장 난해하고 힘든 부분으로 실수를 하면 안 되었지만, 그녀가 새로운 기술에 익숙해지는 데 좀 더 시간을 보냈다면 비극을 승리로 바꿀 수 있었다고 지나고 나서 말하기란 쉽다.

이것은 우리가 사용할 수 있는 모든 최신의 반짝거리는 항법 장비에 적용 가능한 중요한 것을 가르쳐주고 있다. 즉, 그것을 어떻게 사용하는지 모르면 아무리 최상의 장비도 가치가 없고, 고장 나는 경우 다른 운항 수단을 써서라도 목적지에 갈 수 있도록 일반적 위치 감각을 가져야만 한다는 것이다.

항상 예비 계획이 있어야 한다.

항법 장비의 안내를 맹목적으로 따랐던 사람들의 무서운 최근 이야기가 많이 있는데, 이들은 단순히 부정확한 지도 자료나 틀린 목적지 선택 때문에 의도한 목적지에서 수백 킬로미터 벗어나거나 생명이 위협받는 상황에까지 이르렀다.

우리가 지금 쉽게 사용하는 장비로도 이런 일이 있을 수 있다면, 왜 에어하트가 그녀의 훨씬 더 원시적인 장비로 실수를 저질렀는지 아는 것은 어렵지 않다.

무선 방향 탐지 시스템RDF System은 엘렉트라에 보조 장치로 쓰이기 전에 몇 개의 진화 단계를 거쳤다. 그런 시스템의 정확성은 루프 안테나의 크기에 부분적으로 의존하는데, 이것은 다시 비행기의 물리적 크기와 외부 안테나가 비행 중에 만드는 추가적인 항력에 제약을 받는다.

이것 때문에 아주 초기 시스템은 역설정 방식을 사용해 송신 루프 안테나가 시계와 동기화된 고정된 속도로 돌고 수신기가 가장 낮은 신호를 찾은 시간으로부터 방위를 결정할 수 있었다.

3장 전쟁 중의 무선 통신에서 다루었듯이, 이런 종류의 기술은 1907년과 1918년 사이 독일의 체펠린 비행선을 안내하는 데 그리고 1차 세계대전의 런던 폭격 기간에 처음 사용되었다.

무선 방향 탐지 시스템은 그 유용성 면에서 상당히 제한되어 있었으므로, 전자 산업의 향상으로 결국에는 현재 어디에나 있는 초단파 전방향식 무선표지 시설VHF Omni Range: VOR 시스템을 만들었는데 그냥 자동 유도 신호를 보내는 대신 VOR 송신기로부터 현재 있는 특정 방사상 위치를 판단하는 것이 가능하게 했다.

방사상 정보는 1단계 해상도로 송신 각도에 따라 신호의 위상을 변경하면서 심어져 전송되므로 송신기 또는 수신기 쪽 모두 기계적 움직임이 필요 없다. 수신기는 VOR 송신기의 고정된 위치와 관련된 현재의 방사상 위치를 찾아내기 위해 수신된 신호에서 위상 정보를 뽑기만 하면 된다.

다른 두 곳의 방사상 고정점을 얻어내고 항로도 위에 상응하는 선들을 그리면 당신의 위치를 정확하게 찾아낼 수 있다. 이들 방사선이 교차하는 지도 위 지점이 당신의 현재 위치다.

일부 VOR 송신소는 추가로 거리 측정 장비Distance Measurement Equipment: DME를 가지고 있으므로 비행기에서 지상 안테나까지의 직선거리인 경사 거리slant distance를 비행기가 계산할 수 있다.

거리 측정 장비는 2차 레이더와 동일한 원리에 기반을 두었고 이는 12장 **"신분을 밝히세요"**에서 논의할 내용으로 이 경우에는 비행기와 응답기의 역할이 거꾸로 되어 있다—비행기가 묻고 지상 수신소가 추적 신호에 답한다. 그러면 비행기의 수신기가 추적과 응답 간 소요 시간을 계산하여 경사 거리를 정할 수 있다.

거리 측정 장비의 뿌리는 1950년대 초반으로 거슬러 올라가는데, 제임스 제란드James Gerrand가 호주에 있는 영연방 과학산업연구소CSIRO의 무선 물리 부문에서 최초로 작동하는 시스템을 만들어냈다. 거리 측정 장비는 국제민간항공기구ICAO 표준이 되었고 군사용인 전술항법장치Tactical Air Navigation System: TACAN와 같은 원리를 공유하고 있다.

VOR 기술은 1946년 미국에서 처음 사용되었고 오늘날 항공 운항의 근간으로 남아 있다. 항공사들이 공항, VOR 송신소 그리고 두 고정 방사선의 알려진 교차점 같은 웨이포인트 간의 가상 선에 의거해서 전 세계 하늘을 교차해 날아다닌다. 비행 계획은 이들 웨이포인트의 조합으로 만들어지고 한 공항에서 다른 공항으로 미리 정해진 모양대로 가게 한다. 이들 항로들을 여러 비행기들이 공유하고 항공교통관제소가 고도 또는 수평 거리로 나누어서 하늘 위의 고속도로를 만들고 있다.

주요 공항에서 최종 접근을 위해서는 계기착륙장치Instrument Landing System: ILS라고 부르는 또 다른 무선 시스템이 사용되는데 VOR보다도 더 앞에 나온 것이다. ILS의 실험은 1929년 미국에서 시작했고 1932년 베를린 템펠호프 공항에 최초로 설치되어 작동되었다.

ILS는 작고 일반적으로는 3도 수직각의 높은 방향성을 지닌 무선 신호인 "가상" 활공각을 만들어서, 수평·수직으로 활주로의 시작점에 대한 안내로서 사용된다. 그 신호는 수동으로 활공각 표시기를 보거나 눈에 보이지 않는, 활주로를 향한 전자 "하강"을 만들어내는 자동 항법 장치를 통해 자동으로 추적된다.

이 시스템으로, 비행기가 특정되어 있는 결정 고도에 도달하기 전 활주로의 불빛을 마침내 볼 수 있을 만큼 충분히 가깝게 가는 목표를 가지고 시계 0에서도 공항에 접근할 수 있다. 이 시점에 아무것도 눈에 들어오는 것이 없으면 비행기는 접근 실패missed approach를 실행해야 한다— 비행기를 상승시켜 활공각 최초 획득 지점으로 돌아가서 다시 시도하거나 아니면 포기하고 더 좋은 기상 조건을 보고하고 있는 인근 공항으로 간다.

IIIc ILS급에서는 자동 착륙 능력이 결합된 자동 항법은 조종사의 어떠한 개입 없이 0 시정에서도 완벽한 착륙을 할 수 있다. 그런 최초의 착륙이 1964년 영국 베드퍼드에서 있었다. 가장 최신의 정기 여객기들은 자동 항법 장치에 자동 착륙 기능을 갖추고 있으며, 그 인증을 유지하기 위해서는 기상에 관계없이 30일에 적어도 한 번 사용해야 하므로 자주 비행을 하는 사람들은 어느 때인가 자동 착륙을 경험했을 가능성이 있다.

세상을 뒤흔든 최신 무선 운항 지원은 위성 기반 항법 시스템이다.

불행하게도 대한항공의 KAL 007이 북태평양을 건너 일본 도쿄로 가기 위해 알래스카 앵커리지에서 이륙을 준비할 때인 1983년 9월 1일에는 이 기술을 이용할 수 없었다.

기록은 KAL 007의 비행 계획이 항공교통관제소ATC에 "신청된 대로" 승인되었음을 보여주는데, 이는 태평양을 건너는 표준 로미오 20Romeo 20 항로에 근거한 비행 계획 신청은 수정될 필요가 없었음을 의미하고 조종사들이 그에 따라 항공기의 관성항법장치Inertial Navigation System: INS에 비행 계획을 그대로 넣었다고 예상된다.

KAL 007의 경우, 이 표준 항로인 로미오 20으로의 비행이 처음일 리가 없고 숙련된 한국 승무원에게는 모든 일이 완전히 일상적이었을 것이다.

INS는 그 내부 데이터베이스에 수천 개의 웨이포인트가 있는 세계 지도가 있으며, 내부 자이로스코프와 가속도계의 입력에만 기반하여 다른 운항 시스템의 도움 없이 항공기의 자동 항법을 안내할 수 있다. INS는 이들 입력들을 기반으로 계속 예상 위치를 계산하고 3차원으로 항공기의 물리적 움직임을 찾아낸다. 이 기술은 원래 우주선 운항을 돕기 위해 개발되었고 2차 세계대전 당시 공포의 독일 V-2 로켓에 뿌리를 두고 있다. 정확히 KAL 007이 가려 했던 지구를 도는 장거리 대양 횡단 같은, 무선 운항 시설이 없는 지역에서의 운항을 돕기 위해 1950년대 말에 항공용으로 개조되었다.

항공기는 이륙했고, 실제 비행 계획에 따라 대강의 기수를 넣고 알래스카 해안선 근처 베델Bethel VOR 송신소를 지날 때 ATC로 점검 보고를 요청했다.

조종사들은 자동 항법 장치에 예정된 목표를 넣었지만 자동 항법을 INS 안내 모드로 틀지 않은 듯하다. 입력된 대강의 기수가 가야 할 방향과 충분히 비슷했으므로 승무원은 날고 있는 방향에 만족하고 있었을 것이다.

KAL 007은 이륙 20분 후에 베델에 필요한 보고를 했고, 두 번째 웨이포인트인 나비Navie가 다음 의무 보고 지점으로 확인되었다. 그러나 승무원들도 그리고 앵커리지 ATC도 KAL 007이 실제로는 베델 20킬로미터 정도 북쪽을 날고 있음을 알지 못했고, 그 후에도 코스를 약간 벗어나 더 북쪽의 항로로 날았다. 이런 잘못된 기수의 결과로 KAL 007은 나비 위를 지나지 않았을 것이다.

그럼에도 불구하고 승무원은 기대대로 의무 보고를 했고 나비를 지나고 있다고 주장했다. 조종사들이 그들이 결국 나비 웨이포인트에 도달했다고 어떻게 결론을 냈는지는 불확실하지만 그들은 분명히 비행 직후부터 실제 운항 상황을 완벽히 알고 있지 못했다.

뭔가가 잘못될지 모른다는 첫 번째 조짐은 앵커리지 ATC가 나비에서 그들이 한 위치 무선 통신에 응답하지 않았다는 사실이고, 그래서 그들은 위치 보고 메시지를 또 다른 대한항공의 KAL 015를 통해 전달했다. 그 비행기는 KAL 007 이륙 15분 후에 앵커리지를 출발했었고 같은 ATC 주파수를 듣고 있었다.

높은 북위에서 대기압 무선 장애는 완전히 비일상적인 것이 아니므로, 비교적 장거리 통신에서 이런 사소한 결함은 그들의 이전 비행에서도 있었고 그래서 당시 중요 문제점으로 볼 수 없었다.

그러나 이 발견되지 않은 항로 이탈 때문에 KAL 007은 3시간 반 후 항로에서 이미 300킬로미터나 벗어나 캄차카반도 위 소련 영공으로 들어갔다. 페트로파블롭스크시—미국의 북서 해안을 마주한 도시—의 북쪽을 날게 된 것이다. 더 좋은 시계에서는 공해상을 날게 되어 있는 항로상에서 도시의 불빛이 출현한다는 것은 틀림없는 경고 신호였겠지만 KAL 007은 아래의 어떤 불빛도 덮어버리는 짙은 구름 위를 날고 있었다.

아주 불운하게도 이것은 냉전의 절정 시기에 일어났고 페트로파블롭스크는 소련의 여러 일급 군사 시설과 비행장의 본부였는데 미국을 염탐하고 소련을 향한 모든 군사적 행동의 첫 번째 방어선으로 역할을 하고 있었다.

소련 공군의 기록들은 어떻게 영공 침해가 즉각 인지되고, 몇 대의 전투기들이 대응하기 위해 재빠르게 움직여, 캄차카를 온전히 지나 국제 공역으로 다시 들어가려고 하는 항공기에 바로 접근했는지를 보여주고 있다. 어둡고 구름 낀 밤이었고 소련 전투기 조종사들은 민간 항공기인 지를 열심히 논의하면서도 항공기의 종류를 인식하지 못했다.

조종사들이 항공기의 종류를 확신할 수 없고 군사 목적물이 아닐 수 있다는 의심을 가졌지만 지상의 통제소가 그들에게 격추하도록 지시했다. 어쨌든 이전에 이 지역의 군사 시설물에 대한 미 공군의 스파이 비행이 몇 번 있었고 이들에 대처하지 못한 사령관은 해고되었었다.

공격 명령이 떨어짐과 거의 동시에, 상황을 전혀 모르고 있던 KAL 007의 승무원이 도쿄 지역 통제센터와 접촉했고 연료 절약을 위해 비행 고도 350으로 올리는 요청을 했다. 이는 탱크의 기름 양이 줄어 항공기 중량이 충분히 줄어들었을 때 하는 표준 절차였다.

고도 변경은 승인되었고, 항공기가 상승하기 시작할 때 그 상대 수평 속도가 갑자기 줄어들면서 따라오던 소련 전투기가 추월했다. 이런 상대 속도의 무작위 변경은 공격 작전으로 인식되어, 항공기가 실제로는 군사 스파이 임무를 하고 있으며 추적되는 것을 확실히 알고 있다고 소련 조종사들을 더욱 믿게 했다.

전투기들이 정보를 다시 따라잡았고, KAL 007이 주어진 비행 고도 350에 도달했다고 알리는 무선 연락을 한 3분 후에 항공기는 두 발의 공대공 미사일에 맞았다.

감압과, 유압 시스템 네 개 중 세 개를 잃었음에도 KAL 007은 모네론 섬 인근 바다에 떨어지기까지 추가 12분간 나선형으로 돌며 추락했다.

승객과 승무원 총 269명이, 상업 항공기에는 장착되어 있던 다른 항법 수단들을 이용해 항로를 대조 검토했으면 피할 수 있었던 이런 단순한 조종사의 실수 때문에 죽음을 맞았다. KAL 007의 위치를 점검하는 많은 직간접 방법이 있었지만 조종사들은 그 항로를 "충분히 정확하다"고 느꼈으며 과거에 같은 항로를 여러 번 비행했던 까닭에 자신들이 저지른 실수를 모른 채 끝나고 말았다.

이 비극적 사고 2주 후에 로널드 레이건 대통령이 전적으로 미 군사용으로 설계되어 만들어지고 있던 새로운 위성 기반 항법 시스템인 범지구위치결정 시스템Global Positioning System: GPS을 무료로 민간용으로 개방한다고 발표했다.

GPS의 뿌리는 소련과 미국의 우주 경쟁의 초기로 돌아간다. 첫 번째 위성 스푸트니크가 1957년 소련에서 발사되었을 때, 그 위성은 20.005MHz 주파수에서 지속적인 삐 소리를 들을 수 있는 수신기를 가진 모두에게 그 존재를 알렸다.

존스홉킨스대학교의 두 명의 물리학자 윌리엄 기어William Guier와 조지 와이펜바흐George Weiffenbach가 고정된 수신기에 대한 위성의 상대속도로 생기는 주파수 변화를 연구했다. 도플러 효과 때문에 송신기가 우리를 향해 움직일 때 우리가 받는 주파수는 예상 주파수보다 높게 나타나고 우리로부터 멀어지면 낮아진다는 것이었다. 이 관찰된 변화의 동태적 움직임을 기반으로 기어와 와이펜바흐가 스푸트니크의 정확한 궤도를 계산하는 데 사용할 수 있는 수학적 모델을 만들어냈다.

더 많은 연구 후에 그들은 이 과정이 거꾸로도 된다는 것을 알아냈다. 위성의 궤도와 보내게 될 정확한 주파수를 안다면 동태적으로 바뀌는, 관찰되는 주파수 변화에 근거하여 같은 수학적 모델을 사용해 지구 위 위치를 계산할 수 있다는 것이다. 이 접근법이 GPS 시스템의 기본이기도 하다.

지금의 GPS 시스템을 위한 프로젝트는 1970년대 초 미 국방성DoD이 시작했고 1978년 첫 번째 위성을 궤도에 올렸다. GPS 구축의 동기는 군사용이었지만 후에 프로그램 안에서 필요하다면 민간용으로도 제공하기 위한 준비가 항상 되어 있었다.

세상 어디서든 당신의 정확한 위치 정보를 알아낼 수 있어야 하는 가장 불길한 군사적 이유는 잠수함에서 폴라리스 핵미사일을 발사하는 것과 관련이 있다. 발사 위치를 충분히 정확하게 알지 못하면, 미사일에 정확한 궤도 자료를 제공할 수 없고 의도하는 목표물에서 수백 킬로미터는 아니라도 수십 킬로미터 벗어날 수 있다.

핵미사일은 그런 엉터리 발사에 의존하고 싶은 무기 종류가 아니다.

GPS의 또 다른 동력은 2차 세계대전 이후 쓰이던 장거리항법장치Long Range Navigation: LORAN라고 부르는 기존의 지상 기반 항법의 우월한 대체물을 제공하려는 것이었다. 가용한 위치 정확도는 LORAN으로 수백 미터 범위이던 것이 군사용 GPS 신호로는 몇 미터까지 향상되리라 예상되었다.

LORAN의 최종판인 LORAN-C는 군사용 비행과 해상 항해에 사용하려 했으나, 진공관에서 트랜지스터로의 기술적 전환으로 수신기가 더 작아지면서 LORAN-C는 대중에게 개방되었고 1970년대 많은 상업용과 개인 비행기에 설치되기까지 했다.

LORAN의 모든 기종의 문제는 그것의 지상 기반 송신기가 낮은 주파수를 사용했다는 사실인데, 이들 주파수는 이온권의 상황에 따라 대단히 민감하다. 그러므로 LORAN의 정확성은 그날의 날씨와 시간에 따라 변동이 대단히 컸다.

레이건 대통령의 명령으로 결국 GPS를 민간용으로 개방했지만 GPS는 여전히 두 가지 모드를 사용했다. 군사용의 고정밀 신호와 다른 하나는 고의적으로 덜 정확한 민간인용 선택적 유용성Selective Availability: SA 신호인데, 이는 무작위로 정확도를 감소시켜서 어떤 경우에는 100미터까지 벗어날 수 있었다.

고의적으로 질을 떨어뜨린 이런 신호에도 불구하고 저질의 위치 정보 조차 비슷한 비용이 드는 다른 것보다 훨씬 좋았기 때문에 GPS의 사용은 급속히 퍼졌고, 그리고 필요한 수신기들은 진짜 휴대용이었다.

GPS의 마지막 부양은 빌 클린턴 대통령이 1996년 행정명령으로 완전한 잠재력을 촉발시켰을 때 일어났다. 그는 민간 신호에 대한 고의적인 스크램블링을 없애는 것을 허가했다. 그러므로 2000년 5월 전 세계의 모든 기종 GPS 수신기의 정확도는 추가 비용이나 소프트웨어 개선 없이 10배 이상 향상되었다.

이런 근본적인 변화는 전자 기기의 발전 때문에 대단히 저렴한 GPS 수신기가 가능하게 된 시기에 일어나서 항법 장치 사용의 폭발을 이끌었다. GPS 수신기의 통합은 이제 가장 저렴한 스마트폰조차 항법 기능을 장착하고 있는 데까지 이르렀다.

GPS 시스템은 복잡한 장치로서 30개의 작동하는 위성과 고장 시 대신하는 몇 개의 예비 위성, 그리고 위성을 끊임없이 최신으로 유지시키고 그 성능을 모니터하는 지상국으로 되어 있다. 언제라도 지구상 어느 위치에서도 적어도 네 개의 위성이 보이고, 이들 위성의 암호화된 마이크로파 송신을 듣고 이 정보들을 예상 궤도를 특정하는 가용한 자료에 맞춰봄으로써 지구상 어디든 당신의 위치를 계산할 수 있다. 위성 신호를 더 많이 받을수록 정확성은 더 좋아져서 몇 미터 이내로 내려간다.

이 간단해 보이는 조치는 어떤 대단히 복잡한 수학적 계산들에 기반을 두고 있는데, 여기서 위성으로부터의 3차원 "신호 영역"이 당신의 정확한 위치를 찾기 위해 서로 맞춰지며, 그리고 이것은 A 지점에서 B 지점으로 가는 사이에 당신이 중요한 방향 전환을 놓쳤다는 것을 알게 해주는, 수학과 무선 전파의 결합으로 나오는 눈에 보이지 않는 마술이다.

GPS 시스템에는 계산을 위한 나노초(10억분의 1초) 단위를 제공하는 아주 정확한 원자시계를 포함해 아주 값비싼 부품들이 위성에 들어간다. 지원 기반시설에 가장 복잡한 부품이 내장되는 까닭에 겨우 몇 달러 하는 마이크로칩 위에 GPS 수신기를 놓을 수 있다. 그 결과, 정확한 위치 검색 기능이 움직이는 거의 모든 것에 값싸게 추가되었다.

마이크로칩은 테크톡 **스파크와 전파**에서 설명한다.

GPS 시스템은 1978년 처음으로 운영되었고 현세대 GPS의 첫 번째 위성은 1989년에 발사되었다. WAASWide Area Augmentation System 위성의 추가로 GPS는 이제 극도로 정확해졌다. WAAS 위성은 무작위 이온층 교란이 야기하는, 시시때때로 일어나는 신호 수신 오류에 대응하는 데 도움이 되는 추가 수정 정보를 보낸다.

기본 GPS 수신기는 전원이 꺼진 채 새로운 위치로 옮겨갈 때 내재적인 한계가 있다. 즉, 다시 조정하기 위해 수신기는 우선 수신할 수 있는 위성이 어느 것인지를 결정하기 위해 사용되는 주파수를 검색하고, 그런 다음 위치 계산을 실행할 수 있도록 필요한 위성의 위치 표, 천체력 그리고 GPS 책력을 다운로드해야 한다. 이 자료는 수신되는 신호의 일부로서 반복해서 받아지지만 자료의 속도가 초당 50비트이므로 수신기가 위치를 다시 결정하고 확고한 위치 지정을 제공하기까지 12.5분까지 걸릴 수도 있다.

테크톡 **크기 문제**는 자료 속도를 자세히 논하고 있다.

위성의 위치 자료표를 더 빨리 GPS 수신기에 받을 수 있는 방법이 있어 수신기가 거의 즉시 어느 위성으로부터 어느 채널로 들어야 하는지 알게 되면 이런 지체는 제거될 수 있다. 이러한 목적으로 스마트폰에서는 A-GPSAssisted GPS라고 알려진 확장된 GPS 시스템이 일반적이며, 이 때문에 대륙 간 비행 후에도 스마트폰을 켜자마자 바로 위치를 찾을 수 있다.

비행을 위해 GPS가 이제 또 다른 저렴하면서 대단히 정확한 항법 정보를, 특히 이동 지도 기술과 합쳐지면서 제공한다. GPS 이동 지도 화면으로는 비행기의 항로 이탈이 분명히 보이기 때문에 불운했던 KAL 007 같은 실수는 분명히 찾았을 것이다.

기존의 VOR, DME 그리고 ILS 송신소는 안전을 위해 끊임없는 추적 관찰과 시험이 필요하기 때문에 유지하기에 비용이 상대적으로 많이 든다. 그래서 현재의 추세는 비행에서 더욱 위성 기반 항법 시스템으로 가는 것이다.

WAAS 지원 방식 GPS의 전례 없는 정확성은 ILS 시스템이 제공하는 것과 닮은 가상 접근 절차를 만들 수 있게 했다. 이것은 지정된 공항에 아무런 하드웨어가 필요하지 않고 그래서 완전히 유지비용이 들지 않으므로, 시정이 나쁜 작은 공항들에서도 비행기가 더 안전하게 착륙하는 방법을 만들어냈다. 더 중요하게는 수천 개의 공항을 사용 가능하게 한 것에 더해, 이들 새로운 GPS 기반의 접근 절차가 덜 바쁜 공항에서 유지비용이 드는 많은 ILS 접근 시스템을 없앨 수 있게 하여 거의 유지비용 없이 같은 수준의 서비스를 유지할 수 있게 했다.

많은 VOR 송신소도 저활용 ILS 시스템과 같은 처지가 예상된다—GPS를 통해, VOR 방사선만 쓰는 것보다 더 많은 유연성과 함께 웨이포인트가 똑같이 잘 정리되므로 앞으로는 일반 항공기용 요약형 지원 그리드만 유지될 것이다.

GPS 시스템이 전 세계적으로 육지, 바다 그리고 하늘에서 저렴한 비용으로 쉽게 운항하게 만들었고, 큰 비용 절감과 안전 향상을 이루어냈다. 게다가 세계적으로 정확한 위치 정보를 가지면서 몇십 년 전에는 불가능했던 여러 종류의 새로운 서비스와 사업들이 생겨났다.

그러나 또한 시스템 안에 한 가지 엄청난 잠재적 문제를 집어넣었다. GPS 신호가 2만 킬로미터가 넘는 궤도를 도는 위성에서 수신되기 때문에 수신된 신호는 아주 약하고 그래서 같은 주파수 대역의 어떤 간섭에도 취약하다. 이것이 1991년 페르시아만 전쟁 당시의 문제였는데, 당시 이라크 군은 민감한 군사 목표물 주위에 GPS 교란기를 사용했다. 현대 모든 실제 전쟁 상황에서 GPS는 완전히 의존할 수 없을 듯하다. 지금 평상시에도 모스크바의 크렘린과 카스피해 연안 근처 등 러시아 연방의 여러 지역에서 엄청난 오차에 대한 보고가 있었다. 또한 2013년 뉴어크 공항을 지나가던 픽업트럭에서 운전수가 고용주에게 어디 있는지를 숨기기 위해 GPS 교란기를 사용해서 GPS 신호가 반복적으로 방해받는 일이 있었다. 그는 결국 잡혔고 자기가 한 일에 대해 3만 달러의 벌금을 부과받았다.

끊임없는 군비 경쟁이라는 불행한 현실 속에서 어느 한 잠재적 적국의 군대가 통제하는 시스템은 당연히 모두의 마음에 내키지 않을 것이다. 그 결과 소련은 GLONASS라는 또 다른 시스템을 만들었고 현재 러시아가 가지고 있다. 중국은 베이더우BeiDou 위성을 궤도에 가지고 세계적 확장을 계획하고 있지만, 현재는 중국 본토만 관장하는 것을 목표로 하고 있다. 인도 역시 모잠비크에서 북서 호주 그리고 북쪽으로는 러시아 국경까지 인도양 지역을 관장하는 자체 지역 시스템을 보유하고 있으며,

일본은 초정밀, 지역 특화된 GPS 개선판인 QZSS Quasi-Zenith Satellite System 를 만들고 있다.

2016년 EU와 ESA(유럽우주국)가 17년간 110억 달러를 들여 만든 갈릴레오 시스템이 가동 준비를 했지만 위성에 실린 초정밀 원자시계 관련 문제로 타격을 입었다. 2020년에는 궁극적으로 GPS 시스템이 제공하는 정확성 수준을 넘어서면서 완전히 작동할 것으로 예상되었다. GPS, GLONASS처럼, 갈릴레오도 전 세계를 커버하고 있다.

가장 최근의 GPS 수신기는 이들 병행 시스템의 일부 기능적 조합과 동기화되어 사용자들에게 주요 기능 불량 또는 고의적 접속 단절에 대응하는 보완책을 제공한다. 하지만 이 모든 시스템은 위성에 기반을 두므로 커다란 태양 폭풍을 동시에 맞을 위험을 안고 있는데 1859년에 일어난 캐링턴 사건으로 알려진 것이 우리의 기록된 역사에서 최악이었다. 최근의 우주 시대 동안에는 비견할 만한 것이 없었으므로 같은 규모의 사건이 GPS뿐 아니라 위성들에도 어떻게 영향을 끼칠지에 대해 아는 게 없다—우리가 알고 있는 것은 뭔가가 분명히 부서진다는 것인데 그 손상이 얼마나 광범위할지 전혀 알 수 없다.

LORAN은 GPS가 쓰이고 난 후 고물이 되었고 대부분의 유럽 LORAN 송신기는 2015년에 정지되었다. 어쩌다가, 재난 같은 GPS 단절이 있을 때 보완 기능을 하는 개선된 eLORAN Enhanced LORAN에 대한 새로운 관심이 있기도 했다.

eLORAN이 약속하는 장점들은 수신기 기술의 진보에 주로 기반을 두고 수십 미터의 정확성에 이른다. 전 세계 많은 제안에도 불구하고 이 글을 쓰는 시점에는 eLORAN에 아직 적극적으로 노력을 기울이는 나라는 러시아와 한국뿐이다.

오늘날 스마트폰의 이동 지도 사용이 최종 소비자의 입장에서는 놀랄 정도로 쉽지만, 그 위치 정보를 만들어내는 이면 기술은 무선 전파로 인류가 만들어낸 가장 복잡한 수학적 활용이다.

아직까지는.

결국 기본적으로 같은 서비스를 제공하는 다수의 겹치는 시스템들은 우리 모두가 우주 속에서 같은 푸른 별pale blue dot(지구)을 공유하면서도 여전히 우리가 얼마나 국가 단위로 갈라져 있는지를 슬프게 상기시킨다. 이들 서비스 각각을 운영하는 데 하루에 수백만 달러가 들고 GPS 하나만도 이제까지 만드는 데 100억 달러 넘는 비용이 들었다. 갈릴레오를 20년간 운영하는 데 드는 추정 비용은 90억 달러에서 250억 달러 정도로 올라갔다.

고정밀 위치 정보의 수요는 전 세계적이고 모든 민족이 마찬가지이지만 UN 같은 어떤 중립적 기구가 관리하는 공유 시스템을 만들려는 촉구가 없다. 서비스에 대한 분명한 군사적 용도가 있는 한, 전 세계 인위적인 종족 간의 정직한 협조는 불가능해 보인다.

하지만 많은 다른 분야 중 우주 활용 분야에서는 국제적 협력이 아주 효과적이었다. 한 가지 특정 성공 이야기가 Cospas-Sarsat 프로그램인데, 이것은 다양한 궤도 위에 40개가 넘는 위성들이 406MHz 비상 무선 신호를 듣고 있다. 이들 비상위치표시 무선신호Emergency Position Indicating Radio Beacons: EPIRB는 선박과 항공기의 표준 장비이지만 개인 용도로 휴대용 개인위치표시신호Personal Locator Beacon: PLB도 살 수 있다.

Cospas-Sarsat 위성은 전 세계 어디에서나 나오는 모든 406MHz 신호를 즉각 찾아낸다. 송신 정보는 발생 아이디 그리고 GPS로 알아낸 위치로 구성된 디지털 전송 정보를 갖고 있다. 대부분의 비행기들은 내부 배터리 그리고 사고 후 자동으로 신호를 작동시키는 충격 센서에 연결되어 있는 자급형 EPIRB 장비를 탑재하고 있다.

메시지 안의 GPS 위치가 최신 것이 아닐 수 있으므로 위성 또한 앞에서 논했던 "역스푸트니크" 접근법처럼 도플러 효과를 기반으로 위치 탐색 알고리즘을 가동하고 모든 정보를 수천 개의 지상 관제소들에 전달하고 그 정보를 지역 임무통제센터Mission Control Center: MCC에 보낸다.

이 시스템은 1982년부터 가동되었고, 현재 55만 개 이상의 등록된 EPIRB와 PLB 장비가 있다. 평균 잡아 해마다 이 시스템으로 전 세계 700건 이상의 비상 상황 속에서 2000명 이상이 구조되고 있다.

Cospas-Sarsat는 기기의 사용자 편의성이 대단히 간단한 기능성의 완벽한 본보기다. 센서를 통해서 또는 단추를 누르면 자동으로 신호가 간다. 그러나 그 후에 따르는 모든 것은 대단히 복잡하다. 여러 위성들이 신호를 받고, 복잡한 수학식을 근거로 위치를 계산하고, 모든 정보를 지구상에 흩어져 있는 임무통제센터들에 전달한다.

이것은 눈에 보이지 않는 전파의 활용이 매일 생명을 살리는 전 세계 시스템을 어떻게 만들어낼 수 있었는지를 보여주는 놀라운 예다.

07

적도 부근의 통신 체증

우주로 들어가는 것은 지극히 어려운 일이다.

중력은, 올라가는 것은 결국에는 내려와야 한다는 것을 확실히 지키려 한다. 위에 머무는 유일한 방법은 중력이 끊임없이 당신을 지구 쪽으로 당기는 동안 지구의 곡률이 당신의 아래에서 굽도록 아주 빠르게 앞으로 움직이는 것이다. 당신은 말 그대로 절벽에서 계속 떨어져야 하는데, 단 절벽은 당신과 함께 구부러져, 당신이 결코 만날 수 없는 수평 상태가 된다.

수평선 위로 이 끝없는 낙하를 하기 위해서는 위성이 초당 적어도 8킬로미터의 속도로 가속되어야만 한다.

시간당이나 분당이 아니고 초당이다.

© Springer International Publishing AG, part of Springer Nature 2018
P. Launiainen, *A Brief History of Everything Wireless*,
https://doi.org/10.1007/978-3-319-78910-1_7

\ 흥미로운 무선 이야기

그것은 런던 히스로 공항과 파리 샤를드골 공항 사이의 거리를 45초에 또는 런던에서 뉴욕까지의 대서양 횡단을 12분 미만으로 가는 것과 같다.

이런 유의 궤도 속도는 엄청난 양의 에너지가 필요하고 그래서 현대 로켓의 장비 탑재량은 이륙 시 밀어 올리기 시작하는 전체 구조에서 아주 작은 부분에 지나지 않는다. 대부분의 크기와 중량은 로켓의 상부에 있는, 상대적으로 작은 질량의 위성을 가속할 연료를 위해 필요하다. 스페이스 X 그리고 블루 오리진이 만든 재사용 로켓의 최근 놀라운 발전에도 불구하고 우주로 나가는 것은 여전히 돈이 아주 많이 드는 사업이다. 실려 있는 실제 위성의 가치를 계산하지 않더라도 발사 비용은 쉽게 수천만 달러에 이른다.

그러나 우리 머리 위에 항상 위성들을 두고 있는 다수의 이점들이 이 모든 노력들을 의미 있게 하기 때문에 위성 발사는 지난 50년간 활발한 사업이 되었다.

이 책을 쓰고 있는 시점에, 지구를 돌고 있는 4000개 이상의 작동되는 위성이 있고 비슷한 숫자의 위성이 작업을 멈추고 궤도 위 우주 쓰레기를 더 크게 만들거나 대기권에 재진입한 후 하늘에서 장관을 이루는 화염을 뿜으며 파괴되고 있다.

궤도 위에서 통제 밖에 있는 것들은 잠재적인 충돌 방지를 위해 계속 추적 관찰할 필요가 있다. 예를 들면, 현재 사람이 있는 유일한 국제 우주정거장International Space Station: ISS은 그 경로를 가로지르는 이들 불한당들을 피하고자 그 궤도를 자주 미미하게 수정해야만 한다.

그리고 궤도를 도는 위성들의 숫자가 계속 증가하고 있다—2017년 초 인도는 한 번의 로켓 발사로 100개의 작은 나노위성들을 궤도로 보냈다.

위성들과의 교신 가능성 면에서는 위성과 어느 위성 통제소 사이의 커다란 상대속도가 복잡성을 일으킨다.

2000킬로미터 이하의 고도를 가리키는 지구 저궤도Low Earth Orbit: LEO 위의 위성들은 지구를 2시간 이내에 돌며, 계속해서 궤도 밑의 지점 위를 수평에서 수평으로 지나간다. 그래서 지상국과 위성 간에 지속적으로 무선 연결을 하려면 지구 여기저기에 흩어져 있는 복수의 지상국이 필요하고 그것들 중 적어도 하나가 위성을 볼 수 있어야 한다. 그리고 태양 패널이 제공하는 제한된 전력 때문에 위성 송신이 종종 아주 약해서, 실시간으로 위성의 위치를 추적할 수 있는 고방향성, 이동식 안테나를 활용해야 한다.

더욱이 지상국과 저궤도 위성 사이의 지속적으로 바뀌는 상대속도 또한 도플러 효과에 따라 통신 주파수를 변하게 하여, 계속 수정이 필요하다. 이 효과의 긍정적 활용에 대해서는 6장 **하늘 위 고속도로**에서 논의했다.

대체로 이들 본질적 속성들이 저궤도 위성을 추적하는 과정을 복잡하게 만든다.

최초의 통신 위성인 텔스타Telstar가 1962년 작동되면서 유럽과 북미 간의 대륙 간 실시간 텔레비전 송신이 가능해졌지만 이런 저고도 궤도 때문에 대륙 간 통신 창은 한 번에 20분만 그리고 2.5시간에 한 번만 가능했다.

이런 심각한 한계에도 불구하고 텔스타는 실시간으로 대륙 간 통화자들을 연결하는 통신의 새로운 우주 시대의 출발을 알렸다. 이 성과를 기념하기 위해 밴드 토네이도스가 같은 제목의 다악기 팝송을 작곡했고 미국에서 1위 자리를 차지한 첫 번째 영국 노래가 되었다.

우주 시대는 팝 문화가 녹아든 정신을 가지고 있다.

좁은 대륙 간 송신 창은 텔스타의 유일한 한계가 아니었다. 가용한 송신력 역시 너무 작았으므로, 미국 메인주의 앤도버에 있는 추적 안테나는 버스 한 대의 크기로 거대해야 했고 30만 킬로그램 이상 무게가 나갔다. 초당 1.5도의 속도로 위성의 위치가 바뀌기 때문에 텔스타를 추적하는 데 필요한 이동식 안테나 받침대는 그 자체가 기계적 기적이었다.

하지만 아주 특별한 궤도 하나가 있는데 지속적인 추적이 필요 없고 주파수에서의 도플러 효과를 완전히 없앨 수 있었다. 위성을 3만 5786킬로미터의 고도에 위치시키고 궤도를 지구의 적도면과 정렬시키면 위성이 지구를 한 바퀴 도는 데 정확히 24시간 걸린다.

그래서 위성의 궤도 속도를 지구의 자전 속도와 맞추면 위성은 수평선에 상대적으로 같은 위치에 계속 있는 것으로 보인다. 안테나를 위성에 한번 맞추면 다시는 안테나를 조정할 필요가 없다. 송신을 하거나 수신을 하거나 위성과의 연결은 하늘 위, 같은 고정된 위치를 이용한다. 안테나와 위성 간의 상대속도가 0이기 때문에 걱정할 도플러 효과 역시 없다.

그런 높은 궤도를 이용하면 또 하나의 추가 보너스가 있다. 이 고도의 모든 위성들은 지구 표면의 3분의 1 범위에서 언제든지 보인다. 그래서 위성에 송신기를 달면, 한 번에 지구 3분의 1 범위에 살고 있는 모든 수신자들을 이론적으로 감당할 수 있다. 지구 위 북쪽 또는 남쪽으로 움직이면 수평선에 더 낮게 위성이 있는 것 같아서 북극과 남극 가까운 지역만 이론적 통신권 밖에 있게 되는데 대부분 수평선 위의 높은 지역을 가리기 때문이다.

이런 종류의 정지궤도 위성의 활용은 위성이 지구 저궤도에 있을 때 지속적인 통신을 유지하는 데 필요했을 복잡한 이동식 안테나의 필요를 완전히 없었다―안테나를 한번 맞추고 그 후에는 즐겁게 통신하면 된다.

20세기 초 다양한 궤도의 회전 속도에 대한 수학이 이해되었고 대략 3만 6000킬로미터 고도의 정지궤도의 존재를 러시아 과학자 콘스탄틴 치올코프스키Konstantin Tsiolkovsky가 처음으로 확인했는데 그는 로켓 이론의 개척자 중 한 명이었다. 통신 목적의 이런 종류 궤도의 잠재성에 대한 첫 자료는 또 다른 초기 로켓 이론의 개척자인 슬로베니아인 헤르만 포토치니크Herman Potočnik가 36세의 나이로 불운하게 요절하기 1년 전 1928년에 발간한 책에서 찾을 수 있다.

무선 연결과 방송 목적을 위한 정지궤도의 이점을 최초로 깊이 있게 논의한 것은 1945년 잡지 ≪와이어리스 월드Wireless World≫에 실린 「외계 중계―로켓 정거장이 전 세계 무선 통신을 가능하게 할까?Extra-Terrestrial Relays ―Can Rocket Station Give Worldwide Radio Coverage」라는 제목의 논문에서 찾을 수 있다. 아서 클라크Arthur C. Clarke라는, 후에 대단히 영향력 있는 과학 소설 작가가 된 젊은 영국 기술자가 이 글을 썼는데 8장 **하키 스틱 시대**에서 논의하고 있는 미래의 많은 발전을 정확히 예측했다.

클라크의 논문은 2차 세계대전 후에 나왔는데 당시는 전쟁 중 독일의 V-2 탄도 미사일에 대한 경험 때문에 실제 우주 비행을 이루는 희망의 빛이 이미 보이던 시대였다. 그러나 무선 통신의 기술 수준이 여전히 진공관 기술에 머물렀기 때문에 클라크의 해법은 그런 작동하는 중계용 우주 정거장을 유지하기 위해서는 궤도상에 사람이 늘 상주해야 하는 것을 예상했다.

첫 번째 실제적인 정지궤도의 적용이 자리 잡기까지 거의 20년이 걸렸다. 신콤 3Syncom 3 위성이 1964년 도쿄 올림픽을 미국 시청자들에게 실시간 텔레비전 방송으로 중계함으로써 그런 장치의 유용성을 입증했다. 텔스타와 달리 신콤 3가 제공하는 대륙 간 연결은 연속적이었으며, 무겁고 계속 움직이는 안테나가 필요 없었다.

이런 독특한 궤도를 활용하려는 붐이 이어지고, 지금도 종종 그 이름이 거론되듯이 클라크 정지궤도는 대단히 붐비게 되었다. 현재 400개 이상의 위성이 지구의 자전에 맞춰 돌고 있다.

지구 주변의 모든 알려진 위성들은 http://bhoew.com/sat에서 그 아름다운 모습을 볼 수 있다.

정지궤도 위성이라는 특별한 그룹은 다른 많은 것들보다 분명히 뛰어나다.

인근 위성들 간의 잠재적인 간섭 때문에, 슬롯이라 부르는 각각의 위치와 통신에 사용되는 주파수는 엄격하게 국제전기통신연합International Tele-communication Union: ITU이 통제하고 있다.

많은 정지궤도 위성들은 위성 텔레비전의 직접 방송에 쓰이지만 어떤 것들은 대륙 간 통신 연결선으로 역할을 하거나 고객이 아무 목적으로나 쓸 수 있는 임대 채널을 팔고 있다.

일례로 텔레비전 생방송의 이동식 카메라 팀 대부분은 본부로 야외 송신을 보내기 위해 위성 연결을 사용하고 대부분의 대륙 간 생방송 뉴스 보도는 클라크 궤도 위에 있는 적어도 하나의 위성을 통한다.

이들 정지궤도 슬롯의 또 다른 눈에 띄는 용도는, 단번에 지구 표면의 3분의 1을 지속적으로 추적하는 기상 위성, 미국 대륙을 가로지르는 수백 개 채널의 균일한 디지털 음향과 특수 자료 수집을 제공하는 위성 라디오 네트워크인 시리우스 XM, 6장 **하늘 위 고속도로**에서 설명했던 향상된 GPS 정확성을 위한 WAAS 위성 그리고 불가피한, 군사용 통신과 감시에 사용되는 몇 개의 위성 등이다.

고도 330킬로미터와 425킬로미터 사이, 즉 지구 저궤도에 ISS(국제 우주 정거장)가 있는데 ISS를 위한 통신 장비는 NASA(미국 항공우주국)의 TDRS Tracking and Data Relay Satellite 시스템에 의존하고 있다. 그것은 적도 상공에 뿌려진 위성들을 기반으로 하는데 ISS가 90분에 한 번씩 세상을 돌 때 항상 볼 수 있고 그리고 쓸 수 있는 TDRS 위성이 있어서 ISS와의 연속 양방향 통신을 제공한다.

이 고대역 연결성 덕분에 이제는 ISS의 활동과 풍경 등의 지속적인 영상 피드를 제공하는 유튜브 채널들을 "NASA live stream"이라는 검색어로 쉽게 찾아서 볼 수 있다.

앞서 이야기했듯이 정지궤도 위에는 몇 개의 기상 위성이 있는데 그러한 좋은 위치에서 실시간으로 얻을 수 있고 그리고 다양한 파장으로 기록되는 질 좋은 기상 위성 보도의 좋은 예를 http://bhoew.com/wea에서 찾을 수 있다.

이 웹사이트는 10분마다 업데이트되며 일본의 히마와리 위성이 찍은 최신 사진을 제공하는데, 북쪽의 캄차카반도부터 남쪽의 태즈메이니아까지의 지구를 보여준다.

위성은 통신에 마이크로파를 사용하며 그것들의 고주파수 때문에 테크톡 **공짜는 없어요**에서 설명한 이유로 한 가닥의 송신 빔에 다수의 개별 채널들을 넣는다.

고주파의 또 다른 면은 물이 마이크로파를 매우 효과적으로 흡수한다는 사실인데, 비가 세게 오거나 강한 눈보라가 일면 수신에 문제를 일으킬 수 있다.

마이크로파에 대한 추가 논의는 11장 **즐거운 나의 집**에서 찾을 수 있다.

정지궤도 위성의 덜 명확한 문제는 그것과의 모든 통신이 3만 6000킬로미터의 거리를 건너갈 수 있어야 한다는 사실이다. 이것은 거의 달까지 거리의 10분의 1이고 지구 한 바퀴보다 4000킬로미터 짧은데 물리학의 법칙들 때문에 이것이 한계를 만들어낸다.

무엇보다 먼저 거리를 두 배로 늘릴 때마다 송신 신호의 힘이 원래 세기의 4분의 1로 떨어지기 때문에, 반대편에서 수신하기에 충분히 강한 신호를 만들어내기 위해서는 큰 송신 전력이 필요하다. 고방향성 안테나로 어느 정도까지는 개선할 수 있는데 이는 위성 통신의 표준이 되었다 ─모든 사람이 도시와 마을들에 깔려 있는 무수한 텔레비전 접시 안테나에 익숙할 것이다.

하나의 위성으로 지구 표면의 3분의 1을 관장하는 것이 이론적으로는 가능하지만, 이것을 이룰 만한 막강한 위성 텔레비전 송신기와 충분히 넓은 빔은 수신 안테나가 거대하지 않는 한 현재까지는 가능한 해법이 아니다. 이것 때문에 직접방송 텔레비전 위성은 지구상의 특정 지역만 담당하는 고지향성 안테나를 가지고 있다. 전형적인 빔은 중부 유럽 크기의 지역을 맡을 수 있는데, 이 최상의 수신 영역에서 벗어나면 감소된 신호의 세기에 대응하기 위해 안테나가 더 커져야 한다.

두 번째 한계는 훨씬 덜 명확하다.

무선 신호는 빛의 속도(초당 약 30만 킬로미터)로 전파되기 때문에 3만 6000킬로미터의 거리는 인식 가능한 지연을 만들기에 충분하다. 처음에 신호를 보내고 돌려받아 총 왕복 7만 2000킬로미터가 되면 이런 지연은 확연해진다.

빛의 속도의 물리적 한계의 예를 내가 처음 경험한 것은 내가 아이 때 캐나다의 극지방에 텔레비전 방송을 하던 캐나다의 IBCInuit Broadcasting Corporation 위성 텔레비전의 이야기를 담은 다큐멘터리를 봤을 때였다. 다큐

멘터리에는 두 대의 텔레비전 화면이 나란히 나오는 장면이 있었는데 하나는 위성으로 쏘아지고 있는 송신을 보여주고 두 번째는 위성에서 수신한 같은 프로그램을 보여주고 있었다.

처음 위성으로 신호를 보내고 되받는 총거리는 3만 6000킬로미터의 두 배였으므로 분명히 알아볼 수 있는 화면 사이의 0.24초의 지연이 있었다.

이 값비싼 "지연 선"은 빛의 속도 같은 과학적 주제에 대해 이론적으로 읽는 것이 실제로 어떤 건지를 보는 것과는 아주 다르다는 것을 보여주는 한 좋은 예다.

백문이 불여일견이다.

대륙을 건너 스포츠 경기를 송신하는 것 같은 단방향성의 방송에서는 0.24초의 지연은 아무것도 아니지만 대부분의 현대 디지털 텔레비전 시스템은 수신된 신호를 정리하고 해석하는 데 드는 시간을 쉽게 추가하면서 이런 지연이 눈에 띄는 많은 대화형 앱들이 있다.

다음번에 생방송 뉴스를 볼 때 스튜디오에서 질문하고 야외에서 답변하는 그사이의 지연을 주목해 보라.

이 부자연스러운 긴 멈춤의 원인은 기자가 답하기 전에 생각해야 하기 때문이 아니다—그것은 단순히 스튜디오에서 한 질문이 위성까지 갔다가 튕겨서 다시 현장의 수신 기자에게 오는 데 걸리는 시간 때문으로, 현장의 기자가 질문에 답하기 시작하면 또 같은 오르내리는 경로를 밟게 된다.

대체로 이것은, 실제의 디지털 신호를 처리하는 데 드는 추가 지연을 계산치 않고도 0.5초에 달한다.

예를 들어, 미국과 호주가 실시간 연결되어 있으면 여러 개의 위성을 거치며 다수의 뜀뛰기가 생기므로 연결이 더욱 지연될 것이다.

여하튼 움직이고 있는 우주에서 가장 근본적인 속도 문제의 구체적 예를 보고 있는 것인데, 간단한 대류 간 전화 같은 대화식 이용이 필요한 모든 통신에서는 7만 2000킬로미터의 추가된 왕복이 일으키는 지연이 곧 아주 짜증스럽게 된다.

이에 대응하려고 전 세계 대양들에 다수의 광섬유 데이터 케이블을 계속 깔았고 훨씬 짧은 점대점 연결 덕분에 빛의 속도 지연을 줄여서 실제 말을 사용하는 경우에서는 감지할 수 있는 부작용이 대부분 없어졌다.

말했듯이, 이 정지궤도 위에는 제한된 숫자의 무간섭 슬롯만 있고 태양풍과 심지어 옆에 있는 위성의 질량이 일으키는 미세한 중력 변동 때문에 정지궤도 위성들은 정확한 위치를 유지하기 위해 반복적으로 위치 교정을 해야 한다. 결국 이들 교정을 위한 충분한 추진체가 남지 않으면 소위 무덤 궤도라고 부르는 300킬로미터 밖으로 밀려나면서 통상적으로 퇴역하게 되고 여전히 작동 중인 위성들과 충돌하는 코스로 가지 않게 된다.

클라크 궤도에서 세 달 동안 정상 위치를 유지하는 데 드는 연료 양과 같은 양이 필요한 이 말년의 절차는 2002년 이후 정지궤도 위성에 강제 규정이 되어서 위성이 다른 위성들을 방해하지 않는 우주 속 위치로 옮겨질 수 있도록 보장하고 있다. 이런 규정과 더 이전의 동일한 말년의 절차에 대한 자발적인 접근법에도 불구하고 정지궤도 가까이 표류하고 있는 700개 이상의 무통제 물체가 있다. 이들은 시스템 고장이나 말년의 절차가 빠져 생긴 것으로, 충돌을 피하기 위해서는 지속적으로 추적할 필요가 있다.

대부분의 경우 기존 위성이 폐기되거나 분실된 후 비워진 슬롯은 반짝이는 새로운 기술을 갖춘, 성능이 훨씬 뛰어난 위성이 차지하게 되는데, 이 자리는 제한되어 있고 대단히 가치가 있으므로 이 대체 작업은 몇 년 전부터 미리 계획된다. 이들 슬롯을 배정하는 일은 공유하는 우주 "부동산"에 대한 성공적인 국제 협력의 좋은 예다.

그 많은 장점에도 불구하고 정지궤도는 위성 기반 통신에 사용되는 유일한 궤도가 아니다. 만약 지상에서 위성과 교신할 수 있는 휴대용 시스템이 필요하다면 3만 6000킬로미터 거리는 너무 많은 송신 전력이 필요하고 이 엄청난 거리를 왕복하는 데서 일어나는 지연이 대화 용도에 부적합할 수 있다. 그러므로 진정한 이동성을 갖추고 제대로 전 지구를 커버하려면 다른 해법을 찾을 필요가 있다.

1998년 발사 당시 시대를 앞섰으나, 역사상 가장 큰 파산 중 하나를 맞은 후 잿더미에서 다시 일어난 불운한 통신 불사조 이리듐Iridium을 만나보자. 이리듐은 고도 800킬로미터 궤도를 도는 위성들을 가지고 있고, 그 이름은 원래 계획된 위성의 숫자가 77개라는 사실에서 따왔는데 이는 은백색인 이리듐의 원소 번호다. 위성의 숫자는 발사 전에 결국은 줄었지만 기억하기 쉬운 그 이름은 남았다.

이리듐은 악명 높은 모토롤라의 작품으로 1999년 그 상업적 발사 거의 직후의 파산까지 약 60억 달러의 비용이 들었다. 미국 파산법의 보호로 처음에는 계속 운영되다가 2001년 일단의 개인 투자가들이 기존의 시스템과 궤도를 돌고 있는 위성들의 권리를 단돈 3500만 달러에 사들였다.

이는 완전히 기능하는 전 세계 통신 시스템에 대한 아주 괜찮은, 99.4퍼센트 할인이었다.

재무 상황을 강화하기 위해 몇 번의 합병 후에 새로운 소유자가 시스템을 재활성화했고 지금은 전 세계를 끊임없이 연결하는 위성 기반의 휴대전화와 데이터 서비스를 계속 제공하고 있다.

당초의 위성 기술이 1990년대의 것이기에 지원된 데이터 속도는 2.4kbps로 오늘날 기준으로는 아주 느리고 글을 쓰면 데이터와 음성 연결 둘 다 분당 대략 1달러의 비용이 든다. 따라서 이리듐을 사용하는 것은 전혀 싸지 않지만, 진짜 전 세계 커버리지를 원한다면 이 해법이 극지방에서 극지방까지 작동한다.

이리듐 기반의 데이터 링크의 접속 해법의 예로는 28.8kbps의 이리듐 모뎀으로 아문센스콧 남극 기지와 전 세계를 연결하는 데 사용되고 있는 장치가 있다―초기 어쿠스틱 모뎀과 거의 같은 정도의 속도다.

남극이라는 극단의 위치 때문에 표준적인 정지궤도 위성으로는 직결된 송수신 연결을 가질 수 없다. 24시간 동안 지구 정지궤도를 유지하면서 적도면의 위아래를 계속 오르내리는 몇 개의 특수 위성들에 의존하고 있다. 이것은 연결된 위성이 적도의 남쪽 편으로 움직이고 그래서 남극에서 수평선 너머로 겨우 보이게 되는 시간 동안만 고속의 위성 통신 창을 제공한다.

아문센스콧 남극 기지에 제공하는 이런 종류의 고속 연결의 대부분은 NASA의 TDRS(추적 및 데이터 중계 위성)에서 선별적으로 오지만 계속 적도면의 아래위로 오르내려야 하기 때문에 이 고속의 연결이 항상 되는 것은 아니다.

그래서 이리듐 기반의 장치는 지속적 가용성을 제공하는 보완용 링크일 뿐이고 최근의 발전 덕분에 극지방의 연구자들은 곧 향상된 성능을 누리게 될 것이다. 초기의 엄청난 빚이 파산 정리 세일을 통해 몽땅 정리되었으므로 다시 태어난 이리듐 회사는 최신의 통신 기술을 갖춘 위성들로 새로 교체하기 시작할 정도로 충분히 수익성이 좋았고 그 결과 상당히 개선된 통신 성능을 제공할 수 있다.

새로운 이리듐 넥스트Iridium Next 시스템의 최대 데이터 속도와 완전히 개조된 이리듐 오픈포트Iridium Openport 데이터 설정은 512kbps로 증가될 것이다. 기존의 이리듐 핸드셋과 모뎀은 새로운 위성에서도 작동될 것이지만 최신의 위성 기술과 맞는 새로운 기기인 이리듐 넥스트는 높은 데이터 속도뿐 아니라 복수의 기기를 위한 64kbps 방송 모드와 선박과 비행기의 실시간 추적 지원 같은 많은 새로운 기능을 제공할 수 있다.

이리듐이 제공한 새로운 실시간 항공기 추적 기능의 첫 사용자는 말레이시아항공인데, 아직도 미궁의 2014년 MH 370 항공기 실종 때문에 고전하고 있다.

이들 새로운 첫 번째 이리듐 넥스트 위성들은 2017년 1월 발사되었는데 2016년 말 이전 것의 극적인 폭발 후에 스페이스 X가 만든, 많은 기대를 받은 팰컨 9 로켓으로 발사되었다.

하지만 이번에는 모든 것이 계획대로 진행되어서, 팰컨 9 1단이 안전하게 착륙하여 회수된 것을 포함해 가장 중요하게는 열 개의 새 이리듐 위성들을 예정 궤도에 올려놓았다.

이리듐은 또한 그다지 좋지는 않은 또 다른 역사를 처음으로 썼다. 2001년 2월 이리듐 위성 한 개가 고장 난 러시아 코스모스 2251 위성과 충돌했다. 충돌 순간 이들 두 위성의 상대속도는 약 3만 5000킬로미터/시간으로 추산되었고, 충돌이 거대하고 잠재적인 파괴적 쓰레기 더미를 궤도 위에 만들어놓았다. 이 사건은 우주 속 모든 물체를 추적하는 중요성을 보여준다. 충돌로 생길 수 있는 최악의 결과는 수십 개의 다른 위성들을 파괴시킬 수 있는 연쇄 반응으로, 이는 수십 년간 쓸 수 없게 되는 커다란 궤도를 만든다.

원래의 이리듐 시스템은 한 가지 재미있고 놀랍지만 계획되지 않았던 부작용을 가지고 있다. 위성의 마이크로파 안테나가 넓게 연마된 알루미늄 판이기 때문에 조건이 맞으면 밤의 깊은 어둠 속에 잠긴 지구 위에 태양 빛을 반사하는 거울처럼 작동한다. 그러므로 맑은 밤하늘, 맞는 장소와 맞는 시간에 있는 누군가에게 느리게 움직이는 별이 갑자기 보이고 잠깐 동안 하늘 위의 다른 별들보다 더 밝은 별로 빛났다가 다시 없어지는 경험을 만들어준다.

이들 이리듐 섬광의 발생은 지구 위 어느 위치에서나 계산될 수 있어서, 아이가 있는 집이라면 언제 어디에서 "신성"이 나타나는지 "예측"하여 아이에게 즐거운 놀라움을 선사하는 기회로 이용할 수도 있다. 지구상 어느 위치든 이리듐 섬광 시간을 계산할 수 있는 웹사이트는 http://bhoew.com/iss다(역자 주: 이리듐 넥스트는 더 이상 비슷한 안테나를 쓰지 않아 이 서비스는 이제 중단되었다).

이 웹사이트는 몇 개의 다른 눈에 보이는 위성의 추적 정보도 담고 있는데, 궤도 안 가장 큰 물체이고 그래서 밤하늘의 인상적인 구경거리인 또 다른 ISS 역시 포함한다. 하지만 그 궤도는 적도에 꽤 가까이 있어서 북반구와 남반구의 높은 위도에서는 보이지 않는다.

또 다른 우주 통신의 개척자인 인마샛Inmarsat은 1970년대 말부터 위성 기반의 음성과 데이터 연결을 제공하고 있다. 당초 해상 용도의 비영리 국제기구로 만들어졌지만 인마샛의 운영 사업은 1999년에 개인 회사가 되었고 그 이후 소유권이 몇 차례 바뀌었다.

인마샛 해법은 정지궤도 위의 위성을 기반으로 하는데 그래서 생기는 지연 때문에 이메일, 인터넷 또는 단방향 콘텐츠 보내기같이, 지연이 있더라도 역효과가 없는 경우에 가장 잘 맞는다. 인마샛의 최근 고속 서비스인 글로벌 익스프레스Global Xpress는 한 가지 특별 기능이 있다. 수요에 따라 전 세계적 규모로 대단히 집약적으로 고용량 서비스를 제공할 수 있도록, 조정할 수 있는 안테나를 제공한다.

여러 회사들이 수십 년간 위성 기반의 인터넷을 제공하고 있는데 인마샛, 휴스넷HughesNet, 비아샛Viasat 그리고 유로파샛Europasat이 그들이다. 이들 회사 중 몇몇은 대륙 간 여행의 최근 광풍 뒤에 있다. 대양을 가로지를 때 끊김 없는 통신을 위한 유일한 선택은 위성뿐이므로 비행 중 와이파이 연결에 이용되고 있다.

이들 위성 제공사의 많은 회사가 벽지 고객들에게는 유일한 인터넷 연결 선택인데 통상적으로 그들의 판매 제안들은 월간 비용에 포함되어 있는 데이터 양 면에서 심각한 제한이 있다. 그러나 기술이 향상되면서 이제는 지구 저궤도를 통신 목적으로 활용하는 새로운 관심이 생겼다.

최근의 업그레이드에도 불구하고 저궤도 위성의 선구자인 최신의 이리듐 넥스트는 최근 역사에서 아주 재주 많은 개혁가인 일론 머스크Elon Musk가 향후 몇 년간 갖고 있는 계획과 비교되면서 그 빛이 바래고 있다. 그의 회사인 스페이스 X는 재사용 가능한 로켓으로 발사 사업을 혁신하고 있을 뿐 아니라 첫 단계에서 지구를 커버하기 위해 4425개 이상의 위성을 사용하고 최종 단계에는 1만 2000개로 확장하는 저궤도 위성 인터넷 서비스 스타링크Starlink를 계획하고 있다. 이는 2018년 시험을 시작으로 2024년까지 완전 배치할 계획이며, 미국으로 접속하는 빠른 인터넷을 우선 제공한 이후, 전 세계 서비스로 확장하는 것을 목표로 하고 있다.

그 시스템은 기가비트 속도를 제공할 계획으로 광섬유 데이터 케이블 기반의 지상 인터넷 제공사와 경쟁하면서, 새로운 시스템의 처리량을 더욱 향상시키기 위해 위성들이 "천상의" 그물 통신망도 실행하는데 이 개

넘은 테크톡 **그물 통신망 만들기**에서 좀 더 논의한다.

이 계획은 새 위성들의 숫자가 현재 우주에서 기존에 운영 중인 위성 숫자의 네 배가 되는 야심찬 것인데, 테슬라의 전기차와 태양광 시스템 그리고 위성 발사 사업에서 스페이스 X의 재사용 로켓으로 입증된 기술적 혁명 덕분에 이러한 일론 머스크의 실적이 그의 노력에 많은 신뢰를 주고 있다. 구글과 피델리티 같은 거대 기업이 재정적으로 그의 시도를 수십억 달러 규모로 지원하는 것 또한 도움이 되고 있다.

보잉과 에어버스 같은 많은 전통적인 우주항공 회사들 역시 위성 기반 인터넷 계획을 개별적으로 또는 기존의 사업자들과 함께 제시했다. 이들 모든 새로운 진입자들과 기존의 사업자들 간에 초래된 경쟁은 우리 소비자에게는 한 가지 의미일 뿐이다. 더 빠른 연결 속도와 더 저렴한 가격으로 선택할 수 있는 더 많은 제품과 진정한 우주적 연결의 더 많은 잠재력이 있다는 사실이다.

마지막으로 과학적 접근법을 무시하려는 많은 뛰어난 정치적 지도자들의 노력이 점점 늘어나는 요즈음의 분위기 속에서 일론 머스크와 빌 게이츠 같은 억만장자들이 자신의 부를 들여 우리 삶을 향상시키고 기술 및 의료 서비스를 세계적 범위로 확대하려는 것은 나에게 인간성에 대한 새로운 믿음을 준다. 이런 행보는 신선하며, 새롭게 얻은 부를 터무니없이 부풀려진 가격으로 스포츠 팀이나 사는 데 쓰는 최근의 많은 졸부들과 대비해 환영할 만하다.

08

하키 스틱 시대

1987년 소련의 조직에 커다란 금이 처음 보이기 시작했고 소련의 지도자 미하일 고르바초프는 꽤 오랫동안 이 사실을 고통스럽게도 알고 있었다.

원유 수출은 소련의 외환에 주요 원천이었지만 유가는 불과 수년 만에 배럴당 120달러에서 이제는 배럴당 30달러 겨우 넘는 수준으로 폭락했다.

그러므로 소련의 소득은 줄어들었지만 비용은 그 어느 때보다 높았다. 냉전의 군비는 점점 더 약화되고 있는 경제가 지원할 수 있는 수준을 훨씬 넘어 있었고, 노쇠한 내수 산업은 꼭 필요하지만 돈이 많이 드는 구조적 개선이 대단히 필요했다.

이 책을 쓰고 있는 시점의 러시아 상황은 1987년 로널드 레이건이 백

© Springer International Publishing AG, part of Springer Nature 2018
P. Launiainen, *A Brief History of Everything Wireless*,
https://doi.org/10.1007/978-3-319-78910-1_8

악관에 있으면서 당시 소련 지도층의 커져가는 곤경에 대해 별 연민을 느끼지 않았다는 것만 빼면 1987년에 소련이 경험했던 것과 묘하게도 비슷하다.

돈이 떨어지는 것을 피하기 위해 소련은 외국 투자를 끌어들이고 외국 회사들과 기술 협력을 하는 새로운 장을 열도록 노력해야 했다. 이를 위해 고르바초프는 새롭고 더 유연한 정치 성향인 글라스노스트Glasnost를 출범시켰는데 이는 소련의 사업들을 서방에 개방하고 돈이 많이 드는 정치적·군사적 긴장을 줄이는 데 목표를 둔 것으로 그 기원은 2차 세계대전 말로 돌아가 찾을 수 있었다.

의심할 여지없이 고르바초프는 중국의 경제 발전을 부러움과 존경심으로 보고 있었다. 덩샤오핑은 마오쩌둥이 남겨놓은 피해를 복구하느라 여러 해를 보냈으나 그의 개혁적 지도 아래 중국은 공산당의 강력한 손이 책임지고 인상적인 경제 성장을 이루며 나라를 개조해 냈다. 중국의 상황은 불과 수십 년 전 국내의 정치적 관리 미숙과 거의 상상할 수 없는 규모의 무능으로 망가졌던 것을 생각하면 소련에게는 꿈같은 것이었다. 그러나 덩샤오핑의 개혁 덕분에 중국은 미개발된 공산주의 농촌 벽지에서 막 피기 시작한 산업 대국으로 인상적인 전환을 이루며 정면으로 세계 시장을 겨냥하고 있었다.

소련 경제의 부서져 내리는 벽을 등에 짊어진 고르바초프는 유가 폭락이 야기한 갭을 메울 수 있는 충분한 긍정적인 경제적 추진력을 만든다는 희망을 갖고 동일한 변화를 추진해 나가기로 마음먹었다. 글라스노스트와 함께하는 그의 새로운 추진의 중요한 부분은 가장 인접한 국가들과의 관계를 개선하는 것이었고 이 때문에 1987년 10월 핀란드를 방문했다.

이 방문의 명목은 소련이 2차 세계대전 동안 두 차례나 점령하려고 시도하다 실패했던 핀란드를 명백하게 중립 국가로 선언하는 문서에 사인하는 것이었다. 이 정치적 이슈와 함께 이 계획의 중요 부분은 핀란드의 기업 및 학계와 잠재적 사업 협력 기회에 대한 이해에 도달하는 것이었다.

고르바초프는 자신을 무명의 핀란드 회사가 불운한 무료 광고자로 만들려는 음모를 알지 못했다—그 회사는 문어발식의 망해가는 대기업에서 야심찬 통신 중심 회사로 대대적인 변혁을 만들고 있던 회사였다.

그 회사는 노키아였다.

핀란드 산업과 기술연구 시설들에 대한 발표 직후 기자회견에서 고르바초프는 독특한 안테나가 위에 달린 회색 기기를 무심코 받으면서 소련의 통신부 장관에게서 "모스크바까지 열려 있는 전화선이 있습니다"라는 소리를 들었다. 당황하고 깜짝 놀란 채 그는 대화를 나누기 시작했고, 그러는 동안 수행한 기자단은 사진을 찍고 영상을 담아냈다.

그 결과, 의문의 회색 기기는 공식 명칭이 모비라 시티맨 900Mobira City-man 900이었지만 그때부터 고르바Gorba로 알려지게 되었다.

외양 면에서 고르바는 세계 최초의 휴대용 무선전화인 모토롤라의 다이나택 8000XDynaTac 8000X와 아주 비슷했는데 불과 3년 전인 1984년에 출시되었다. 그러나 고르바를 돋보이게 한 것은 노르딕 모바일 텔레폰 Nordic Mobile Telephone: NMT이 제공하는 무선 연결이었는데 국경을 넘는 첫 번째 완전 자동 무선전화 시스템이었다. 1981년 출시 처음에는 스웨덴과 노르웨이를 커버하다가 다음 해 핀란드와 덴마크로 확장되었다.

네트워크는 원래 차량용으로 설계되었지만, 기술의 발전과 함께 무게가 1킬로그램에 달하는 시티맨 900 같은 기기는 개인용으로 충분히 휴대할 수 있게 되었다.

NMT는 새 네트워크였으나 그것은 셀룰러 기술 초기 긴 역사의 산물이었다. 1969년 노르딕 텔레콤의 연합 그룹이 만들어지고 그 조직은 전설적인 벨 연구소Bell Lab가 개념을 도입하고 최초의 대규모 실제 시행을 수행한 미국에서 시작된 개발이 깔아놓은 길을 따라갔다.

셀룰러 통신망의 개념은 전통적인 무선 통신의 제한들을 어느 정도 극복할 수 있는 새로운 접근법을 제공했는데, 그중 가장 근본적인 것은 제한된 가용 채널 수와, 휴대성과 양방향 통신이 가능한 거리 간의 피할 수 없는 싸움에 대한 것이었다. 큰 힘은 더 긴 거리를 의미하지만 무선 전파의 확산에 영향을 끼치는 역제곱 법칙이라는 물리학의 법칙 때문에 휴대용 핸드셋은 더 큰 배터리가 필요하게 되므로 엄청나게 무겁고 비싸진다. 이는 즉 거리를 두 배로 하려면 송신력을 네 배로 해야 한다는 의미다. 마지막으로, 더 긴 거리로는 또 다른 바람직하지 않은 부작용이 생긴다. 같은 채널 위의 다른 모든 송신은 간섭을 일으킬 것이므로 사용 중인 특정 송신 채널을 전체 해당 범위 내에서 재사용할 수 없다.

이것이 가용 채널의 제한된 수 내에서 가능한 동시 통신 수와 원하는 범위 간의 피할 수 없는 싸움을 야기한다. 새로운 무선 서비스로 도시 전체 정도의 면적을 커버하고 이 서비스를 성공시키려면 동시 통화에 가용한 모든 채널들을 곧 소진할 것이고 사용자를 추가하는 것은 시스템의 성능을 심각하게 저하시킬 것이다.

초기 모바일 네트워크는 이들 심각한 한계를 감수해야 했다. 예를 들어, AT&T의 IMTSImproved Mobile Telephone Service 네트워크는 1965년 뉴욕에서 2000명 가입자를 보유하고 12개의 채널만 갖고 있었기 때문에 교환원이 수동으로 연결하는 통화를 위해 평균 대기 시간이 20분이었다.

이 제한된 채널이라는 분명히 극복 불가능한 문제를 우회하기 위해 1947년 벨 연구소의 더글러스 링Douglas Ring이 한 제안을 했다. 도시 전체를 커버하기 위한 강력한 중앙 송신기를 사용하는 대신, 지역별로 작은 셀로 나뉜 저전력 기반의 기지국 한 조를 사용하여 고도로 국지화된 연결 서비스를 제공하는 것을 제안했다. 이들 기지국은 셀의 제한된 커버리지 안에 있는 고객들에게만 서비스를 제공한다.

이것의 장점은 이들 기지국이 모두 같은 주파수 대역을 사용하더라도 인근의 기지국들이 같은 채널을 공유하지 않는 방식으로 전체 커버리지 지역 안에서 기지국들 간에 현명하게 실제의 배당 채널을 분배하는 것이 가능하다는 것이다. 한 셀 구역만을 커버하는 데 필요한 낮은 전력으로 인해 먼 기지국은 더 멀리 어딘가에서 같은 채널을 동시에 쓸 때 생기는 간섭 가능성에 대해 걱정할 필요 없이 같은 채널을 다시 재사용할 수 있다.

이 접근법의 결과로서 어느 한 시점에 서비스할 수 있는 사용자 수의 제한은 전체 커버리지 면적 대신 셀에 국한되고 연결 기기에 필요한 단거리 덕분에 핸드셋의 최대 필요 송신력 또한 감소될 수 있고 그럼으로써 더 싸고 특히 더 가벼운 배터리 사용이 가능해졌다.

이 셀룰러 전화 접근법이 제한된 채널의 최대 동시 사용이라는 가장 중요한 문제 대부분을 깔끔하게 해결했고 그럼으로써 끊임없이 채널을 재사용함으로써 전국적인 커버리지가 가능해졌지만, 이는 새롭고 더욱 복잡한 문제를 야기했다. 접속되어 있는 사용자가 현재 연결된 기지국에서 멀어지면 핸드셋은 끊임없이 근처에 있는 다른 가용한 기지국을 감지해서 다른 기지국이 더 좋은 접속 품질을 제공할 수 있으면 현재의 기지국(셀)이 진행하고 있는 통화를 다른 기지국(셀)에 넘기도록 요청할 수 있어야 했다.

이 핸드오프라고 부르는 절차 동안 진행 중인 통화를 새로운 셀의 기지국으로 매그럽게 연결시켜야 하고, 진행 중인 통화의 음향은 이전의 기지국에서 새 기지국으로 변경되어야 한다. 그리고 진행 중인 통화에서 감지할 만한 중단을 완전히 없애기 위해 이 모든 일이 0.1~0.2초 안에 일어나야 한다.

셀룰러 통신망에 관해 제안된 이론은 탄탄했지만 이런 유의 기지국 간의 요청 시 음향 경로 변경과 필요에 따른 핸드셋의 동태적 무선 채널 변경은 기존 1950년대 기술로는 해결될 수 없었다.

기지국과 핸드셋 양쪽에서 필요한 스위칭 회로를 처리할 수 있는 컴퓨터의 활용 덕분에 20세기 초 슈퍼헤테로다인 이론의 경우처럼 전자 산업의 진보가 결국에는 완전 자동화된 핸드오프를 가능하게 했다.

더글러스 링이 제안한 지 30년이 넘은 1978년 셀룰러 통신망의 첫 번째 대규모 실행을 바로 그 벨 연구소가 시카고에서 했고, 그리고 1년 후에 일본의 NTTNippon Telephone and Telegraph가 따랐다.

그리고 겨우 2년 후에 NMT 시스템이 생겨서 여러 나라에서 명료하게 작동되는 첫 번째 네트워크를 제공했다.

필요한 송신력이 모바일 네트워크용 기기의 가능한 크기에 영향을 미치는 유일한 요인은 아니다. 무엇보다도 최적의 안테나 길이는 사용되는 주파수에 반비례하므로 주파수가 높을수록 안테나가 더 작아진다. 둘째로는 송신된 신호를 전달하는 데 필요한 변조가 모든 개별 채널에 필요한 대역폭을 정하고 이런 목적으로 배정된 주파수 블록 안에서 쓸 수 있는 채널의 총 숫자를 정한다.

대역폭의 필요에 기인하는 근본적인 한계는 테크톡 **공짜는 없어요**에서 자세히 논의한다.

이들 제한 때문에 수백, 수천의 동시 접속자를 지원하는 충분한 채널을 가진 진정한 휴대용 기기에 유용한 주파수는 400MHz 정도에서 시작하며, 그리고 그 예로서 NMT 시스템은 원래 450MHz 주파수 대역에서 작동하도록 맞춰져 있고 후에 900MHz 역시 커버하도록 확장했다.

900MHz가 450MHz의 두 배라는 것은 우연이 아니다—최적의 다주파수 안테나 설계는 사용되는 주파수 대역이 상호 간에 정배수일 때 가장 만들기 쉽다.

가용한 무선 주파수 스펙트럼은 제한되어 있는 자원이기 때문에 그 사용은 국내와 국제 수준 모두에서 규제되고 있다. 주파수 할당은 무선의 역사에서 공동으로 합의되어 왔고, 새로운 발명품이 뛰어들어 와 다른 용도로 이미 사용 중인 주파수들을 사용하지 못한다. 그 대신 새 블록을 유보해 두거나 이전의 것을 새로운 서비스에 재할당해야 하며 이 블록이 사용되는 방식들을 정하는 기준들이 합의되어야만 한다. 그러므로 무선 서비스를 가능하게 하기 위해서는 유용한 일들을 하는 새로운 방식을 발명하는 것만으로 충분치 않다—하나의 새로운 개념이 실제의 전 세계 서비스가 되는 데는 엄청나게 많은 협상과 국제 협력이 필요하다.

마이크로칩 혁명이 이들 1세대1G 무선전화를 가능하게 했지만 가용한 마이크로프로세서는 전력이 많이 들어가는 편이었고 기존의 배터리 기술은 최상과는 거리가 멀었다. 예를 들어, 고르바는 완전 충전 시 통화 가능 시간이 50분밖에 되지 않았다. 그러나 이동 중의 연결에 의존하는 많은 사업들에는 이것이 충분하고도 남았다—실제로 어디에서건 전화를 받을 수 있다는 사실이 끊임없이 충전해야 하고 핸드셋이 무겁다는 단점을 감내할 만큼 가치가 있었다.

마이크로칩은 테크톡 **스파크와 전파**에서 설명한다.

알고 있던 유용성에 더해, NMT에 내장된 국경을 넘는cross-border 설계가 이 게임에 완전히 새로운 차원을 가져왔다. 그 출시 시점에는 외국에서 핸드셋을 켜고 본국의 전화번호로 전화를 걸고 받을 수 있는 것은 정말로 혁명적이었다. 여러 면에서 NMT는 현재의 모바일 네트워크에서 당연한 것으로 받아들이는 몇 가지 기능들을 위한 시험대였다.

이들 선구적인 통신망의 완전한 성공 후에 비슷한 시스템들이 전 세계에 걸쳐 움트기 시작했다. NMT 출시 2년 후에 미국은 그들만의 AMPS Advanced Mobile Phone System를 갖게 되었지만 유럽은 1980년대 말부터 1990년대 초 동안 상호 호환되지 않는 시스템 아홉 개를 갖고 있었다.

이 모든 1세대 셀룰러 시스템은 아날로그 기술에 기반을 두고 있었다. 모든 전통적인 무전기처럼, 당신은 말하고 있는 채널의 유일한 사용자였고 셀룰러 통신망이 사용하는 채널에 맞출 수 있는 간단한 스캐너인 휴대용 수신기가 있으면 누구라도 당신의 대화를 엿들을 수 있었다.

그리고 실제로 도청되었다.

많은 당황스러운 추문들이 어떤 전략적 위치에서 전화 통화를 단순히 듣는 것만으로 언론에 새어나갔다. 이것이 너무 심해져서 아날로그 이동전화 대역에 맞출 수 있는 스캐너들이 미국에서 불법화되었다.

한 나라에서 불법이 되었다 해서 그것을 못 쓰는 것이 아니었으므로 도청으로 혜택을 본 사람은 계속 그렇게 할 방법을 찾았다.

아날로그 채널을 이용하는 것은 안전하지 않을 뿐 아니라 값비싼 주파수 스펙트럼 또한 낭비했다. 한 번에 한 사람만 송신할 수 있는 전통적인 무전기 대화와 달리, 셀룰러 통신망은 통화하는 전체 시간 동안 두 개 채널을 할당받는 것을 의미하는 풀 듀플렉스였다—상대방에게 당신의 말을 송신하는 업링크 음향용 하나, 그리고 상대방의 음성을 당신에게 전달하는 다운링크 음향용 하나.

더 고약한 것은 채널들이 아날로그 언어 신호를 받아들일 정도로 비교적 폭넓어야 했다. 또한 모든 아날로그 무선 신호처럼 통화의 질은 기지국까지의 거리에 비례했고 채널 위 모든 쓸모없는 간섭으로부터 심한 영향을 받았다.

비용 면에서 이들 1세대 이동전화를 사용하는 것은 여전히 사치였다. 시티맨 900은 지금 시세로 약 8000달러 가격이었고 실제 사용 시간에 따른 요금 역시 엄두도 못 낼 정도로 비쌌다.

이런 단점에도 불구하고 1세대 통신망은 전 세계로 빠르게 확산되었고, 전화기와 사용 시간의 값은 진정한 대중 시장을 만드는 데 성공한 모든 신기술의 적용에서처럼 피할 수 없는 하향 곡선을 그리기 시작했고, 이동 중에 통화할 수 있다는 것은 1990년대의 가장 큰 성공담이었다.

그러나 성공과 함께 피할 수 없는 용량 문제가 나왔다.

일부 기지국에서는 심하게 정체가 일어날 정도로 고객군이 빨리 성장했다. 고객들이 통화가 끊기거나 새로 전화를 걸 때 통화 중 신호음을 듣는 횟수가 늘어났다. 기지국 간 재사용에도 불구하고 가용한 채널의 상대적으로 적은 총 숫자가 인구 과밀 지역에서 심한 제약 요인이 되었다.

통신망은 사용자들이 더 늘면서 사용자 경험이 저하하는 데까지 다시 이르렀다.

구제 방안은 빠르고 값싼 마이크로프로세서와 특히 디지털 시그널 프로세서DSP의 형태로 나타났는데, 이는 시스템을 아날로그에서 완전 디지털 영역으로 옮길 수 있었다. DSP는 이를 위해 특별히 만든 스마트 프로그램인 오디오 코덱이 제공하는 실시간 디지털 신호 압축이라는 추가 장점을 가져왔다.

이들 개념은 테크톡 **크기 문제**에서 더 논의한다.

2세대2G 디지털 시스템은 아직도 1세대 통신망과 같은 주파수 대역을 사용하므로 가용한 채널 수가 많이 바뀌지 않았다. 그러나 한 채널의 전 대역을 전체 통화 시간 동안 독차지하는 대신, 디지털 신호 압축이 한 사용자가 음성을 송신하는 데 필요한 대역폭을 감소시켰고 그 결과 같은 물리적 채널이 이제는 짧은 시간 슬롯으로 쪼개져 몇몇 사용자 간에 실시간으로 공유될 수 있었다.

이런 유의 TDMATime Division Multiple Access 기술은 높은 진동의 송신을 만들었는데 반복적인 고주파 진동들은 들을 수 있는 범위 안에 있는 저주파 버즈(윙윙 소리)를 만들어냈다. 이것의 부작용은 거의 모든 음향 기기들이 이런 유의 간섭에 취약하다는 것이고, 예를 들어 작동되고 있는 2세대 전화를 FM 라디오 근처에 놓으면 계속되는 윙윙 소리(버즈)를 들을 수 있는 이유다.

실제의 통화가 연결되기 몇 초 전에 전화가 기지국과 접속하는 절차를 시작하면, 전화벨이 실제로 울리기 전 수신 전화의 "경고음"을 주변 음향 장비에서 들을 수 있다.

이 진동 송신 모드와 거기서 기인하는 들을 수 있는 간섭은 이들 새로운 전화기 설계자들에게 실제 문제였는데 진동하는 무선 송신이 전화기 안 음향 회로에 흘러 들어가는 경향이 있었기 때문이다. 이것은 전화기에 연결된 유선 헤드셋을 사용할 때 가장 두드러졌다. 이를 최소화하기 위해 초기의 모든 이동전화기는 고유의 헤드셋 커넥터가 있어서 제조업체가 제공한 특정 헤드셋을 쓰도록 했다. 이 조합은 전화기 내부의 고전력 진동 발생 송신기가 일으키는 음향 간섭을 감소시키도록 최적화되었다.

외부 선을 무선 송신기가 있는 기기에 연결하는 것은 핸드셋 안의 실제 무선회로의 성능에 영향을 미칠 가능성이 있었으므로, 이런 산발적인 문제들과 싸우는 기술자들은 전용으로 목적에 맞게 만든, 전기적으로 최적으로 짝지어진 헤드셋을 사용할 것을 요구했다.

그러나 무선전화가 더 많은 기능을 내장하고 독립형 음악·영상 재생기가 되면서 사용자들은 자신만이 선호하는 헤드폰을 사용하길 원했다.

보통 고객들이 원하는 기능을 좌지우지하기 때문에 오늘날에는 핸드셋과 헤드셋이 같은 제조업체의 것인지 아무도 망설이지 않는다. 기술자들이 결국 이런 종류의 문제점에 영향을 받지 않는 핸드셋의 내부 회로를 만드는 방법을 찾아냈고, 헤드폰 잭을 완전히 없애려는 애플과 구글의 요즘 노력에도 불구하고 쓸 만한 3.5밀리미터 음향 플러그는 휴대전화에 여전히 달려 있다.

이전에 논의했듯이 NMT 시스템이 제공한 가장 인상적인 신기능은 자동 국제 로밍이었는데 다만 북유럽 4개국 사이에서만 작동했다. 이 기능은 2세대 후속 모델의 기본 사양이 되었고 불과 몇 나라에서만 가능하다가 이제는 전 세계 규모로 실행된다.

새로운 유럽 디지털 무선전화 시스템은 결국 GSMGlobal System for Mobile Communications으로 명명되었는데 원래 "GSM"은 Groupe Spécial Mobile 이라는 프랑스 이름이었고 이는 새로운 표준을 규정하는 범유럽 위원회의 원래 명칭이었다. 북유럽 국가들은 NMT 시스템에 대한 폭넓은 경험 덕분에 GSM 혁명의 강력한 추진체였고 핀란드에서의 첫 번째 GSM 통화가 1991년에 있었던 것은 놀라운 일이 아니었다.

내장된 국가 간 로밍 지원은 또 다른 매우 유용한 기능을 낳았다―바로 전 세계에서 작동하는 전화번호 제도다. GSM에서는 세계 어느 나라든지 국가 번호-지역 번호-전화번호를 순서대로 + 기호와 조합해 걸 수 있고 어느 나라에서 걸든지 항상 제대로 작동했다. 그러므로 이런 형식으로 전화번호부를 만들어 다른 나라에 가서 전화를 쓰면 "X라는 나라에서 집에 어떻게 전화 걸지"를 특별히 알아볼 필요가 없었다.

이것은 작은 일처럼 들리겠지만, 실제로 여행 중에 유선으로 전화를 걸 때 모든 나라가 국제전화를 위한 자국만의 고유 방식과 기호나 숫자 조합을 쓰는 경향이 있어 만연했던 기본적인 문제를 아주 단순화했다.

묵게 된 호텔의 전화 시스템을 사용하려면 필요한 특정 절차 외에도 통화하기까지 많은 좌절들 역시 있었다.

안타깝게도 몇 나라는 이 아름다운 일반적인 접근법을, 번호들 앞에 오퍼레이터 코드를 요구하는 법을 "고객 선택"이라는 의문스러운 이름으로 만들어서 깨뜨렸다.

향상된 채널 용량만이 완전히 디지털 영역에서 작동하는 것의 유일한 이점은 아니었다. 기지국과 핸드셋 사이의 지속적인 디지털 데이터 연결이 기지국 쪽에서 수신된 통화 품질의 실시간 상태를 제공하는데, 이는 핸드셋으로 재송신되며 송신력을 동태적으로 통제하는 데 사용된다. 이런 필요할 때만 작동하는 전력 관리는 양호한 연결 상황에서의 통화 시간을 크게 늘려주고 시스템의 전반적인 간섭을 감소시킨다.

디지털 영역으로 옮김으로써 통신망은 또한 많은 일반 형태의 간섭에 대해 더 강해졌다. 핸드셋과 기지국 간의 연결이 어느 한계점을 넘기만 하면 통화의 질은 훌륭했다.

디지털 통신망이 제공했던 또 다른 진짜 새로운 추가 기능은 사용자 간 짧은 문자 메시지를 보낼 수 있는 내장 기능이었다. 이 단문 메시지 서비스SMS 기능은 GSM 제어 채널 프로토콜 안에 "남는" 사용 시간이 있을 때 나중에 GSM 표준으로 추가된 것이었다. 대부분의 아주 초기 GSM 전화는 바로 SMS를 지원하지 않았지만 이를 지원하는 기기들이 엄청 인기를 끌면서 이 추가 기능의 존재가 새로운 전화기를 살 때 중요한 결정 요인이 되었다. 그러므로 모든 제조업체들이 바로 줄을 서서 이를 지원했다.

이 기능에 대해서는 10장 **주머니 속의 인터넷**에서 더 논의한다.

GSM 표준에 내장된 가장 훌륭한 추가 기능은 아마도 실물 핸드셋에서 발신자 정보를 분리한 것이라 할 수 있다. 이것은 특수한 SIMSubscriber Identity Module, 즉 내부 프로세서와 메모리가 있는 작은 스마트카드를 통해 가능하게 되었는데, 사용자가 그것을 호환되는 기기에 꽂으면 그 기기에서 사용자의 기존 전화번호가 활성화된다. SIM 카드는 또한 간단한 주소록을 저장하는 메모리가 있어서 새로운 기기에서도 선호하는 모든 전화번호를 바로 사용할 수 있다.

중요한 설계 수정은 통신망 쪽에도 있었다. 기지국을 실행하는 데 필요한 여러 네트워크 요소 간의 통신 접속기가 표준화되어 운영자가 모든 GSM 호환 장비 제조업체들의 각각의 부품들을 섞어서 맞출 수 있게 되었다. 이것이 고유의 부품에 의한 업체 고정vendor lockup을 없애버렸다. 이런 교환 가능한 표준을 갖는 것이 치열한 경쟁의 커다란 자극이 되어서, 에릭슨, 노키아, 루센트, 알카텔 같은 선두 네트워크 장비 회사들이 끊임없이 제품을 개선하고 더욱 다기능화하고 저렴하게 만들도록 밀어붙였다.

최근 전산의 발전 덕분에 이들 네트워크 요소의 많은 것들이 가상화되어, 기지국 내부 커다란 전산 장비 안에서 소프트웨어 모듈로만 남아 있다.

이 모든 기능들과 함께 상호 호환되는 GSM 네트워크는 전 세계에 삽시간에 퍼져 전 지구적으로 진정한 통일 표준이 되었는데 단 하나의 예외는 미국이었다. 이 눈에 띄는 예외에 대한 역사는 9장 **미국의 길**에서 설명한다.

빠르게 확장되고 전 세계적으로 동일한 GSM 시장의 창출은 장비와 전화기 제조업체들에게 큰 기회였다.

4장 **무선의 황금시대**에서 논의했듯이 새로운 기술이 시장에서 대중적으로 수용될 만큼 충분히 저렴해지면 수요가 하키 스틱 곡선을 찍고 이 파도를 탄 회사들은 엄청난 혜택을 쌓는다.

노키아에게는 1994년 노키아 2110의 출시로 잭팟이 시작되었다. 이 새로운 기기의 계획된 출시는 전화기를 실행하는 데 사용되는 기술이 새롭고 더 전력 효율적인 마이크로프로세서 세대에 의해 교체되려고 하는 때에 일어났다. 노키아는 이전 마이크로프로세서 세대에 기반을 둔 버전을 원래 개발했지만 앞을 내다보는 경영층 덕분에 신제품 출시를 약간 미루기로 했다. 그 결과 노키아 연구소는 가장 최신이고 가장 고효율의 마이크로프로세서 기술을 사용하여 2110을 업그레이드할 수 있는 충분한 시간을 얻었다.

이 변경의 결과로 나온 것이 경쟁 제품보다 배터리 수명은 훨씬 좋지만 시장에서 가장 작은 GSM 전화기였다. 노키아는 이미 최초의 대중 시장용 GSM 전화 노키아 1011을 1992년에 내놓았기 때문에 새로운 버전을 만들 만한 많은 굳건한 실제 경험이 있었으며, 최신의 마이크로프로세서와 LCDLiquid Crystal Display 기술은 새로운 기기의 간단하고 직관적인 사용자 환경UI을 만들 수 있는 효과적인 기반을 제공했다. 노키아 1011과 노키아 2110 양쪽 모두 GSM 네트워크에서 SMS 문자 메시지 기능을 완벽히 지원했으나 2110에서 SMS를 실행하여 사용하기가 훨씬 쉬웠다. 그 결과, 2110의 큰 인기가 다른 모든 제조업체들이 자기들 기기에도 SMS 기능을 포함하도록 했다.

특출한 기능과 최적의 시기가 합쳐진 효과는 노키아에게 엄청났다. 2100 시리즈의 당초 판매 계획은 40만 대였는데, 그 단종 시점에 여러 작동 주파수에 맞게 변경한 것까지 포함하여 2100 시리즈는 2000만 대 이상이 팔렸다.

어느 회사가 신제품의 수익성 계산을 판매량 N을 기준으로 하고 $50 \times N$을 판매했다면, 주문량이 급증할 때 필수 부품의 단가가 폭락하기 때문에 실제 수익은 천정부지로 올라간다. 몇몇 무선 연결 부품들은 21XX 각 버전마다 독특해야 하지만 실제 전화기 기판의 대부분은 똑같으므로 동일 부품을 계속 다시 사용하게 된다. 이들 부품의 늘어난 주문량이 기기의 전체 재료비를 빠르게 끌어내린다.

그 결과, 2100 시리즈가 노키아에 엄청난 현금력을 주었고 노키아를 여러 해 동안 선두 전화기 제조업체 위치에 올려놓았다.

개인적으로 보았을 때, 그 당시 나의 영국 고용주가 내 아날로그 이동전화기를 노키아 2110i로 바꿔주었는데 이전의 아날로그 전화와 비교하면 통화 품질, 통화 시간 그리고 통화의 신뢰성 차이는 정말 놀라웠다. 런던의 고속도로 M11의 교통 체증 속에 앉아서 뉴욕에 있는 사장 그리고 도쿄의 동료와 함께 전화 회의를 했던 것을 기억한다—두 사람 모두 아주 깨끗하게 들렸고, 사무실의 유선전화보다 실제로 훨씬 좋았다.

전화 회의가 세상을 축소하는 방식은 마치 악명 높은 아서 클라크의 제3 법칙처럼 마술같이 느껴진다.

충분히 발전된 기술은 마술과 구별되지 않는다.

클라크 얘기를 하자면, 그는 1958년에 이런 야심찬 예측을 했다.

아주 작고 간편해서 모든 사람이 하나씩 들고 다닐 개인용 송수신기가 있을 것이다.

단지 숫자만 돌려서 지구상 어느 곳에 있는 사람이든 통화할 수 있는 때가 올 것이다.

클라크는 이들 기기들이 내비게이션(항법) 기능도 갖출 것이라는 예측까지 했다.

아무도 다시는 실종되는 일이 없을 것이다.

클라크가 애플 맵스 같은 많은 초기 내비게이션의 작은 사고들을 예측하지 못했지만 모바일의 미래에 대한 그의 예측은 정확했다고 말해도 된다. 클라크는 또한 이런 발전이 1980년대 중반경에 현실화할 것이라고 가정했는데 이것은 다시 한번 실제 발전과 정확히 맞았다.

2장 "이건 아무 소용이 없어요"에서 논의했듯이 테슬라가 1926년 무선통신에 대한 통찰력 있는 예측을 했지만, 입증할 수 있고 정확한 시간을 제공한 클라크가 이겼다.

노키아는 수년간 계속 아주 개혁적이었다. 그들은 모바일 기기의 미래 지향적 가능성을 노키아 커뮤니케이터로 보여주었는데 2110 출시 겨우 2년 후에 키보드와 커다란 화면이 있는 최초의 전화기를 내놓았고 후에 그들은 또 노키아 7000 시리즈 제품으로 인터넷 지향의 터치스크린 기기들을 생산했다. 이들 모두는 현재의 스마트폰의 만만치 않은 선배였으며 시대를 훨씬 앞섰지만 불운하게도 노키아의 후기 역사에서는 대중의 관심에서 밀려나 경쟁사들이 노키아를 따라잡게 되었다.

이런 노키아의 혁명적인 걸음에도 불구하고 "스마트폰의 어머니"라는 왕관은 IBM International Business Machines의 사이먼의 것이 되었는데 이 제품은 1994~1995년 겨우 6개월 동안 시장에 나왔다. 사이먼은 터치스크린 작동, 캘린더, 이메일 그리고 다른 내재된 몇몇 앱 등, 현재 스마트폰 제품의 특징을 이미 모두 가지고 있었다. 팩스를 보내고 받는 기능까지 지원했다—이것은 노키아 커뮤니케이터 시리즈의 사랑받는 기능 중 하나이기도 했다. 그러나 사이먼 역시 시대를 앞섰고 현재 가치로는 약 1800달러의 정상 가격으로 겨우 5만 대를 팔았다.

스마트폰 개념이 대중적 선택을 받는 행진을 하기까지는 사이먼 출시 이후 5년이 더 걸렸는데 젊은 세대 지향의 일본 NTT 도코모의 i-mode 전화기에서 시작되었다. 무선 역사에서 이다음 단계를 위한 근본적인 추진력은 모바일 데이터의 출시였는데, 10장 **주머니 속의 인터넷**에서 더 논의할 것이다.

노키아는 거의 10년에 걸쳐 모바일이라는 언덕의 절대적인 왕이었지만 결국에는 침체와 피할 수 없는 하향 소용돌이를 보이기 시작했고, 그 원인은 한 가지 이유에만 돌릴 수 없다. 여러 가지 사소한 문제들이 이 추락과 연관되어 있다.

한 가지 기본적 문제는 노키아가 기지국 기술과 전화기 모두를 생산했다는 사실이었다. 이것이 근본적인 사업상 갈등을 일으켰다. 생산에서의 양수겸장 덕분에 전 세계의 강력한 통신 관련 회사들이 두 제품군의 주요 고객으로서 전화기와 네트워크 장비들을 엄청나게 사갔다. 노키아는 이들 운영사들을 즐겁게 해야 할 상당한 이해관계가 있었다. 운영사들은 물론 자기들의 힘을 알고 있었고 이들 대량 물량 고객들이 전하는 부정적인 반응은 종종 매우 직설적이어서 심각하게 다루어야만 했다—큰 운영사가 주문을 취소할 경우 잃을 매출액이 수천만 달러일 수 있었다.

이 자기 보호 본능이, 멀게라도 운영사 앞마당으로 여겨지는 새로운 부가가치가 있는 분야로 진입하려는 노키아의 여러 시도를 죽이고 말았다.

비교해 볼 때, 진행 중인 사업이 없는 창업 경쟁사는 기존의 고객을 성가시게 한다는 두려움 없이 시장에서 새로운 구상들을 시험할 수 있었다. 이것이 블랙베리 같은 회사가 전 세계 모바일 이메일 사업을 할 수 있게 했지만 노키아 연구소는 블랙베리가 생기기 여러 해 전에 이미 완벽한 내부 해법들을 가지고 있었다.

운영사 관계를 문제화한 것은 노키아 핸드셋의 지속적인 고객 수요 증가로 종종 노키아 판매팀이 모든 잠재 고객을 대상으로 한 제품 배분에서 힘든 결정을 해야 했다는 사실이었다. 운영사 입장에서 보면 그 결과로 보이는 판매팀의 행동이 종종 지나치게 오만해 보였지만, 수요가 공급을 지속적으로 초과하는 상황에서 노키아 판매팀은 어느 정도까지는 자신들의 조건을 아주 유연하게 요구할 수 있음을 잘 알고 있었기 때문에 잘못된 결정만은 아니었다. 그러므로 노키아가 주요 운영사 고객들과 긴밀히 연결되어 있을 때에도 가장 잘 팔리는 기기에 대한 엄청난 수요와 "고통을 줄여야 하는" 필요가 노키아를 압박했다.

희망하는 양이나 기대하는 할인 면에서 옆으로 밀려나 있다고 느낀 운영사들은 좋아하지 않았다. 나는 개인적으로 어느 주요 운영사의 사장이 노키아가 제품 배분과 배달 일정에 관해 내린 결정에 대해 분노를 공개적으로 터뜨리는 것을 본 적이 있다. 그리고 놀랍지 않게, 시장이 균형 잡히기 시작하자 이들 운영사 몇몇은 좋은 기억력을 발휘했다. 다른 제조업체들의 전화기가 기능성과 가격 면에서 따라잡기 시작했고 이들 운영사는 과거에 그들이 겪었던 잘못된 대접을 노키아에게 차갑게 대함으로써 아주 즐겁게 "되갚았다".

문제의 경우는 미국 시장이었는데, 세기말에는 거의 100퍼센트 "노키아 땅"이었지만 10년도 채 되지 않아 미국 가게들에서는 단 한 대의 노키아 전화기도 찾기 어려웠다.

엄청난 물량과 그에 따른 대량의 현금 흐름이 노키아 경영층에 또 다른 정신적 장벽을 만들었다. 이 회사는 더 이상 무선 공간의 야심찬 새로운 참여자가 아니었고, 대신 전 세계적으로 알려진 통신 거대기업으로 변해 그 주가는 모든 상업 채널에서 매일 아주 자세히 논의되고 있었다. 이것의 불행한 부작용은 노키아가 그 주가를 방어하고 그에 따라 제품 라인업을 최적화하는 데 상당히 집중하는 듯이 보였다는 것이다. 만일 새롭고 혁신적인 기기가 비교적 짧은 기간 동안 수억대 매출을 예상할 수 없으면, 관련 연구 자원은 다른 곳으로 돌려지는 위협 아래 놓였다. 왜냐하면 단기 사업 목표에 더 중요해 보이는 다른 어딘가에 긴급한 자원 부족이 항상 있었기 때문이다. 그래서 즉각적인 하키 스틱 성장의 조짐을 보이지 않는 새로운 운동장을 만들어보려는 몇몇 시도들은 자원 고갈로 끝나버렸다.

이런 근시안적인 시각의 고약한 부작용 하나는 노키아 연구소가 이들 새로운 첨단 제품을 위해 1, 2년에 걸쳐 주야로 열심히 일하는 데 지쳐 있던 몇몇 핵심 인물들을 잃게 되었고 또 다른 "장검의 밤Night of the Long Knives"이 프로젝트 연구팀을 다른 곳으로 보낸 후 제품 개발 프로그램을 끝내게 되었다는 사실이었다.

어떤 인물들은 새로 단종된 제품의 밀랍 모델을 불태우는 "쫑파티" 서너 군데를 거쳐 결국은 노키아를 떠나 더 푸른 초원 어딘가로 가기로 했다.

반대의 예도 있었다. 3세대3G 통신망 개시가 다가오면서 노키아는 그에 맞는 모델을 시장에 "내놓아야만" 했다. 그것을 만들고 있던 팀은 특정 3G 전화기 프로그램이 종료되더라도, 어떤 새롭고 약간 변형된 형식으로 그 기술과 이미 친숙한 동일한 핵심 팀을 만들어서 환생할 것을 알고 있었다.

그래서 그 제품 프로그램을 "케니"라고 불렀는데 〈사우스 파크〉 텔레비전 시리즈의 인물에 기반을 둔 이름이었다. 케니는 가장 소름 끼치는 방법으로 계속 살해당하지만 아무 일도 없었다는 듯 다음 회에 항상 돌아온다.

노키아 주식의 혁혁한 경제적 성과는 또 다른 부작용을 가져왔다. 훨씬 더 소박한 성장성 기대로 계획되었던 초기 고용주 옵션 프로그램이 엄청난 수익을 내면서 장기적 사업 초점을 유지하는 데 도움이 되지 않았다. 조만간 받게 될 옵션 프로그램의 예상 수입이 연봉의 10~50배일 때, 주가가 올라가도록 하는 것은 많은 사람들에게 대단히 동기를 부여하는 개인적 동인이었다. 이것이 적어도 해야 하는 매일매일의 사업적 의사결정에 무의식적으로 영향을 끼쳤다.

이 모든 것의 결과는 노키아가 분명히 돈 버는 그들의 주력 제품에 너무 오랫동안 붙잡혀 있는 걸로 보였다는 것이었다.

소프트웨어 면에서 노키아 스마트폰에서의 결과적인 실패는 일정 부분 초기 이 분야에서의 굉장히 성공적인 진입 때문이라고 추적할 수 있다.

새로운 스마트폰 라인의 기반으로 선택된 심비안Symbian 운영 시스템은 원래 DPADigital Personal Assistant라는 훨씬 더 제약이 많은 하드웨어에 최적화되었고 영국 회사인 사이언 Plc.Psion Plc.의 EPOC 운영 시스템에서 도출되었다. 당시에는 피할 수 없는 표준이었던 유약한 하드웨어를 위해 적당한 대안이 없었기 때문에 말이 되었다. 그래서 EPOC가 노키아 필요에 맞는 유일한 것처럼 보였다.

기술에서의 일반적 한계와 싸우기 위해 요구되었던 EPOC에서의 "꾸겨박기" 접근법이 안타깝게도 앱 개발 환경Application Development Environment: ADE에 많은 제약을 가져왔다. EPOC는 최소 메모리 공간을 갖도록 설계되어 프로그램하는 방식에 엄격한 제한을 가했는데 그것이 응용 프로그램 개발을 어렵게 만들었다. 이것의 결과는 이동전화의 소프트웨어 개발에 진입하는 많은 프로그래머들에게 끝없는 좌절의 원천이었다. 그들 대부분은 PC나 미니컴퓨터를 배웠는데 그 둘 모두는 훨씬 더 관용적이고 자원이 풍부한 환경이었기 때문이다.

PC의 소프트웨어와 달리 스마트폰의 소프트웨어는 스마트폰에서 만들 수 없었다. 대신 크로스 컴파일 환경이 그 일에는 필요하며, 가장 초기 심비안 개발 환경이 구닥다리 마이크로소프트 윈도 C++ 개발 환경에 기반을 둔 것이라는 점은 도움이 되지 않았다. 나 자신이 C++ 프로그래머로 초기 심비안 개발 환경을 만들었는데, "전통적인" 프로그래밍 지침으로 모바일 환경에 접근하려는 모든 이들에게는 일하기 아주 힘든 것이었다.

만약 당신이 이들 막 피어나는 스마트폰을 위한 앱을 만들기 원했다면, 노키아의 엄청난 시장 점유력이 심비안을 거의 유일한 대상물로 만들었을 것이다. 그러므로 앱 개발자들은 이를 악물고 프로그램을 만들었다—시장이 있는 곳으로 가야 했으므로 스마트폰의 초기에는 "모바일 앱 시장"이 사실상 심비안과 동의어였다.

심비안의 교차 설계 환경은 비교적 빠르게 진화했고 해가 갈수록 사용하기 점점 더 쉬워졌지만, 심비안의 많은 실제 시스템 한계들이 남아 있었다. 무선기기의 실제 하드웨어가 약진할 때 이들 본질적인 한계들이 다른 문제들을 야기하기 시작했다. 실시간 처리와 플랫폼 보안 같은 문제들이 심비안의 핵심을 다시 쓰도록 했다. 이들 주요 업데이트가 버전 사이의 바이너리 브레이크를 일으켰는데 이는 이미 만들어진 앱은 자동으로 설치된 새로운 심비안 버전의 하드웨어에서는 작동하지 않는 것을 뜻했다. 그러므로 개발자들이 새 기기에서 사용하기를 원하는 모든 기존 앱들은 추가 적응 작업이 필요했다. 이 불필요한 작업이 노키아 스마트폰을 위한 다재다능한 앱 생태계를 만드는 노력을 방해했다.

비슷한 문제들이 애플의 iOS나 구글의 안드로이드 개발 환경에서도 존재했지만, 나와 있던 수많은 심비안에서 표준이던 것보다는 훨씬 작은 규모였다. 기반 기술의 발전은 현재의 모바일 소프트웨어 개발 환경을 주류 프로그래밍 패러다임에 훨씬 가깝게 만들었다.

심비안의 본질적 한계는 노키아 연구소가 잘 알고 있었고 리눅스 기반의 운영체제로 바꾸려는 시도가 몇 번 있었다. 노키아 N900 같은 몇몇 유망한 제품에도 불구하고 완전한 이전을 위해 필요한 최고 경영층의 지지가 성사되지 않았다―노키아는 시장에서 인식되고 사실상 존재했던 타성 때문에 주류 스마트폰에 계속 심비안을 사용했고 리눅스 기반의 기기로 나아가려는 시도들은 이를 주류로 만들어갈 만한 수준의 지원을 받지 못했다.

노키아는 가성비 좋고 호감 가며 내구성과 신뢰성 있는 하드웨어를 생산하여 전 세계에 수억 대를 판매하는 데는 탁월했지만, 적절한 스마트폰 지향의 소프트웨어 회사로 옮겨가지는 못했다.

영광으로부터의 마지막 추락은 노키아의 기하급수적 성장 기간 동안 정상에 있던 노키아 대표인 요르마 올릴라Jorma Ollila가 후계자를 선택해야 했을 때 시작되었다. 그는 기술의 선견자나 연륜 있는 마케팅 대가를 최고위에 임명하는 대신, 노키아의 장기 재무와 법무 전문가인 올리페카 칼라스부오Olli-Pekka Kallasvuo를 선택했다.

불운하게도 칼라스부오의 이미지는 노키아의 실제 제품들이 세상에 알리고 싶어 했던 최첨단 기술 묘기와 심각하게 대비되는 것으로 보였다. 앞선 기술 분야에서 유행의 선도자가 되기 원한다면, 경영층에 대한 여론이 중요하다. 칼라스부오는 이 명백한 부조화를 몇 번의 프레젠테이션을 통해 적극적으로 이겨내려 했다. 그러나 이제는 새로운 경쟁 상대가 고 스티브 잡스와 과하게 멋있는 신제품 발표회를 하는 애플이었는데, 애플의 제품 발표는 그때나 지금이나 할 때마다 아주 매끄러웠기 때문에 좋은 뜻의 개인 폄하만으로 이길 수 없었다.

칼라스부오는 후에 자신의 최고위직 적절성 여부에 스스로도 의구심을 갖고 있었다고 전해졌지만, 칼라스부오를 데려온 실제의 목적이 무엇이었든 굉장히 많은 유망한 연구소 활동에도 불구하고 노키아의 결과적인 인상은 사업 초점이 미래 모바일 기기가 아닌 그다음 분기 실적에 정확히 꽂혀 있다는 것이었다.

노키아는 갑자기 캐치-22를 만들어냈다.

혁신적인 신제품과 폭넓은 플랫폼 개선은 그 예상 매출이 단기 재무적 기대에 맞추지 못했기 때문에 최고 경영층의 지원을 받지 못했다. 기존 제품 라인의 매출 예상이 판매팀의 눈에는 항상 재무적으로 더 가능하며 입증되는 것으로 보였기 때문에 연구소의 자원 배분도 그에 따라 되었다. 그 결과 노키아는 새롭고 획기적인 제품이 부족하게 되었는데, 늘어나는 경쟁과 점점 저렴해지고 있던 규격화된 하드웨어 플랫폼이 빠르게 기존 제품의 이익을 잠식했다.

늘어난 경쟁은 무선 기술의 일반 상품화 때문이었는데, 그것이 노키아가 아주 잘했던 전화기 자체의 우수성에서 벗어나 기기의 전반적인 부가 가치로 초점을 옮겼다. 퀄컴 같은 무선 통신용 마이크로칩 생산자들이 어떻게 모바일 핸드셋을 만드는지, 회로판 설계의 견본에 이르기까지 자신들만의 "요리책"을 제공하여, 최소의 초기 경험으로도 작동하는 무선 기기를 만들 수 있게 하기 시작했다는 단순한 사실로부터 이 근본적인 변화가 원래 시작되었다. 이것이 이 분야에서 개척자로서 노키아가 가졌던 수많은 이점들을 무력화했다.

일반 상품화한 기본 무선 하드웨어로의 변화를 노키아 시장조사실이 명백히 내다보았지만 노키아는 이 사업의 부가가치 쪽으로 초점을 충분히 돌리지 않았다. 그러므로 주요 이익이 기기의 실제 판매에서 나오고 있었는데 이것이 새로운 치열한 경쟁 때문에 빛의 속도로 줄어들고 있었다.

중국에서의 발전은 제조와 R&D 양쪽 모두에서 일어난 주요 변화의 좋은 예다.

세기 초 중국에는 닝보버드 같은 이국적 이름의 막 피어나는 모바일 핸드셋 제조업체들이 겨우 몇몇 있었고, 현지 시장의 수요를 만족시키기 위해 노키아는 전 세계에 핸드셋의 실제 생산을 위해 공장들을 갖고 있었다.

현재 상황으로 빨리 돌려보면, 대중 시장용으로 공급될 거의 모든 무선 기기는 중국, 베트남 또는 저임금 국가에서 대량 계약 제조 회사들이 만들고 아주 혁신적인 스마트폰 신제품 일부는 샤오미와 화웨이 같은 큰 회사들의 개발실에서 나오고 있다. 이전에는 페이저(삐삐)를 만들었고 1999년에야 이동전화를 제조하기 시작한 닝보버드까지 2003년과 2005년 사이에 가장 큰 중국 이동전화 업체가 되었다.

노키아가 전 세계에 걸쳐 구축한 공장 네트워크는, 노키아의 극도로 효율화되어 있는 생산 네트워크보다도 싸게 만들 수 있는 중국의 계약 제조의 이 신세계에서 돌연 큰 부담이 되어버렸다.

21세기 초기 몇 해 동안의 한계가 없어 보이던 성장과 함께 자만심도 커졌다—좋은 시절이 조금 길게 이어졌고 노키아의 위상은 일부 사람들에게 확실한 듯이 보였다.

예를 들어, 애플이 스마트폰 영역에 첫발을 들여놓자 노키아의 수석 부사장인 테로 오얀페라Tero Ojanperä는 시작되고 있는 경쟁을 다음과 같이 말하며 무시했다.

쿠퍼티노의 그 과일 가게.

노키아는 결국 자기들 경험에 비추어 첫 번째 아이폰이 제공하는 GSM 데이터 속도가 충분히 좋은 사용자 경험을 만들지 못할 거라는 결론에 이미 도달해 있었다. 그렇다면 노키아가 수십억 달러를 쏟아부었던 새로운 3세대 표준을 지원하지 않는 기기를 걱정해야 할 이유가 있는가? 이 기술이 성숙할 때면 새로운 잠재적인 현금 창출에 올라탈 시간이 충분하고 새로운 매출로 수억 달러를 벌 것이라고 자신 있게 예측했다.

그러나 "변변치 않은" 첫 번째 아이폰을 곧 아이폰 3G가 뒤따랐고 구글의 값싼 안드로이드 기반의 스마트폰들도 시장에 등장했다. 최악의 부분은 두 제품 라인들 모두 자기들 유전인자 속에 가지고 있던 소프트웨어 개발 능력을 쉬운 개발 생태계로 앱 개발자들에게 견고하게 지원했다는 것이다.

그 이후는 역사가 되었다.

아이폰은 10주년이 되었는데, 노키아가 당시에 정확하게 인식했듯이 모든 이들이 이 첫 번째 버전은 아주 부족하다고 인정했음에도 불구하고 애플이 그 단점으로부터 배워 스마트폰 시장에서 시장 가치로 논란의 여지가 없는 1위가 되는 것을 막지 못했다.

노키아 시장 지배에 대한 새로운 위협을 알아챈 노키아 이사회는 대표직을 다른 인물로 교체할 것을 결정했다. 마이크로소프트의 스티븐 엘롭 Stephen Elop이 칼라스부오를 대체하도록 부름받았고 그는 즉시 그의 직전 고용주와의 획기적인 거래를 발표했다. 노키아 스마트폰의 앱 개발 생태계를 되살리고 현대화하기 위해 노키아는 향후 기종들을 "조만간 완성되는" 마이크로소프트 폰 운영체제로 바꿀 계획이라는 내용이었다.

노키아 스마트폰 생산에 대한 알려진 문제들에도 불구하고 이런 움직임은 노키아 연구소를 놀라게 했다. 10년간에 걸친 노키아의 내부 스마트폰 운영체제 개발 전문성이 한 방의 기습으로 버림받았고 입증되지 않은 마이크로소프트 제안에 대한 맹목적인 믿음으로 대체되었다. 마이크로소프트 폰 운영체제를 사용하는 기기는 단 한 대도 없었으므로 이건 진정 맹신이었다.

그러나 시장에는 애플과 구글에 대응하여 경쟁할 수 있는 세 번째 모바일 생태계를 위한 충분한 여유가 있고 노키아의 전 세계 마케팅 영향력이 여전히 손상되지 않았으므로 이 변화만으로도 노키아에 우호적으로 조류를 돌릴 수 있었을 것이다. 심비안은 인정하건대 그 초기 문제들을 안고 있었고, 그리고 마이크로소프트는 어쨌든 일관된 개발자 생태계의 가치를 깊이 이해하고 있는 소프트웨어 회사였다.

여하튼 이런 주요 전략 수정은 노키아를 경기로 복귀시키는 데 도움이 되는, 시장에서 먹히는 믿을 만한 이야기였다.

그러나 뭔가 전혀 이해할 수 없는 일이 벌어졌다. 엘롭이, 미발표되었지만 거의 준비가 다 되어가는 제품이 몇 개 있는 노키아의 기존 스마트폰 라인의 중단을 공식적으로 발표했다.

이것은 "신세대" 마이크로소프트 폰 기반의 제품들이 시장에 소개될 기미가 보이지 않던 그 당시에는 완전히 비논리적 움직임이었다.

전에는 심비안을 서서히 사라지게 할 최신 그리고 최고의 시장 해결책이라고 여겨지던 것이 갑자기 유일한 사냥감으로 발표되었다.

전 세계 사업 전문가들은 노키아의 심비안 기반 전화기 매출이 크게 하락하는 것에 놀라지 않았다―다름 아닌 그 제조업체의 사장이 단종을 공식적으로 발표한 제품을 어느 누가 사겠는가?

이 "미친 시절"의 결과는 경영 대학의 완벽한 사례 연구 자료가 되었다.

2006년 칼라스부오가 대표가 되었을 때 노키아는 이동전화 시장의 48퍼센트를 가지고 있었다.

엘롭이 들어선 후 15퍼센트가 되었다.

엘롭이 줄어들고 있던 전화기 부문을 마이크로소프트에 결국 팔았을 때 이들 "새로운" 마이크로소프트 상표를 단 스마트폰의 시장점유율은 낮은 한 자리 숫자로 떨어졌고 마이크로소프트는 2016년에 사업을 접었다.

어떤 면에서 이것은 노키아의 마지막 핸드셋의 불운이 해피엔딩이 된 것이었는데, 불과 2년 후에 버리는 것으로 끝나게 되는 사업에 마이크로소프트는 72억 달러를 지불했기 때문이다.

구글의 안드로이드 운영체제가 가장 널리 사용되는 모바일 운영체제가 되었다는 사실은 노키아가 핀란드에 뿌리를 둔 회사라는 면에서 아이러니하다. 안드로이드는 리눅스 기반인데 이는 기술 분야에서 가장 유명한 핀란드인인 리누스 토발즈Linus Torvalds가 개발했다. 노키아는 스마트폰 대중 시장의 첫 참여자인데 노키아 스마트폰 운영체제로 심비안을 처음부터 선택하면서 리눅스라는 기회의 창을 불과 1, 2년 차로 놓쳤다.

리눅스와 같은 엄청난 "고향 자원"의 이점을 활용하는 데 노키아가 내키지 않아 했던 것은 내가 그곳에 근무하는 동안 계속해서 이해할 수 없었던 깊은 의문 중 하나였다. 노키아는 아이패드보다 여러 해 전에 초기 대화면 태블릿 컴퓨터를 논의하고 있었으나 그 구상이 시제품 단계를 넘지 못했는데 주로 심비안의 제약 때문이었다. 이 잠재적인 획기적 제품 라인에 더 능력 있고 적절한 리눅스 운영체제를 사용하자는 요청들이 있었는데 경영층이 계속 거절했다.

작동되는 시제품의 시험을 끝내고 노키아가 결국 값싼, 리눅스 기반의 핸드셋을 시장에 내려고 활발하게 여러 가능성 있는 추진을 하고 있었지만 그 시도는 스티븐 엘롭의 도착 후 바로 깨져버렸다. 이것은 노키아 연구소 내부의 누구에게도 놀랍지 않았는데 리눅스는 마이크로소프트가 개인용 컴퓨팅에서 진짜 염려하고 있는 유일한 운영체제이기 때문이었다. 리눅스는 이미 웹 서버, 슈퍼컴퓨터 그리고 점점 확장되고 있는 클라우드 컴퓨팅의 사실상의 운영체제로 자리 잡았고 마이크로소프트 윈도는 개인용 컴퓨터라는 요새를 여전히 가지고 있다.

마이크로소프트 폰의 몰락과 함께 안드로이드의 압도적 시장점유율 덕분에 리눅스가 모바일 세상 역시 지배하고 있다.

컴퓨팅의 역사에서 거의 각주로 남은 시절에 노키아에 매수될 뻔했던 애플 때문에 이제는 왜소해지긴 했지만 스마트폰에서의 궁극적인 실패에도 불구하고 노키아는 되살아났다.

노키아의 사업 역사를 다룰 때 초기에 어른거리는 또 다른 "만약에"가 있다. 2110의 하키 스틱 곡선 성공 직전, 노키아에 에릭슨이 매수 제안을 했다.

에릭슨은 처음에는 소니와 팀을 이루었다가 결국에는 합작 지분을 2011년 소니에 팔면서 쇠퇴해져 전화기 사업에서 자기 몫을 완전히 잃었다.

이들 거래 중 하나가 성사되었다면 노키아와 애플의 역사는 매우 다르게 전개될 수 있었다.

노키아와 에릭슨 간의 경쟁 이야기에는 또 다른 흥미로운 전개가 있는데, 단 하나의 잘못된 경영 행사가 얼마나 회사의 훗날 역사를 획기적으로 바꿀 수 있는지 보여준다.

금세기 초에 이들 두 북유럽 회사는 진행되고 있던 하키 스틱 곡선으로 혜택을 볼 수 있는 동등한 기회를 가진 듯 보였다. 그러나 2000년 두 회사용 부품을 생산하던 뉴멕시코에 있는 필립스 소유의 공장이 불이 났고 마이크로칩 생산에 필요한 초청결 제조 공정을 오염시켰다. 에릭슨은 일주일 내에 생산을 회복시킨다는 필립스의 약속을 받아들였으나 노키아의 구매부는 즉각 보완 계획에 착수하면서 동종 부품의 대체 제조업체를 찾아 나섰다.

완벽하게 호환 가능한 대체가 없다는 것이 바로 확인되었고 노키아의 연구소는 자기들 제품을, 원래의 필립스 부품을 쓰거나 또는 일본 제조업체에서 조달한 대체품을 쓸 수 있도록 변경했다.

뉴멕시코 공장은 약속처럼 회복되지 않았고, 그 결과 에릭슨은 4억 달러어치의 매출 손실을 겪은 데 반해 노키아의 매출은 그해 45퍼센트 늘었다. 이 사건은 동등하게 보였던 경쟁자 간의 차이를 벌리기 시작했고, 결국 에릭슨 핸드셋 부문의 몰락을 낳은 사건으로 기록되었다.

오늘날 노키아와 에릭슨 양쪽 모두 핸드셋 부문을 잃어버리긴 했지만 노키아는 셀룰러 통신망 기술과 서비스의 세계 최대 회사로 남아 이 분야에서도 에릭슨을 뛰어넘었다.

더 흥미로운 것은 노키아가 기술 자체의 뿌리로 되돌아가서 완벽한 무선 기술 분야를 갖추었다는 것이다. 알카텔-루슨트를 매수한 후 노키아는 현재 셀룰러 통신망의 원 발명자인 벨 연구소도 소유하고 있다.

핸드셋 이야기는 아직도 완전히 끝난 것이 아니다.

노키아 출신들이 창업한 회사인 HMD 글로벌HMD Global이 자기들 제품을 위해 노키아 상표의 사용을 허가받았으나 회사 자체로는 노키아와 아무런 관련이 없다. 대부분의 스마트폰 회사처럼 HMD는 제조를 외주 주고 있고 "새 노키아 제품"은 폭스콘에서 만들고 있다.

이들 새로운 노키아 스마트폰은 온전한 안드로이드 운영체제를 사용하고 있는데 원래의 노키아는 절대 받아들이지 않았던 것이다. 오랫동안 노키아의 마케팅 전문가였던 안시 반요키Anssi Vanjoki는 안드로이드를 사용하는 것은 "추운 날씨 속에 팬티에 오줌 싸기" 같은 것이라고 말하기도 했다.

지나고 나서 보니, 반요키가 칼라스부오보다 좋은 선택이고 칼라스부오 후계자로서 엘롭 대신 선택되었다면 노키아의 몰락을 막을 수 있었을지 모른다. 반요키가 하는 마케팅 발표를 수도 없이 보았고 그의 설득력에 진정으로 감명받았다. 그는 언론 매체 앞에서 아주 신뢰감 있게 발표해서 신제품의 분명한 약점까지 강점으로 볼 수 있도록 했다—어느 정도까지는 그 역시 스티브 잡스와 비슷한 "진실 왜곡" 능력이 있었다. 그러나 반요키는 애플의 번드르르한 발표에 충분히 저항할 수 있었던 노키아 지도층의 원래 "드림팀" 중 유일하게 남은 일원이었지만 화려한 경영 스타일 때문에 노키아 내부에 너무나도 많은 적을 만들어냈다.

엘롭이 대표이사로 선택되고 반요키가 노키아에서 사직하자 노키아의 하키 스틱 시절 동안 지휘했던 본래의 "드림팀"의 마지막 인물이 사라졌다.

HMD가 노키아 상표를 가지고 요술을 부려서 이전 핸드셋 부문의 잿더미에서 불사조처럼 부활할 수 있을지를 보는 것은 흥미로운 일일 것이다. 이 책을 쓰고 있는 시점에 HMD의 첫 번째 제품이 시장에 나왔는데 오늘날의 치열한 안드로이드 기반 스마트폰 시장에서 그들의 바지가 어느 정도 젖을지는 아직 알 수 없다. 원래 노키아 제품들은 잘 부서지지 않는 견고한 이미지가 있는데 HMD가 이런 이미지에 맞출지는 두고 볼 일이다.

새 노키아 5에 만족하고 있는 사용자로서, 나는 그들의 노력에 행운을 빈다.

노키아의 전화기 이야기는 빠르게 변하는 치열한 세계 경쟁에서 몇 가지의 잘못된 의사결정이 한 대상을 논란의 여지가 없는 기술 최정상의 왕좌에서 그냥 괜찮은, 약간의 남은 기술료 정도만 가진 역사적 상표로 빨리 떨어뜨릴 수도 있다는 또 다른 이야기를 남긴다.

09

미국의 길

　처음에는 유럽에서 그리고 전 세계로 소개된 GSM의 엄청난 성공은 미국 기술 회사들 사이에 고뇌를 만들었다. 미국이 포괄적 1세대1G 아날로그 통신망을 만들었지만 디지털로의 주요 변화가 갑자기 다른 어딘가에서 벌어질 것 같았다. GSM 기반의 통신망의 성장은 기록적이었다—첫 번째 사업적 실행이 있은 지 겨우 5년 만에 GSM 통신망은 103개국에 깔렸다.

　디지털 통신망으로의 이동 역사는 미국에서는 아주 다른 모습이었는데 주로 1세대 아날로그 통신망 전개의 대대적인 성공 때문이었다. 1세대 AMPS 통신망의 용량은 빠르게 소진되었으나 사실상 미국 전 대륙을 커버했다. 이것은 커버된 물리적 공간 그리고 여기까지 오는 데 걸린 비

© Springer International Publishing AG, part of Springer Nature 2018
P. Launiainen, *A Brief History of Everything Wireless*,
https://doi.org/10.1007/978-3-319-78910-1_9

교적 짧은 시간의 양면에서 인상 깊은 성과였다.

새로운 디지털 통신망으로 비슷한 상황에 도달하는 데 필요한 하드웨어와 자금의 규모는 엄청나게 클 것이었다.

디지털 확장은 단계별로 기존의 아날로그 통신망과 병행하여 진행되어야 했으므로 운용자들은 아날로그의 AMPS와 새로운 디지털 통신을 같은 기기에서 지원하는 전화가 필요했다. 그러므로 특별히 맞춤화된 아날로그/디지털 혼합 전화기가 미국 시장의 이런 전환기를 지원하도록 만들어져야 했다.

디지털과 아날로그 회로의 병행이 핸드셋에 복잡성과 원가를 높였고 초기에 국제적인 디지털 무선전화의 폭발이 일으킨 세계적인 규모의 경제 혜택을 처음부터 빼앗았다. 그 결과, 모바일 기술의 가장 활발했던 개척자가 갑자기 자기의 초기 성공 늪에 빠진 것처럼 되었다.

첫 번째 아날로그 시스템의 하나로서 AMPS는 여러 가지 일반적 문제로 고전했다. 간섭과 통화 단절되는 경향이 있고 도청되기 쉽고 무단 복제의 좋은 목표물이 되므로 비암호화된 사용자 정보가 도청되어 다른 전화에 이용되었다. 복제된 전화의 이후 통화들은 원래 전화기 소유자의 계정에 청구되었다.

복제 문제와 싸우기 위해 상당히 복잡한 대응책을 취해야 했다. 예를 들어, 실제 무선 접속 단계에서 사용자 전화 모델의 특정 특징들을 통신망이 알고 있도록 해서 같은 복제 아이디를 사용하려는 다른 제조업체의 또 다른 전화를 구분할 수 있어야 했다. 이것은 기껏해야 조잡품이어서 오경보를 울리거나 완전히 합법적인 고객을 통신망에서 차단해 버리기도 했다.

이런 추가적인 번거로움이 무선전화 개념을 발명했던 나라를 새로운 유럽식 디지털 표준과의 시합에서 질 것처럼 보이게 만들었고, 더 곤란해 보였던 것은 GSM이 한 개의 혁신적인 회사의 결과물이 아니라 정부 관료들의 강력한 지원을 받은 범유럽 위원회가 고안한 합작품이었다는 사실이다.

미국 밖에서 이런 전개가 벌어지고 있었을 뿐 아니라 그것이 존재를 드러내는 방식이 혁신 제품이 자본주의 시장에서 작동하는 예상 기준에 완전히 반하는 것처럼 보였다.

그러나 AMPS 통신망이 포화되면서 1세대 통신망에 집착할 수 없었다. 디지털로의 점진적인 이동이 시작되어야 했고, 우선 기존의 AMPS와 최대한 호환성을 유지하기 위해 디지털 AMPSD-AMPS라는 시스템이 만들어져 AMPS와 같은 주파수 대역에 병존하게 되었다. 이렇게 디지털 사용자를 기존의 아날로그 사용자들 사이에 끼우는 방식으로 "가벼운 업그레이드"를 제공했으나 이것이 최종 해법이 아님이 곧 자명해졌다.

다음에 일어난 일은 아주 이상하고 위험스러웠다.

국내 기술을 북돋우고 현지 회사들이 디지털 이동 통신 기술에 속도를 맞추도록 하기 위해 미국 시장은 결국 네 가지의 다른 디지털 무선전화 기술의 실험장으로 변했다.

첫 번째 국내산인 비AMPS 호환 표준이 서부에서 개발되었는데, 현지 운영사인 팩텔Pacific Telesis: Pac Tel이 새로 싹트고 있던 샌디에이고 기반의 회사 퀄컴에 크게 투자했고 이 회사가 CDMA(코드분할 다중접속)라고 부르는 새로운 표준을 만들어냈다.

CDMA는 군대식의 빠른 주파수 도약 방식을 사용했는데 이는 공식적으로는 스프레드 스펙트럼이라고 부르고 보다 좋은 간섭 방지와 함께, 무선전화 사용에 쓸 수 있는 귀중한 주파수 스펙트럼 슬라이스의 이론상 최상의 활용을 제공한다.

CDMA가 효과적이라고 입증된 하나의 특정한 분야는 장거리 다중 경로 전파 간섭을 처리하는 것인데, 즉 전송된 신호가 직접 수신되거나 산이나 많은 물이 모여 있는 곳 또는 고층 빌딩 같은 다양한 물리적 장애물에 반사되는 상황을 처리하는 것을 가리킨다. 이것은 NTSC 컬러텔레비전 표준을 "Never the Same Color"라고 두음을 따서 조롱하는 이유와 같은 효과다.

CDMA에서 또 다른 주목할 만한 발전은 기지국과 기지국 간에 필요한 핸드오프를 지원하는 더 확실한 방법이었는데, 확실한 핸드오프가 확인될 때까지 두 곳의 기지국이 전화기에 실질적으로 연결되어 있도록 하는 것이다. 이 소프트 핸드오프 기능은 기지국 변두리에서 통화 단절의 양을 줄이는 데 도움이 되었다. 그래서 실행의 중요한 세부사항에서 CDMA는 GSM보다 향상된 기능을 제공할 가능성이 있었다.

유일한 문제는 퀄컴이 개념을 입증할 자금이 부족한 것이었으나 엄청난 고객 기반 성장 때문에 고심하고 있던 캘리포니아의 운영사인 팩텔에서 앞서 거론했던 초기 투자를 받아 곧 해결되었다. 이런 협력 덕분에 퀄컴은 필드 테스트를 빠르게 추진할 수 있었고 첫 번째 미국 CDMA 상업 통신망이 1996년 개통되었다.

CDMA는 활발하게 세계로 마케팅되면서 미국 밖에서 국제적인 매력을 얻게 되었다—최초의 상업용 CDMA 통신망은 사실 팩텔이 출시하기 몇 달 전에 홍콩의 허치슨 텔레콤이 처음 개통했다.

뒤이은 여러 해에 걸쳐 CDMA는 세계 몇 군데에서 지지를 얻었는데 가장 눈에 띈 곳은 한국이었다. 이 나라는 CDMA를 선택하는 결정이 크게 기술정치적 추론에 기반을 두었는데 재벌, 즉 대규모 기업 집단이 정치에 강한 발언권이 있다. GSM에 동의하면 한국 통신망의 모든 하드웨어를 기존 벤더들에게서 사오거나 적어도 한국 제조업체들이 비싼 특허료를 내야 할 것이므로, 한국은 그 대신 CDMA를 선택함으로써 자신들의 활발한 참여를 기대할 수 있는 새롭게 개발 중인 표준에 무게를 두었다.

미국에서는 이 전례 없는 국내산 기술로의 추진 때문에 처음에는 세계 다른 곳에서 벌어지는 것과 비교해 디지털로의 이동이 늦어졌다. 동일한 지리적 지역 안에 네 개의 다른 표준이 있는 것이 많은 중복과 비호환 기반시설 구축, 누더기 통신망, 더 값비싼 전화기 그리고 많은 상호 운용 관련 문제들을 낳았다.

그러나 항상 그렇듯이 경쟁은 기술 발전에 근본적으로 유익하며, 뭔가 재미있고 새로운 기능이 이런 혼합물에서 나왔다. 이런 미국 독창성 적용의 좋은 예는 IDEN Integrated Digital Enhanced Network으로, 소위 푸시투토크 push-to-talk 기능을 지원함으로써 사용자 경험을 또 다른 방향으로 확장시키는 경쟁력 있는 통신 기술이다. 이는 버튼을 누르고 양 끝단의 음성 채널이 열렸다는 것을 알리는 삐 소리를 기다린 후 하고 싶은 말을 하면 말소리가 즉시 목표 전화기에서 들리는 기술이다.

전화 소리 없이, 받지 않고도 직접 연결된다.

이것은 IDEN이 전국적 규모로 작동되었다는 것을 제외하면 정확히 전통적 워키토키가 작동하는 방식인데, 특정 사용자 집단에게는 아주 유용한 것으로 밝혀졌다. 이 기능이 아주 성공적으로 보였으므로 전화기 간에 이런 유의 신속한 연결을 GSM이 제공하도록 개선하려는 노력까지 있었고, 노키아도 이 기능이 있는 핸드폰을 출시했으나 인기를 얻지 못했다. 이것은 부분적으로는 GSM 버전이 원래의 IDEN 버전보다 훨씬 어설프게 작동하는 본질적인 기술적 한계 때문이었다—GSM 통신 로직은 이런 유의 양 끝단 연결을 위해 켜고 끄는 가벼운 작동을 제공하도록 설계되지 않았기 때문에 최상의 푸시투토크 운용을 위해서는 변경해야 하는 너무 많은 근본적 문제들이 있었다.

그러나 아마도 더욱 중요한 것은 운용사들이 그것을 좋아하지 않았다는 것일 텐데, "전 세계 워키토키" 기능을 제공하는 것이 그들의 귀중한 로밍 매출을 뒤죽박죽 만들 수 있기 때문이었다. 운용사들은 이미 문자 기반의 즉시 전달할 수 있는 단문 메시지 서비스SMS를 제공하고 있었으며, 천문학적인 비트당 비용의 데이터 매출을 사용자들이 특히 다른 나라에서 로밍으로 할 때 만들어내고 있었다. 그러므로 심각한 매출 손실을 가져올 수도 있는 새롭고 더 쉬운 순간 통신을 어째서 추가하겠는가?

나는 어느 푸시투토크 시스템 판매 회의를 기억하는데, 거기서 논의는 즉각 해외에서 일하는 자국인들이 만들어내는, 문자 메시지로 얻는 운용사의 SMS 매출에 초점이 맞추어졌었다. 그들 통신망에 푸시투토크 기능을 도입하는 것은 이 수익성 좋은 현금 흐름을 심각하게 훼손할 가능성이 있었으므로 그 운용사가 노키아의 연구실로부터 최신 장치를 가질 수 있었음에도 불구하고 푸시투토크는 나오자마자 없어졌다.

제조업체들과 운용사들이 단단히 이해를 공유하는 아주 많은 경우와 같이, 완전히 외부인이 이 세계적인 SMS 금광을 결국 깨뜨리는 데는 10년 이상이 걸렸다. 외부인은 바로 왓츠앱사WhatsApp, Inc였다.

왓츠앱이 준워키토키 음성 메시지 기능을 순간 음성 메일 기능의 형태로 만들었고 또한 사용자 간에 사진을 공유하기 쉽게 만들기도 했다. 이는 운용사들이 추진하는 MMSMultimedia Messaging Service 확장이 해낼 수 없는 그런 것이었다.

결국 MMS는 GSM 세계에서 나왔던 가장 큰 고물이다. SMS는 국제적인 운용사 교차의 경우에서도 아주 신뢰할 수 있는 통신 채널로서 대체로 확인된 데 반해, MMS는 깨지고 매우 신뢰할 수 없는 것으로서 인기를 끌지 못했다.

지나고 보니 MMS는 전통적인 통신 지향 맞춤형 서비스와 일반 모바일 데이터 지향 서비스 사이의 정확히 경계선에서 생겨났는데, 그 한계점의 잘못된 쪽에 있었다.

왓츠앱은 비싼 국제 문자 메시지와 MMS만을 해결한 것이 아니었다. 최근의 무료 모바일 데이터 기반 음성 통화의 도입으로 왓츠앱은 기존 운용사들의 핵심 사업에 진짜 원스톱숍 같은 위협이 되고 있다.

음성 연결 면에서 이런 유의 순수 데이터 기반 해법은 꽤 오랫동안 스카이프Skype 같은 서비스를 통해 존재했지만, 왓츠앱은 이런 개념을 수십억 명의 일상 사용자들이 쓰는 새로운 수준으로 끌어올렸다.

순전히 데이터로 연결하는 이 접근법은 10장 **주머니 속의 인터넷**에서 계속 설명한다.

전성기에 IDEN은 특정 사용자 집단에게 커다란 기능성을 제공했으나 끝내 경쟁하는 플랫폼에서 벌어지는 속도에 보조를 맞출 수가 없어서 2013년 결국 퇴출되었다.

GSM 세계에서 이룩한 거대한 규모의 경제는 미국에서도 간과되지 않았고 1996년 최초로 GSM 기반의 통신망이 미국에서 가동되었다. GSM은 사용되고 있는 상위 네 가지 통신망 중 세계적 로밍 능력을 갖추었다고 할 수 있는 유일한 표준이었다—미국처럼 고도로 발전되고 국제적으로 연결되어 있는 국가에는 더더욱 중요해지고 있는 기능이다.

단 한 가지 문제가 있었는데 아주 큰 것이었다.

전 세계 대부분의 GSM 운용사들은 통신망을 900과 1800MHz 주파수 대역에 만들었고 전화기도 그에 따라 만들어졌다. 그러나 이들 주파수 대역이 어느 국가에서는 다른 용도로 이미 배정되었으므로 또 다른 850과 1900MHz를 대신 사용해야 했다.

이런 종류의 사전 할당이 있었던 가장 큰 지역은 북미 시장이었다.

초기에는 다수의 주파수를 전화기가 사용하도록 하는 데는 비용이 많이 들어서 겉으로만 동일해 보이는 전화기들이 시장별로 다른 주파수 대역으로 판매되었다. 그래서 GSM 운용사들은 사용자들이 다른 나라에서 자기 번호를 사용할 수 있도록 로밍 계약을 만들었지만 본인의 실제 전화를 로밍하는 것은 전화기가 여행국의 주파수를 지원할 경우에만 가능했다.

GSM에 배정된 원래의 단일 주파수 대역을 뛰어넘는 엄청난 사용자 급증에 대처하기 위해 각각의 목표 시장을 위해 만든 다음 세대의 이중 주파수 전화로도 이 시스템 간 기능성은 가능하지 않았다—900/1800MHz 유럽 GSM 이중 주파수 전화가 미국의 850/1900MHz 이중 주파수 통신망에 들어갈 수 없었고 그 반대도 불가능했다.

예를 들어, 전설적인 노키아 2110은 북미 GSM 주파수를 지원하는 버전을 노키아 2190이라 이름 지었는데, 이는 현지 통신망과는 완전히 호환되었지만 GSM의 다른 지역에서 켜면 연결하는 통신망을 찾지 못했다.

하지만 가입자 정보를 전화기와 분리하는 GSM 기능 덕분에, 유럽·아시아·호주 전화에서 SIM 카드를 빼서 그것을 북미 주파수를 사용하는 현지 임대 전화기나 구입한 전화기에 설치하는 것이 가능했다. 8장 **하키 스틱 시대**에서 설명했듯이, 이렇게 함으로써 전화번호 그리고 세계적 연결성은 자동적으로 새로운 전화기에 따라오게 되고 SIM 메모리에 전화번호부가 저장되어 있으면 모든 것이 본국에서와 똑같이 보였다.

새롭게 지원되는 주파수를 전화기에 추가해 주는 무선회로가 점점 더 저렴해진 덕분에, 세계적으로 주파수 차이가 야기한 "당신의 전화로 로밍이 안 됩니다"라는 제한은 완화되었다.

겨우 몇 개 안 되는 초기 900/1900MHz 하이브리드 해법과 별도로, 그 다음 진화된 단계는 3대역 기기 형태로 나왔는데 세 번째 주파수는 대륙 간 로밍의 경우에 사용하도록 설계되었다. 예를 들어 3대역 북미 전화는 850/1800/1900MHz 대역을 지원해서, 세상 여러 곳에 널리 퍼져 있는 "전통적인" GSM 지역에서 로밍할 때는 1800MHz 대역을 사용할 수 있었다.

더 나아가서 4대역 주파수 지원도 가능해졌는데 이는 전 세계적으로 최선의 통신망 가용성을 제공했다. 그런 기기로 세상 어느 곳에서든 전화를 사용할 수 있었지만, 단 하나의 제한은 본국의 운용사가 목적지 국가와 로밍 계약을 했는지 여부였다. 종종 과도한 로밍 요금이 기분 좋게 운용사 수입으로 추가되기 때문에 모든 주요 통신사들은 폭넓은 전 세계 계약을 가지고 있었다.

어떤 경우에는 특별히 로밍 기능을 본인 명의로 활성화해야 했지만, 많은 통신사들이 자동으로 연결되게 했으므로 목적지 국가에서 항공기 밖으로 나오는 순간 전화가 작동되었다.

전화 거는 사람은 상대방이 어느 나라에 실제로 있는지 알 수 없으므로 전화받는 쪽에서 자연히 국제전화에 대한 추가 로밍 비용을 지불해야 했다. 그러므로 실제로 로밍에서 진짜 어려운 문제는 사용자가 이 추가 편의에 대해 비용을 감당하기 원했느냐였다.

물론 잘 모르거나 불운한 로밍 사용자 몇몇은 휴가 기간 동안 저녁 뉴스에서 흥미로운 인생 이야기를 듣느라 천문학적인 전화 요금 청구서를 받게 될 수도 있지만 결국 자동 국제 로밍은 세계를 돌아다니는 사업가

뿐 아니라 어쩌다 여행하는 여행객에게도 진짜 획기적인 발전이었다.

GSM이 제공한 로밍 지원은 유럽에서 특히 효과적이었는데 하루 동안 3개국을 오가며 총 10개 이상의 다른 통신사를 이용할 수 있었다.

만일 본국의 통신사가 폭넓은 로밍 계약을 맺었다면 전화는 자동으로 목적지 국가의 여러 통신사 중에서 선택하며, 로밍된 통신사가 커버리지 안에서 통신 불가능 지역을 가지고 있다면 그 특정 지역에서 더 잘 터지는 다른 통신사로 매끄럽게 전환된다. 그러므로 다른 국가에서 로밍 중인 사람이 하나의 현지 통신사에 묶여 있는 현지 가입자보다 더 뛰어난 커버리지를 가질 가능성도 있다.

종종 매우 비싼 로밍 비용에 대처하기 위해 앞서 거론한 SIM 이동성이 자연스럽게 양쪽에서 작동한다. 본인이 가입된 로밍 기능을 활용하는 대신, 현지 통신사를 사용해 더 적은 비용으로 혜택을 갖기 원한다면 현지에서 선불 SIM 카드를 사서 기존 전화기에 넣으면 전화기에 완전히 새로운 현지 신분이 만들어진다.

이 방법으로 현지 통신사를 사용하면 현지 통화가 최대한 저렴해지고 가장 중요한 것은 모바일 데이터 비용이 로밍 데이터가 부담시킬 것보다 적게 되어서, 늘 하게 마련인 휴가 자랑 사진을 인스타그램과 페이스북에 훨씬 저렴한 비용으로 올릴 수 있다는 것이다.

특수한 듀얼 SIM 전화로는 본국의 번호가 살아 있고 통화가 되면서 모든 데이터 통신은 두 번째 칸에 있는 현지 통신사의 SIM을 통하게 된다. 일반적으로 환경설정 메뉴를 약간 찾아야 하는 번거로움이 있지만, 잠재적 비용 절감 효과가 그 이상의 가치가 있다.

특정 경우에서는 이런 유의 최적화를 덜 중요하게 만드는 일부 긍정적인 발전이 있다. 2017년에 발효된 새로운 유럽연합 법 덕분에 유럽연합

안에서 로밍 비용이 없어졌다. 이로 인해 유럽연합은 미국, 브라질 같은 큰 지역의 고객들이 이미 여러 해 동안 경험한 편의에 더 가까워졌다.

로밍 비용은 차치하고 이동전화 요금 청구에 관한 또 다른 근본적인 차이가 있었다. 대부분의 나라들은 휴대전화 번호를 유선전화 번호와 새로운 지역 번호로 구분했는데, 그래서 전화를 거는 사람들은 이동전화에 거는 것이 비싸다는 것을 항상 알고 있었다.

이와 대조적으로 일부 나라에서는, 가장 눈에 띄게 미국과 캐나다에서는 이동전화 번호가 기존의 지역 번호 사이에 분포해 있어서, 건 전화번호가 유선전화인지 이동전화인지 확실히 알 길이 없었고 그래서 모든 착발신 전화의 추가 비용은 이동전화의 소유주가 감당해야 했다.

요금 정책의 이런 작지만 아주 중요한 차이 때문에 미국의 많은 초기 휴대전화 이용자들은 전화를 꺼두고, 전화를 걸어야 하거나 기존의 음성 메일의 페이저 메시지를 받았을 때만 켰다.

그 결과, 고객 기반은 빠르게 성장했으나 미국에서 휴대전화의 실사용 시간이 다른 곳보다 처음에는 뒤떨어졌다. 미국은 또한 전 세계 다른 지역보다 삐삐 사용을 더 오랫동안 고집했지만, 다른 요금 방식 때문에 타 지역의 사용자들은 이동전화를 항상 켜놓을 수 있었고, 기존 GSM 시스템의 SMS 메시지가 삐삐를 과거 유물로 만들었다.

고객 기반 성장을 촉진하기 위해 미국 휴대전화 통신사들은 보조금을 주는 계정의 사용을 강력하게 장려하는 것을 선택했다. 이 모델에서는 새로 개통하는 전화기에 대해 처음에는 아무것도 지불하지 않거나 아주 작은 금액만 지불하고, 운영사는 높은 월 이용료의 형태로 실제 비용을 만회했다.

여러 통신사의 다양한 제안을 짜 맞추어 보조금을 악용할 수 없게 하기 위해 전화는 통신사가 원래 명의로 배당한 SIM 카드에서만 작동되도록 잠겨 있었다. 이것이 고객들의 초기 비용을 크게 절감시켰고, 고객들이 잠금 해제된 전화로 꽤 큰 금액을 지불해야 하는 경우보다 훨씬 빨리 고객 기반을 키울 수 있게 통신사들을 도왔다.

SIM 잠금 기반의 전화기 비용 보조금 제도가 후진국에서 이동전화 확장의 주요 동력이었는데, 기기에 대해 처음에 완불하는 것이 대부분의 잠재 사용자들에게 너무 비싸기 때문이었다.

잠금 장치가 전화기 안에 있고 SIM 카드의 이동성을 전혀 제한하지 않았다는 사실은 앞서가는 사용자들조차도 이해하기 어려웠다. 사실 통신사는 SIM 카드에 할당된 계정이 사용한 통화 시간 요금의 규모만 신경쓸 뿐, 그 비용을 발생시키는 기기에 대해서는 전혀 신경 쓸 수 없다.

이런 신뢰의 결여에 대한 좋은 예는 내가 노키아에 재직하던 때 노키아가 다른 회사와 파트너십을 논의하고 있을 때 일어났다. 나는 협력하는 팀을 위해 최신 노키아 전화기 몇 대를 선물로 가지고 갔다.

처음에는 그들에게, 그들의 기존 SIM 잠금 기기의 SIM 카드를 바꿔 끼울 수 있고 통신사의 노여움을 사지 않고 모든 것이 잘 작동될 거라고 설득하느라 애를 먹었다. 그러나 결국에는 늘 그렇듯이 새롭고 반짝이는 물건의 유혹이 충분히 강해서 행복한 사용자 무리는 곧 미끈한 담배 라이터 같은 디자인 덕분에 지포Zippo라고도 알려진 새 전화기 노키아 8890을 갖고 떠들고 있었다.

노키아 8890은 아직 3대역 GSM 전화는 아니었지만 특별한 하이브리드 "월드" 버전의 초기 세대로서, 미국을 가끔씩 방문할 필요가 있는 유럽 및 아시아의 고급 사용자들을 주로 타깃으로 했다. 그것은 특별한 900/1900MHz 조합을 가지고 있어서 전통적인 GSM 지역에서 꽤 잘 터졌으며 1900MHz 주파수가 미국의 대도시 지역에서는 꽤 괜찮은 커버리지를 제공했다.

노키아 8890 "월드" 버전과 노키아 8850 900/1800MHz 버전 간의 식별되는 유일한 차이는 8890은 집어넣을 수 있는 안테나를 가진 반면, 8850은 내부 안테나만 있다는 것이다. 이때는 내부 안테나 기술이 아직 전통적인 외부 안테나와는 비슷하지 않은 때였고, 이 중요한 차이가 21세기 초 미국에서 2세대2G 통신망의 기대되는 품질을 요약해서 보여주고 있었다.

미국 대륙의 광대함은 AMPS를 대체할, 새로운 디지털 커버리지를 제공하는 큰 과업에 도움이 되지 않았으므로 GSM 통신망의 첫 단계는 야외 커버리지만을 염두에 두고 만들어졌다.

나는 2000년에 텍사스의 댈러스를 방문했을 때 1900MHz 전화로 통화를 하기 위해서는 현지인들이 "전화하는 쪽"이라고 부르는, 빌딩의 "맞는" 방향에 있는 창가 옆에 서서 전화해야 했던 것을 기억한다.

많은 주요 고속도로에서도 시 경계를 지나면 터지지 않았다.

로밍된 GSM을 갖고 여행하는 사람 누구에게나 미국과 유럽 또는 미국과 아시아 변두리 사이의 느껴지는 커버리지 차이가 당시에는 엄청났다. 그러나 어느 정도까지는 이것이 미국 사용자들이 느끼는 것과는 같지 않았는데, 현지에서 팔리는 미국 2세대 기기 대부분은 디지털 통신망 지원 대신, 여전히 아날로그 AMPS 대비책을 장착하고 있었기 때문이다. 그래서 로밍된 GSM 전화가 디지털 커버리지를 찾지 못하는 위치에서 그것들은 작동했다.

세기말경 이동전화 시장은 정말 전 세계에 퍼졌고 로밍은 많은 고객들이 당연하게 여기는 기능이 되었다. 미국처럼 크고 자급자족하는 시장조차도 GSM이 전 세계에서 누리고 있는 성공과 상호 운용성을 무시하기 어려웠다.

몇몇 기술적인 장점에도 불구하고 CDMA는 모든 GSM 가입자에게 자동으로 제공되는 국제간 상호 운용성 같은 것을 제공할 수 없었다. CDMA의 가장 큰 실수는 가입자 정보가 GSM에서처럼 별도의 분리 가능한 모듈로서가 아니라 전화에 있다는 사실이었다. 주파수와 통신사별 맞춤 기능에 관한 현지의 요청들에 맞추는 데 퀄컴은 또한 대단히 유연했고 처음에는 이런 접근으로 여러 나라에서 수익성 높은 판매 계약을 맺었으나 CDMA 전체 시장은 크게 쪼개져 버렸다.

통신망 실행 면에서는 치열한 복수 제공사 간 경쟁과 GSM 통신망의 방대하고 단일한 배치가 시스템 스펙을 확실히 따르도록 보장하여 통신망 커버리지를 제공하는 기지국 부품의 주요 오류들을 신속히 제거할 수 있었다.

비교해 볼 때 CDMA는 전반적인 강인함 면에서 GSM보다 뭔가 부족하고 통신망을 최상의 운용 상태로 유지하기 위해서는 좀 더 미세한 조정과 유지 보수가 필요했다.

CDMA 기반 통신망은 전 세계적으로 널리 설치되었음에도 전체적인 시장점유율은 20퍼센트 근처에 머물렀다.

점점 확대되는 시장 안에서 CDMA는 GSM이 제공하는 규모의 경제와, 특히 같은 고객 기반을 대상으로 기존의 GSM 통신망과 경쟁해야 하는 국가들에서 싸우는 데 어려움을 겪었다.

이런 일의 교과서 같은 예가 브라질의 유일한 CDMA 기반 통신사인 비부Vivo에서 일어났다. 브라질에 있는 다른 주요 통신사인 오이Oi, 팅TIM 그리고 클라루Claro는 GSM을 사용하면서 GSM 기반의 세상에서는 사실상 동일한 전화기가 팔릴 수 있다는 사실 때문에 가능했던 저렴한 전화기 가격으로 혜택을 보고 있었다. 동일한 기기가 팔리는 이런 종류의 대중 시장에서는 기기 가격이 더 낮아질 수 있으며, 비부의 전화기가 국제 로밍을 지원하지 않는다는 사실 또한 해외를 가고 싶거나 갈 필요가 있는 사용자들에게 주요 부정적 요인이었다—이 범주의 고객들은 대체로 가처분 소득이 높은 부류로 통신사 입장에서는 가장 탐나는 고객들이었다.

그러므로 미국에 버금가는 규모의 이동전화 커버리지를 이미 제공함에도 불구하고 비부는 그 통신망에서 모든 CDMA 장비를 빼내고 GSM으로 대체하기로 결정했다. 회사를 다가오는 3세대3G 업그레이드의 과정을 통해 공고히 했던 이런 고비용의 변화는 2006년에 시작되었으며 성공한 것으로 입증되었다. 오늘날 비부는 브라질에서 가장 큰 통신사다.

이 변화에서 생긴 또 다른 기이한 일은 비부의 경쟁사들이 900/1800MHz 주파수를 사용한 데 비해 비부는 원래부터 850/1900MHz 주파수 대역을 사용했기 때문에 브라질이 지금은 네 가지 GSM 주파수를 병행해서 사용하는, 세계에서 가장 큰 시장이 되었다는 사실이다. 이런 유의 가용한 주파수의 폭넓은 교차 사용은 예상치 못한 간섭 문제가 있기 쉬우므로 브라질의 통신사들은 심하게 붐비는 지역의 일정 부분 스펙트럼을 블랙리스트에 올려, 이 문제를 협력하여 제거해야 했다.

CDMA는 어떤 환경에서는 더 잘 작동하게 하는 기능을 갖고 있었으나, 규모의 경제 그리고 로밍 불가 성능이 국제적 판로를 제한했다.

동시에, 세계적으로 사용자가 폭발하면서 기하급수적으로 성장하는 것으로 보였던 GSM은 자기 성장의 희생물이 되었다. 용량 제한이 나타나고, 기존의 통신망에서 더 쥐어짜는 방법밖에는 없었다.

다른 한편, 기존의 CDMA 통신망도 똑같은 문제에 직면했는데, 특히 미국에서였다.

폭발하는 사용자 기반 때문에 이들 2G 시스템 양쪽 모두 1세대와 같은 문제에 봉착해 있었는데 훨씬 큰 규모였다. 휴대전화 가입자의 전 세계 숫자가 수백만이 아닌 수십억이 되었기 때문이다.

그리고 이제는 더 이상 단순히 음성 전화의 문제가 아니었다. 모바일 데이터가 빠르게 성장하는 새로운 "필수" 기능이 되었는데 GSM은 데이터 통신에 최적화된 적이 없었다.

첫 번째 디지털 해법이었던 GSM이 그 개척자적인 위상 때문에 고전하고 있었다. 여러 해에 걸친 운영과 추가 연구가, GSM이 유례없는 전 세계적 성공에도 불구하고 제한된 무선 스펙트럼을 가장 효과적인 방식으로 활용하고 있지 않으며 CDMA보다 어떤 종류의 간섭과 핸드오프 기능에는 더 취약하다는 것을 밝혀냈다.

그래서 3G 시스템에 관한 논의가 시작되었을 때 CDMA의 창시자인 퀄컴은 준비되어 있었다. 그들은 이제 3G를 둘러싼 싸움에서 아주 가치 있을 만한, 시장에서 확인된 몇 가지 기술적 개선책을 가지고 있었고 그들의 경험을 최대한 활용하려고 했다.

모바일 음성에서 모바일 데이터로의 다음 혁신적인 단계가 시작되려는 참이었다.

10

주머니 속의 인터넷

이동전화의 디지털 혁명과 병행하여 또 다른 커다란 기술적 발전이 일어나고 있었다. 바로 인터넷의 대규모 활용이다.

통신사들이 지속 성장하는 음성 통화 사용자 기반에 맞춰 통신망의 성능을 최적화하는 데 관심을 쏟는 동안 새로운 기능이 디지털 통신망에 첫발을 내딛고 있었다. 모바일 데이터 연결이었다.

통신망이 이미 디지털화된 음성 데이터를 기반으로 하는데 왜 일반적인 디지털 데이터는 지원하지 못할까? 단문 메시지 서비스SMS 기능의 도입은 이미 사용자에게 이동 중에 문자 기반의 메시지를 즉각적이고 신뢰감 있게 교환하는 가능성을 심어주었고, 전화기와 백엔드 서비스 간 데이터 연결에 SMS 채널을 사용하는 일부 영리한 앱들도 도입되었다.

© Springer International Publishing AG, part of Springer Nature 2018
P. Launiainen, *A Brief History of Everything Wireless*,
https://doi.org/10.1007/978-3-319-78910-1_10

SMS는 GSM 표준에 나중에 끼어들어 온 종류로서 통제 프로토콜 안에서 "놀고 있던" 가용한 대역을 사용한다. 적용하는 데 실질적으로 무료인 기능에 메시지당 가격표를 붙임으로써 통신사들은 여러 해에 걸쳐 이 서비스로 수십억 달러를 벌었다.

GSM에 완성된 데이터 성능을 추가하는 것은 당연하지만 뒤늦게서야 깨닫게 된 것이었다. 초기 무선전화 기술은 유선전화선의 경험을 반복하는 데 초점을 두면서, 전자적 발전으로 가능해진 새로운 기능들로만 발전시켰다. 그것은 통신 분야의 기존 활동가들에게 음성 데이터가 다른 데이터 트래픽과 아주 다르게 보였기 때문이었다.

하지만 근본적으로 어떤 종류의 데이터든지 디지털 형식으로 바뀔 때 모든 데이터 이동은 그냥 비트의 흐름이다—음성 데이터는 다른 디지털 데이터와 예상 실시간 실행만 다르다. 당시 대부분의 데이터 지향 통신망은 QoSQuality of Service 분리 또는 다른 데이터 클래스 간 우선 트래픽 같은 종류를 지원하지 않았으므로 2G 통신망에서의 음성과 데이터 이동은 두 개의 완전히 다른 것으로 처리되었다.

2G 혁명의 초기에 음향 모뎀은 인터넷에 연결하는 일반적 형식이었다. 데이터 트래픽을 다양한 주파수의 음향 신호로 바꿔 그것을 일반 전화 연결로 운송하고 통화의 상대편 쪽에서 디지털 데이터로 다시 변환된다. 시스템 관점으로 보면 효과적으로 점대점 음성 통화를 데이터 채널로 했으므로 사용한 데이터의 양이 아니라 연결 시간으로 지불했다.

GSM에서 가장 먼저 지원된 데이터 실행은 CSDCircuit Switched Data였는데 비용 면에서는 같은 원칙을 따랐다. 비슷한 서비스가 몇몇 1세대 통신망에 있었고 그것을 똑같이 따라 하는 것이 논리적 단계였다. 기술자들은 동작되는 기존 모델을 갖고 있었고 단순히 모바일 세상에 복사해 2세대 통신망이 나왔을 때도 같은 단계를 반복했다.

GSM의 CSD 지원 속도는 질이 낮았다—사용하는 주파수 대역에 따라서 9.6kbps 또는 14.4kbps였고, 이미 말했듯이 통신망에 전혀 1바이트도 송신하지 않았어도 여전히 연결 시간으로 지불했다. 그러므로 CSD는 느린 속도와 통화당 비싼 요금을 고려하면 바이트당 비용 면에서 아주 나쁜 거래였다.

여러 제한에도 불구하고 CSD를 기능으로 갖고 있으면 이동 중에도 일반적인 데이터 연결성을 허용하므로 일부 사용자들에게는 중요한 진전이었다. 길 위에서 이메일을 확인할 수 있는 것은 그 과정이 느리고 비용이 많이 들더라도 중요한 발전이었다.

사용자당 더 많은 시간을 할당함으로써 업그레이드되어 출시된 HSCSD High Speed Circuit Switched Data라고 부르는 발전된 버전을 통해 CSD 속도를 57.6kbps까지 올릴 수 있었다. 이것으로 기존의 음향 모뎀과 속도를 맞추게 되었지만, 통신망 측면에서 그것은 중대한 문제였다. 왜냐하면 통계적으로 한 사용자에게 최대 여덟 개까지 시간 슬롯을 배당했고 이것이 기지국 내의 가용한 총 무선 용량까지 심각하게 잡아먹었기 때문이다. 그러므로 예를 들어 다수의 동시 무선전화 사용자가 예상되는 도심에서 HSCSD 연결의 최고 속도를 얻는 것은 불가능한 일이었다. 이런 종류의 사용은 여전히 아주 드물었으므로 통신사들은 점점 더 늘어가는 음성 고객들을 주로 염두에 두고 통신망을 최적화하기를 선호했다.

모바일 데이터 실사용을 가능하게 하기 위해 더 좋은 방법이 개발되어야 했는데, 종종 2.5G라 불리는 GPRSGeneral Packet Radio Service는 GSM으로의 첫 번째 뛰어난 데이터 확장이었다. 이것은 2000년경 실통신망에 등장하기 시작했다.

GPRS는 패킷 교환 데이터 모델을 실행했는데 기존의 고정된 데이터 통신망에서 표준이었던 것과 같은 것이었다. 모바일 계정을 위해 GPRS 모바일 데이터 기능을 활성화하면, 더 이상 사용 시간 동안 독점적인 데이터 채널을 배정할 필요가 없고 채널 사용 비용도 분당으로 지불하지 않았다. 지속적으로 시간에 쫓기는 고정된 비싼 세션 대신, "계속 인터넷에 있다"는 느낌을 가지면서 보내거나 받은 실제 데이터 양에 대해서만 지불했다.

이는 중요한 개념적 변화였다. 이제 사용자의 지속적 개입 없이 필요할 때만 데이터 채널을 사용하면서 항상 전화기에서 앱을 실행할 수 있었기 때문이다.

GPRS가 도입되기 전에는 CSD 연결을 사용해 이메일을 확인하려면 로컬 이메일 버퍼를 동기화하기 위해 이메일 공급자에게 데이터 콜을 요청해야 했다. 많은 경우에 지난 동기화 세션 이후 새로운 메일이 없었다고 하는 지루하고 종종 비싼 절차 때문에 사용자는 하루에 몇 번만 실행했으므로 세션 사이에 실제 도착한, 시간을 다투는 메일을 못 볼 가능성도 있었다.

GPRS와 그 후속물에서는 메일 앱이 백엔드에 있는 메일 서버를 지속적으로 조사하므로 새 메일이 도착하자마자 다운로드하고 알려준다. 이 지속적인 연결성이라는 근본적인 패러다임 변화가 오늘날 페이스북부터 왓츠앱까지 거의 모든 모바일 앱의 핵심 실행 기능이어서 우리 삶을 지속적으로 시도 때도 없이 방해하게 되었다.

사람들이 말하듯이 얻는 게 있으면 잃는 게 있다.

GPRS의 향상된 속도는 여전히 여러 개의 시간 슬롯을 사용하는 것에 기반을 두었지만 더 이상 이들 슬롯을 HSCSD의 경우처럼 연결 시간 내

내 배정할 필요는 없었다. 연결의 실제, 순간 데이터 송신 속도는 기지국 안 기존 부하에 따라 동태적으로 바뀌었다. GPRS의 이론적 가능성은 171kbps였지만 실생활 환경에서는 거의 달성하기 힘들었고 유선 인터넷이 제공하는 속도와 비교해 이 최상의 속도 역시 끔찍하게 느렸지만 여전히 최상의 회선 교환 방식인 HSCSD 속도보다 세 배까지 빨랐다.

향상된 다음 단계는 엣지EDGE의 도입이었는데 2.75G를 표방하고 2003년에 출시되었다. 알파벳 조합을 산뜻하게 하기 위해 기술자들이 얼마나 노력하고 있는지 보여주려고 EDGE는 Enhanced Data rates for Global Evolution(세계 진화를 위한 향상된 데이터 속도)이라고 풀어 쓴다.

엣지가 제공하는 향상된 대역은 기존의 시간 슬롯 안에서 변조 방식의 개선을 통해 실행되었다. 이는 엣지의 빠른 속도가 더 많은 대역폭을 잡아먹지 않고 단지 기존의 무선 자원을 더 효과적으로 활용할 뿐이라는 것을 의미했다. 최대 보장 데이터 속도는 384kbps였다—여전히 당시의 유선 인터넷 속도와는 현저히 달랐고, 이전처럼 속도는 기지국의 당시 부하에 달려 있었다.

불운하게도, 이들 2세대 모바일 데이터 통신망의 느리고 자주 바뀌는 데이터 속도가 좋지 않은 사용자 경험을 만든 유일한 문제는 아니었다.

우선, 우리가 인터넷을 검색할 때 일어나는 일을 살펴보자.

일반적인 웹 검색은 HTMLHypertext Markup Language을 기반으로 하는데 이것은 단순한 쿼리-응답 방식이다. 웹 페이지의 여러 부분이 일련의 반복된 쿼리를 통해 서버에 로딩된다. 우선 브라우저가 사용자가 다운로드를 위해 선택한 주소에 근거해 페이지의 핵심 부분을 내려받는다. 그러고 나서 페이지 위에 있는 사진이나 외부 광고 같은 다른 자료를 찾아내서 추가 쿼리를 통해 이들 각각을 계속 내려받는다.

페이지 위에 남아 있는 모든 자료를 섭렵하는 이 과정은 원래 요청되었던 페이지의 전체 콘텐츠가 다운로드될 때까지 계속되고, 그러므로 전체적인 페이지의 복잡성이 로딩되어야 할 데이터의 총량을 결정한다. 여기에 필요한 전체 시간은 가용한 데이터 송신 속도에 직접 비례한다.

게다가 각각의 추가적인 쿼리-응답은 또한 개인의 기기에서 세상 속 어딘가에 있는 서버로 갔다 왔다 해야 하고, 그러면 이들 서버들까지의 실제 물리적 거리가 매 왕복마다 더 지연되게 할 것이다. 최상의 경우, 대개 도시 환경에서 잘 연결된 상태로 데이터 소스에 가까이 있으면 매 왕복에 단지 0.02초의 추가 시간만 들기 때문에 복잡한 웹 페이지도 1, 2초 안에 모두 내려받을 수 있다. 하지만 연결하고 있는 서버에서 먼 곳에 살면서 연결성이 좋지 않은 상태로 멀리 외떨어진 곳에 있으면, 필요한 쿼리-응답에 드는 추가 시간이 0.5초까지 또는 그 이상 올라갈 수도 있다.

이런 복잡성 이외에도 "멀다"의 정의는 실제의 물리적 거리가 아니고 연결하고자 하는 통신망 기반시설의 위상 구조에 온전히 달려 있다. 예를 들어서, 나는 런던에서 약 8000킬로미터 떨어진 마나우스에서 이 글을 쓰고 있는데, 마나우스에서 유일한 데이터 연결은 아래쪽 브라질의 산업화된 곳으로 가서, 브라질에서 유럽으로 향하는 데이터 패킷이 먼저 미국으로 전송되는 것이다.

그러므로 내가 방금 했던 통신망 추적에 따르면, 런던에 있는 서버에 접속하려면 내 데이터 패킷들은 우선 2800킬로미터 남쪽 리우데자네이루에 갔다가 7700킬로미터를 더 가서 뉴욕으로 그리고 그곳에서 또 다른 5500킬로미터를 달려 런던으로 간다.

그러므로 내 분명한 직선거리 8000킬로미터는 이제 1만 6000킬로미터로 두 배가 되었고, 한 번의 왕복은 그 길 위의 계속 변하고 있는 통신망 부하에 따라 약 0.3~0.5초가 소요된다.

이런 지연은 순전히 연결하는 기반시설에 달려 있으며 피할 수 없다. 그중 일부는 빛의 속도의 물리적 한계 때문으로 데이터 통신망을 지나가는 전자나 광자의 속도 또한 제한하지만, 그 대부분은 이 데이터 패킷을 내 위치와 내가 로딩하는 웹 페이지의 소스 사이의 모든 라우터를 통해 전송하는 데 필요한 간접비다.

내 예에서 약 0.11초라는 왕복 시간은 물리학의 법칙 때문이다. 이것은 내 데이터 패킷이 매 쿼리-응답 왕복 동안 1만 6000킬로미터의 물리적 통신망 거리를 두 번 횡단해야 한다는 사실 때문에 발생하는 지연이다.

그러나 더욱 중요하게는 마나우스와 런던 사이의 경로에서 나의 패킷은 30개의 다른 라우터를 건너는데 그것들은 모두 다음 어디로 패킷을 보낼지를 결정하는 데 작디작은 시간이 필요하다.

데이터의 라우팅과 이동에 사용되는 전체 지연은 레이턴시라고 부르는데, 나는 앞의 경우를 유선 통신망으로 연결했기 때문에 최선의 시나리오였다. 모바일 데이터 통신망을 사용할 때는 레이턴시의 또 다른 층을 만나는데 통화 접속 실행이 데이터의 송수신 자체의 지체를 더하기 때문이다.

2세대 통신망에서는 각 쿼리의 처리에 쉽게 1초까지 걸릴 수 있어 앞서 말한 피할 수 없는 지연을 훨씬 초과하게 된다. 그러므로 로딩되는 웹 페이지에 서브쿼리가 많으면 유선과 2G 모바일 통신망 사이의 느껴지는 성능 차이가 아주 두드러진다. 그래서 더 좋은 데이터 경험을 제공하는 면으로 모바일 데이터 통신망을 추가 개발하는 것은 데이터 연결 속도에 대한 것일 뿐 아니라 그만큼 시스템이 초래하는 지연 시간(레이턴시)을 줄이는 것이기도 하다.

가용한 데이터 속도 면에서는 엣지가 디지털화된 음향을 순수한 데이터로 모바일 통신망을 통해 이동시키는 데 필요한 것보다 훨씬 많은 것을 제공했다. 지연 시간 그리고 QoS 결여가 여전히 문제이긴 했지만, 엣지로 순전히 데이터 영역 안에서는 꽤 괜찮은 음향 연결을 하는 것이 이제는 가능해졌다. 이런 종류의 VOIP Voice over IP 서비스로 얻을 수 있는 품질이 아직도 전용 디지털 음성 채널과 같은 수준은 아니었지만, 데이터 연결과 달성 가능한 데이터 속도에서의 진전 덕분에 데이터의 여타 유형과 다른 디지털 데이터의 특수 경우로서 음향을 분리하는 것이 불필요한 단계처럼 보이기 시작했다.

2G 통신망에서 이것이 아직은 문제가 아니었지만 통신사들은 다음 세대 시스템을 위해 계획된 개선책에 대해 걱정하기 시작했다. 그들의 걱정은 순수한 비트 통로가 되는 것에 있었다─모바일 데이터가 낮은 지연 시간과 예상 가능한 Qos까지 발전한다면 어떤 새로 창업하는 회사라도 통신사의 데이터 통신망을 단지 데이터 캐리어로 이용하는 VoIP 서비스를 만드는 것이 가능해진다. 최악의 경우, 수억 달러를 통신망 기반 시설에 투자한 통신사가 이들 신참들을 위해 데이터 패킷만 이동시키는 것이 되고 고객은 가장 저렴한 데이터 연결 가격만 찾게 되므로 통신사 매출은 바닥으로 곤두박질치는 경쟁이 야기된다.

현재 고속, 고품질의 4세대4G 데이터 통신망과 왓츠앱 같은 열정적인 신참들 때문에 이 위협은 현실이 되고 있고 이에 대한 통신사들의 반응은 어떤 것일지 흥미롭다. 어떤 통신사들은 이것을 피할 수 없는 다음 단계로 받아들이고 고객들을 위해 "최고 품질, 최저 가격의 비트 통로"가 되기 위해 활발하게 노력하고 있으며, 다른 이들은 상당한 음성 매출로 이런 변형과 싸우는 방법을 찾고 있다.

이동전화 통화 시간, 모바일 데이터 양, 문자 메시지 수에 대한 정량적 한계가 있는 고정 가격의 월 단위 상품이라는 현재의 모습 속에서, 일부 통신사들이 페이스북과 왓츠앱 같은 특정 데이터 트래픽을 무제한 추가로 이미 포함하고 있는 것은 주목할 만하다. 왓츠앱이 이제는 음성과 영상 통화까지 지원하고 종종 압축된 모바일 음성 채널보다 훨씬 좋은 품질을 제공하는 듯이 보이므로, 이런 경쟁자에게 무료 통행을 제공하는 것은 직관에 반하는 것으로 보인다.

그러나 2세대 모바일 데이터 발전 초기에는 모두를 포괄하는 데이터 트래픽으로의 이런 획기적일 수 있는 패러다임 변화는 여전히 미래 문제일 뿐이었다. 통신사들은 다른 걱정거리가 있었다.

속도와 지연 시간 외에 전화기의 화면이 유선 인터넷에서 사용자들에게 익숙한 디스플레이와 너무 달랐고 더 안타깝게도 전화기의 처리 능력과 기억 용량이 개인용 컴퓨터에 비해 작았다.

그러나 수요가 있는 곳에 공급이 있게 마련이다.

통신사들은 쉽게 사용하는 모바일 데이터 트래픽을 가능하게 하는 것이 아주 수지맞는 또 다른 수익 흐름을 열어줄 것이고 휴대용 하드웨어의 기존 한계는 고객들을 끌어들일 수 있도록 해결책이 나와야 한다고 생각했다. 모든 인터넷 브라우징의 뿌리였고 지금도 여전한 HTML 규약 대신, 페이지 관리 명령어의 훨씬 더 제한된 조합이 채용되어야만 했다.

그런 축소된 모바일 인터넷의 첫 번째 도입이 1999년 일본 NTT 도코모의 i-mode 서비스로 시작되었다. 초기 진입자의 이점과 17개국에 이르는 빠른 확장에도 불구하고 i-mode는 일본 밖에서는 결국 실패로 끝났다. 이것은 부분적으로 노키아 때문인데, 노키아는 자기들이 진행하고 있던 WAPWireless Application Protocol이라는 모바일 데이터 활동과 직접 경쟁하는 이 표준을 지원하지 않았다.

WAP은 노키아의 대표이사 요르마 올릴라Jorma Ollila가 1999년 ≪와이어드Wired≫의 표지 기사에서 "모든 주머니에 인터넷을"이라고 한 그 약속을 향한 첫걸음이었다. 이 일은 이런 종류의 거창한 약속을 둘러싸고 미디어가 한창 웅성거릴 때, 전혀 예상하지 못한 곳에서 일어났다. 당시 TV 드라마 〈프렌즈〉에 등장인물인 피비가 올릴라 사장의 표지 사진이 보이는 ≪와이어드≫ 잡지를 읽으며 센트럴퍼크 카페에 앉아 있는 장면이 나왔다.

대중문화로의 이런 유의 침투가 시사하듯이, 노키아는 이미 모바일 시장에서 이론이 없는, 800파운드 나가는 고릴라가 되어 있었으며 산업의 방향을 좌지우지하는 데 그 강력한 위상을 사용하기를 망설이지 않았다. 노키아의 연구실은 이미 기존 주류 시장에서의 많은 차이들과 싸우느라 고전 중이었으므로 i-mode를 그들의 제품 라인에 추가하는 것은 혼란을 가중시킬 뿐이었다. 최소한의 노력만 i-mode를 지원하는 전화기에 할애되었다.

그 결과 i-mode의 모든 초기 사용자는 아시아 제조업체에서 나오는 전화기만 사용해야 했으며, 일본 그리고 몇몇 아시아 시장에서는 먹혔던 형형색색의 장난감 같았던 접근이 세계 다른 곳에는 잘 전파되지 않았다. 일본의 다른 두 통신사가 WAP을 선택했을 때 또 다른 타격이 있었고 노키아로서는 i-mode를 가지고 공격적으로 활동을 전개할 강력한 이유가 없었다. 노키아가 i-mode 호환 기기에 잠깐 참여한 것은 6년이 지난 후에나 일어났는데, 싱가포르 시장을 위한 노키아 N70 i-mode의 출시였다. 그 당시 떠오르던 모바일 데이터 혁명은 이미 i-mode와 WAP 두 가지 모두를 빠르게 구닥다리로 만들고 있었다.

그러는 동안 WAP은 일련의 점진적인 개선을 거쳤다. WAP 푸시 같은 작은 확장을 했는데, 이것은 이메일 도착 같은 비동기 이벤트를 연속적인 점검을 하지 않아도 고지하는 것으로서, 인지된 사용자 경험을 실제로 긍정적으로 향상시켰다. 전화기 판매와 추가적인 통신망 매출 양쪽의 가능성을 위하여 기기 제조업체와 통신사들은 WAP을 위한 엄청난 마케팅 캠페인을 벌였다.

불운하게도 실제의 서비스는 기대에 미치지 못했다. 전형적으로 통신사들은 WAP 콘텐츠에 대해 수문장 역할을 하면서 고객들을 "진정한" 인터넷으로부터 격리시키는 데 열심히 노력했다. 통신사들은 제공되는 콘텐츠에서 최대한 가치를 뽑아내고 완전히 자기들 통제 아래 두기를 원했다. 통신사들이 의도적으로 세워놓은, 이들 담장이 쳐진 정원walled garden에 대한 접근권을 얻어야 했으므로 콘텐츠 개발자들에게는 이것이 추가 장애물을 만들었다.

이 담장이 쳐진 정원이라는 구상의 동력은 일본에서 NTT 도코모가 i-mode 표준으로 누렸던 성공이었다. i-mode의 부가가치 서비스는 NTT 도코모가 통제했고 NTT 도코모가 긁어모으는 현금 흐름은 다른 통신사들에게 비슷한 접근법이 WAP에서도 적용될 수 있음을 입증했다. 통신사들은 자기들의 WAP 정원으로 들어가는 열쇠를 쥐고 있었는데, 이는 유선 인터넷의 작동 방식이 그렇듯이, 콘텐츠 제공자들의 모든 거래는 고객이 접속할 수 있도록 그냥 "넷에 올리는" 것이 아니라 별도로 협상해야 함을 의미했다. 그 결과, 가용한 WAP 서비스는 매우 세분화되는 경향이 있었다—통신사를 바꾸면 경쟁하는 통신사가 제공하는 부가가치 서비스의 조합이 아주 달랐다.

종종 고객들은 이를 언짢게 생각하여 통신사를 바꾸지 않았고, 자연스럽게 몇몇 통신사들은 이를 추가 혜택으로 보았다.

느린 속도와 작은 화면으로 인한 모든 좌절에도 불구하고 고객들은 모바일 인터넷의 첫 걸음마를 시작했고 이들 아주 간단한 서비스의 도입이 통신사들에게 완전히 새로운 매출 흐름을 다시 만들어주었다. 전화기와 통신망 모두에서 초기 공급자 중 하나였던 에릭슨이 아주 서술적으로 WAP을 "모바일 인터넷의 촉매"라고 불렀는데 뒤돌아보면 i-mode와 WAP 두 가지 모두 필요하고 피할 수 없었던 단계였다. 그것들은 단순히 그 시대의 아주 제한적인 기술적 한계에서 최대한 가치를 짜내는 데 목표를 두었지만, 그리 멀지 않은 미래에 예상되는 기술 진보로 예견할 수 있는 다가오는 모바일 데이터 혁명을 위해 사용자들을 준비시키고 있었다.

WAP 시대는 또한 초기 앱 개발회사 몇몇을 잠시 동안 아주 부유하게 만들기도 했는데, 제품의 실매출에 기인한 것은 거의 아니었다. 가장 눈에 띄는 사례는 "WAP 붐"을 둘러싼 엄청난 광고 때문이었는데 이것은 인터넷과 뭔가 관련된 거의 모든 것을 에워싼 넓은 의미의 "닷컴 붐"의 일부였다. 광고로 인해 WAP 관련 회사들의 주가는 급등했다가 다시 곤두박질쳤다—이들 회사들이 짧은 수명 동안 화려하게 대중의 인정을 받은 것을 제외하고는 20세기 초 "라디오 붐" 때 일어난 것과 유사한 모습이었다.

이런 회사의 좋은 예는 핀란드의 WAP 개발회사인 Wapit과 또 다른 핀란드 모바일 엔터테인먼트 회사인 Riot-E인데, 21세기 초에 두 회사는 잠깐이지만 대단히 돈이 많이 드는 위험한 투자를 했다. Riot-E는 2년의 운영 기간 동안 2500만 달러를 없앴는데 그 회사 창업자들은 일전 한 푼도 내지 않았다.

전화기에 WAP 성능을 추가하는 것은 제조업체와 통신사들에게 요긴한 것이었는데, 그것이 전화기 교체 주기를 앞당겨 판매를 지속시켰기 때문이다. 가용한 WAP 기능의 제한된 조합에도 불구하고 끊김 없이 길 위에서 이메일에 접속할 수 있는 것만으로도 많은 이동전화 사용자들이 새 WAP 전화에 투자할 충분한 이유가 되었다.

모바일 데이터를 향한 초기의 이런 걸음마와 함께 기본 음성 사용 또한 가파르게 계속 늘었고, 기존의 2세대 통신망이 계속 늘어난 부하로 포화되기 시작했다.

역사는 반복되고 있었다.

기존의 주파수 대역에 용량을 더 밀어 넣을 방법이 없었고, 데이터 처리 용량과 디스플레이 성능 양쪽의 발전이 모바일 데이터 서비스의 필요를 증가시켰다. 다양한 무선 데이터 서비스가 기하급수적으로 성장하기 시작했고, 모바일 음성 연결이 더 이상 이 분야의 유일한 사업이 아니었다.

현재의 한계를 지나 나아갈 수 있는 유일한 길은 또 다른 세대교체였으므로, 이제는 제조업체들의 연구실에서의 새로운 개발과 시장에서 얻은 학습을 보고 그것들을 합쳐 3세대3G 해법을 찾기 시작해야 하는 때였다.

그 표준화 과정에 참여한 과학자와 기술자들은 아주 객관적인 견해를 가진, 당면한 과제에 최선의 해법을 찾으려 노력하는 진짜 전문가들이었지만, 이 작업과 관련하여 깔려 있는 회사의 이해관계가 엄청났다. 새로운 표준에 자기의 설계를 넣게 되는 누구든지 그 특허의 미래 라이선스로 막대한 경제적 혜택을 얻을 수 있었다.

표준화 작업은 기존의 특허에 최소의 비용을 들여 이익을 가져오는 새롭고 개선된 방식으로, 최선의 아이디어를 새 표준에 포함하는 방법을 모색함으로써 이것을 균형 잡으려 했지만, 실제로는 가장 효과적이고 재정이 좋은 연구실을 갖춘 회사들이 이 작업을 추진했고 그 연구 팀이 만든 새로운 제안으로 특허를 냈으며 그럼으로써 그들은 미래의 라이선스 수입에 대한 지분을 확실히 할 수 있었다.

미국의 "자유 시장" 실험의 한 가지 결과물은 CDMA 기술이 상당한 수준의 안정된 사용자 기반을 미국에 만들 정도로 성장했다는 것이다. GSM의 엄청난 성공에도 불구하고 CDMA 기술을 사용함으로써 얻을 수 있는 이론적 향상이 이제는 실제로 입증되었고, CDMA는 CDMA2000 EV-DO Evolution-Data Optimized라는 자체 업그레이드 경로를 갖고 있었는데 이것은 CDMA 통신망을 갖고 있는 통신사들을 위한 차세대 CDMA로서 활발히 추진되고 있었다.

동시에, GSM 특허권자들은 GSM이 상당한 변경 없이는 3세대로 진전될 수 없음을 고통스럽지만 알고 있었다. GSM은 이 사업에 일찍 들어왔기 때문에 최대한 가능한 수준까지 최적화되지 않았던 거친 구석을 어쩔 수 없이 갖고 있었다.

필요한 것은 2G 통신망 때문에 미국에서 벌어졌던 분열 같은 문제를 피할 수 있는 해법을 찾기 위한 협동 노력이었다. 그 결과 CDMA의 창시자 퀄컴과, 노키아와 에릭슨을 포함한 GSM의 가장 큰 특허권 보유자들 그리고 무선 영역에서 왕성한 활동을 벌이는 회사들이 함께 차세대 표준을 위해 일할 팀을 만들었다.

이러한 논의를 위해 모인 경쟁 무선 기술 회사들의 기술자와 변호사들을 위하여 호텔 전 층이 예약되었고, 마침내 일이 정리되었을 때는 경쟁하던 기술 방향들의 가장 좋은 부분을 합친 제안이 만들어졌다.

이런 협업 산출물의 새로운 공식 명칭은 WCDMAWideband CDMA였고, 주요 특허권자로 퀄컴이 가장 큰 몫을 가지고 노키아, 에릭슨 그리고 모토로라가 그 뒤를 따랐다. 그것은 SIM 카드의 유연성과 GSM 시스템의 상호 운용 가능한 비독점 통신망 요소를 유지하면서 CDMA 기술이 제공하는 근본적인 기술 향상을 추가했다.

그러므로 CDMA는 세계적 규모의 견인력을 얻는 데 실패했음에도 불구하고 무선 인터페이스를 글로벌 3G 표준으로 통합하는 데 성공했다. 이것이 퀄컴에게는 주요 승리였고 퀄컴이 오늘날 뛰어난 통신과 컴퓨팅 하드웨어 회사로 성장하는 데 도움이 되었다. 21세기 초에 퀄컴의 매출은 30억 달러였는데 15년 후에는 250억 달러를 넘어섰다―이는 거의 연 20퍼센트 복리 성장인데, 근래 퀄컴의 가장 큰 자금 원천은 기술 이전 계약이었다.

이 책이 인쇄에 들어가기 얼마 전, 싱가포르에 기반을 둔 브로드컴Broadcom Ltd.이 퀄컴의 기존 부채를 끼고 퀄컴을 1300억 달러 가격으로 사겠다는 제안을 했다. 이것은 사상 최대의 기술 인수 제안이었지만 "지나치게 싸다"는 이유로 퀄컴의 이사회에서 거절했다. 뒤이은 더 높은 제안도 국가안보상의 이유로 미국 정부가 결국 거절했다.

이것은 무선 산업이 겨우 지난 20년 동안에 전자기 스펙트럼을 효과적으로 활용하여 커다란 가치를 어떻게 만들어냈는지를 보여준다.

마찬가지로 노키아는 더 이상 전화기를 생산하지 않지만 휴대전화 기술에 관한 필수특허 덕분에 2011년에 처음 체결되고 2017년 갱신된 계약에 따라서 여전히 판매되는 모든 아이폰에서 일정 금액을 받고 있다. 실제의 세부사항은 알려지지 않고 있지만 매년 수백만 대가 팔리며 이것이 주요 매출이다. 2015년, 애플과 다른 기술 사용권자들로부터 관련 특허 수입을 받고 있는 노키아의 사업 부문은 대략 수십억 달러의 수익을 시사했으며, 2017년 계약이 갱신되었을 때 20억 달러 단발의 별도 지불도 보도되었다.

따라서 새로운 특허 전쟁이 계속 튀어나오는 것은 놀라운 일이 아니다.

하지만 어떤 경우에는 이런 논쟁들이 아주 다른 수준에 있는 듯이 보인다. 이동전화 사업에서 후발 주자이지만 현재는 가장 큰 이익을 내고 있는 애플은 주장할 만한 어떤 중요 필수특허를 가지고 있지 않다. 그러므로 기존의 특허권자들이 표준을 위해 일했던 그룹 간에 표준 필수특허에 관해 자진해서 낮은 비용으로 상호 특허 사용 계약을 맺는 FRANDfair, reasonable and non-discriminatory 약정에 애플은 포함되지 않는다.

자사 전화기의 실제 작동에 필수적인 이들 특허 대신에 애플은 "둥근 모서리"와 덜 기술적인 "밀어서 잠금 해제" 특허 같은 디자인 특허를 성공적으로 키우고 있다―이는 수천 년 된 물리적 자물쇠 접근법을 사실상 흉내 낸 것으로, 그 기본 개념을 카피한 삼성은 2017년에만 1억 2000만 달러를 내게 되었다.

다른 많은 무선 개척자들이 갖고 있는 필수특허들과 비교할 때 명백한 단순성에도 불구하고 이 접근법은 잘 작동하는 듯하다. 이 책을 쓰고 있는 시점에 애플은 은행에 2500억 달러가 있고 쿠퍼티노에 있는 "비행접시" 모양의 신사옥에 50억 달러를 썼다고 발표했다―이것은 역사상 가장 비싼 사무실 빌딩이다.

통신망 기능성의 모든 세대교체와 마찬가지로, 통신망 장비 제조업체들은 새로 나오는 업그레이드에서 가용할 것으로 예상되는 새로운 기능의 색다르고 흥미로운 용례를 찾으려고 한다. 3G와 관련하여 많이 광고된 그런 가능성 중 하나는 영상 통화 지원이었다. 이 기능은 어떤 좋은 점들이 기대되는지 설명하는 모든 초기 마케팅 자료에서 눈에 띄는 요소였지만, 실제 시장조사는 이것이 고객들이 기다려왔던 기능은 아니라는 것을 보여주었다.

빠른 모바일 데이터요? 네, 맞아요. 주세요. 영상 통화요? 아니요, 별로예요.

또 다른 세대교체는 천문학적인 비용이 또 한 번 들어서 통신망 제조 업체들은 자신들의 미래를 다소 걱정했으나, 결국 3G는 쉽게 팔리는 것으로 판명되었다. 왜냐하면 통신사들에게 2G의 가장 큰 문제는 인구 밀도가 높은 지역에서 심각하게 포화되는 통신망이었기 때문이다.

미래 지향적 영상 통화는 가고 결국 3G의 주요 판매 소구점은 질 좋은 친근한 음성 서비스였다. 그것은 고객 수요에 통신망 용량을 맞추는 것이 전부였고, 3G의 다른 모든 장점에도 불구하고 진전된 모바일 음성 용량이 재가입 사이클을 지속하는 핵심 기능임이 판명되었다. 3G는 또한 연결에 사용되는 암호화 방식도 향상시켰다. 원래의 2G 암호 방식은 연산력의 발전으로 실질적으로 구닥다리가 되었으며 암호를 명백하게 무력화시킬 수 있게 2G 기지국의 환경 설정도 가능했다.

상호 운용 가능한 3G의 세계화로 가는 분명한 길이 있었으나 중국이 여전히 계획을 방해했다. 거의 15억 고객의 단일 시장으로서, 중국은 자신들이 원하는 대로 독자 정책을 구사할 만큼 충분히 크다. 그래서 중국은 자국의 기술 연구를 지원하고 WCDMA 특허권자에게 주어야 할 금액을 줄이기 위해 국가 소유의 국영 통신사인 차이나 모바일China Mobile이 모국에서 키운 3G 표준을 운영하도록 지시했다. 이는 그다지 매력적이지 않은 TD-SCDMATime Division-Synchronous Code Division Multiple Access라는 이름으로 만들어졌는데, 출시 기간 중에는 이전 제품들과의 호환성을 위해 표준 GSM을 2차 레이어로 사용했다.

오늘날 차이나 모바일은 이 책을 쓰고 있는 시점에 8억 5000만 명의 가입자를 둔 세계 최대의 통신사다. 그러므로 TD-SCDMA 표준은 중국 밖으로 나가지는 못했지만 전화기와 기지국 개발을 활발하게 지원하기에 크고 넘치는 사용자 기반을 가지고 있다.

더 빠른 속도의 데이터는 3G가 달성한 약속이었고 개시 이후에 데이터 전송 속도 면에서 연속적인 향상을 이루었지만, 다양한 기능을 실행하고 조정하는 데 많은 유연성이 있으므로 여러 통신사 환경에서 달성 가능한 속도의 종류에 많은 차이가 있다.

또 다른 중요한 목표는 무선 통신 접속의 추가 지연 시간을 줄이는 것이었는데, 3G는 그것을 0.1~0.5초 범위로 줄였다.

그리고 발전이 3G에서 멈추지 않았다.

4G 시스템으로의 변화가 지난 몇 년간 LTELong-Term Evolution라 부르는 과정을 통해 빠르게 진행되었다. 이것은 데이터 속도를 실생활 상황에서 기본 3G의 약 다섯 배 빠르게 하는 목표를 가지고 있으며, 지금 새로 나온 세대는 업로드 속도 또한 다루었는데 이는 스마트폰에서 디지털 사진 같은 데이터를 보내는 것이 3G에서보다 상당히 빠르다는 것을 뜻한다.

LTE로의 전환이 2G에서 3G로 변화하는 업그레이드보다 더 점진적이어서 많은 통신사들은 그것을 4G LTE라고 부르는데 이는 실제로 제공되는 것을 더 현실적으로 설명한다.

차이나 모바일은 TD-LTE라고 부르는 TD-SCDMA 표준의 확장판을 공개했다.

잠시 동안 WiMAXWorldwide Interoperability for Microwave Access라고 부르는 또 다른 표준이 LTE의 잠재적 도전자로 추진되었다. 그것은 2006년에 출시된 한국의 WiBroWireless Broadband 통신망에서 만들어진 것에 뿌리를 둔다.

핵심 프로세서 사업에서 모바일 혁명을 완전히 놓칠 뻔했던 인텔사가

WiMAX를 추진하기 위해 삼성과 힘을 합쳤다.

"모바일 기기 동산"의 새로운 왕좌는 케임브리지에 있는 암ARM Holdings 이라는 영국 회사에 돌아갔는데, 암은 컴퓨터 칩 제조라는 일반 행태에서 벗어나 저전압/고효율의 프로세서를 제조하지 않았다. 대신, 애플과 퀄컴, 심지어 2016년에 암 아키텍처를 결국 사용 계약한 인텔까지 포함해 다른 제조업체들과 사용 계약을 맺었다. 비용이 많이 드는 반도체 제조 공장에 투자하지 않는 것이 암에게 대단히 이익이었음이 밝혀졌다. 2016년, 암 지분의 75퍼센트를 일본 소프트뱅크가 300억 달러 넘는 가격으로 샀는데 이는 당시 26년 된 이 회사의 평균 가치가 매년 15억 달러씩 늘어났음을 의미했다.

WiMax의 배후에 삼성과 인텔 같은 주전 선수들이 있음에도 불구하고, 확실한 기존의 사용자 기반이 없는 또 다른 고속 무선 표준은 규모의 경제 면에서 유리하지 않았다. 원래 EV-DO와 WiMAX 두 개의 방식을 통신망 기반시설로 가지려 계획했던 미국의 스프린트 넥스텔Sprint Nextel이 가장 눈에 띄는 통신사였지만 그들은 결국 계획을 포기하고 LTE를 선택했다.

하지만 기술로서 WiMax는 여전히 살아 있고 건재하다. 유선 인터넷 연결을 대체할 목적으로 전 세계 특별한 설비에 남아 있다.

속도와 용량의 개선으로 LTE는 이제 유선 인터넷 연결과 진지하게 겨루는 정도까지 발전했다. 이런 종류의 유선 대체는 통신사들에게 유망한 사업 기회를 제공한다. 유선 인터넷의 케이블 유지에는 비용이 많이 들고, 특히 오지에 설치하려면 긴 케이블과 철저한 태풍 대비가 필요하다. 그러므로 많은 동케이블을 무선 4G LTE 모뎀으로 대체하는 것이 장기 유지보수 예상 비용을 상당히 줄일 수 있다.

자연히 기존의 유선 인터넷 기반시설이 전혀 없는 신흥 시장 같은 곳에서 LTE는 수백만의 잠재 사용자에게 빠른 데이터 접근성을 신속히 제공하는 길을 제시하는데, 이는 한 나라의 통신 기반시설이 1년 안에 0에서 최첨단으로 갈 수 있음을 의미한다. 그런 도약 후의 경제 성장의 잠재력은 엄청나다.

사용 습관이 어떤 이유로든 100Mbps 이상을 원하지 않는 한, 24시간 7일 내내 영상 스트리밍에 중독되어 있는 도시 거주자들에게도 4G LTE는 충분하고도 남기 때문에 LTE 통신망의 광범위한 출시 이후 유선에서 무선으로의 변화는 전 세계적으로 가속되었다.

일례로 나는 부모님의 시골집 유선 인터넷을 LTE 기반 연결로 업그레이드했는데, 이전 유선 연결 비용의 반값으로 업링크 500kbps, 다운링크 2Mbps 속도를, 업링크 5Mbps, 다운링크 30Mbps 속도로 향상시킬 수 있었다. 이것은 모두를 행복하게 만든 드문 거래 중 하나였다. 통신사는 고장 잘 나고 태풍 때문에 두 번이나 터진, 몇 킬로미터나 되는 긴 동케이블을 없앴고, 고객은 서비스 질이 크게 향상된 동시에 서비스 비용 또한 절감했다.

LTE 통신망에서 지연 시간을 엄청나게 줄인 한 가지 중요한 발전은 통신망의 백엔드를 간소화한 SAESystem Architecture Evolution다. 그 결과 SAE는 3G 표준에 있던 다양한 통신망 요소의 구조를 납작하게 만들어서 송수신되는 데이터 패킷을 처리하는 데 필요한 관리 비용을 줄였다. 0.1초 이하의 낮은 지연 시간 덕분에 4G LTE는 온라인 게임도 충분히 할 수 있다.

그러나 우리는 아직 이 길의 끝을 본 게 아니다.

전자회로가 향상되고 프로세서가 빨라지면서 방향은 점점 더 높은 주파수 대역들로 이동하여, 데이터가 더 많은 대역폭을 이용할 수 있게 되었다.

이제 막 첫 번째 전개 단계에 있는 5G 시스템은 지연 시간을 더 줄이면서 현재의 4G LTE 통신망 속도의 10배 증가된 속도를 제공하는 데 목표를 두고 있다. 이는 가용한 데이터 전송 속도를 초당 기가비트Gbps 범위로 끌어올리는데, 가정에 있는 일반 유선 연결 속도와 맞먹거나 뛰어넘는 수준이다.

테크톡 **공짜는 없어요**에서 논의했듯이, 주파수가 더 높을수록 변조할 수 있는 여유가 더 있으므로 5G의 새롭고 더 빠른 데이터 속도의 한 가지 이유는 분명히 훨씬 높은 주파수 대역 때문이고 이는 처음에는 24~28GHz 주파수를 커버하게 된다. 그리고 처음으로 5G가 단일 주파수 위에 풀 듀플렉스 트래픽을 지원하는 마술 같은 기술을 구현하여 가용한 통신망 용량을 두 배로 늘릴 가능성이 있다.

일부 LTE 실행에 이미 있었던 또 다른 신기술은 스마트한 MIMOMultiple-Input, Multiple-Output 안테나다. 무선 연결의 상대편 당사자가 관찰된 방향에 맞춰 안테나의 방사 패턴을 전자적으로 바꾸는 것을 의미하는 동적 빔포밍을 가능케 하므로 전송되는 신호를 활동하는 방향으로만 집중시킨다. 이 기술이 기지국과 전화기 양쪽에서 실행되면 양쪽에 고에너지 "신호 버블signal bubble"을 만들어서 간섭을 줄이고 인식되는 커버리지 영역을 확장하여 훨씬 더 빡빡한 주파수 재활용 방식이 사용될 수 있다. 그리고 같은 주파수가 더욱 효율적으로 재활용될 수 있을 때 하나의 기지국이 더 많은 동시 연결을 처리할 수 있으므로 극심한 정체 구역을 위해 기지국을 추가 설치할 필요가 없어진다.

이것은 5G에 대한 표준적인 접근법이 될 것이다. 2018년 초 노키아가 새로운 리프샤크Reef Shark 5G 칩셋을 발표했는데 하나의 기지국에 6테라비트Tbps까지 처리량을 제공할 것으로 예상된다. 예를 들어 보자면, 이것은 2017년 휴스턴에서 열린 슈퍼볼 미식축구 경기 동안 스타디움에서 기록된 전체 데이터 통신량의 100배다.

새로운 칩셋의 지원을 받는 MIMO 기술은 안테나 구조의 크기를 줄이고 동시에 안테나의 전력 소비를 통상의 해법과 비교할 때 3분의 2로 줄인다.

마찬가지로 5G의 방향은 무선 연결의 전반적인 전력 소비를 줄여, 저전력 스마트 기기를 기존 5G 통신망에 직접 연결할 수 있게 하는 것이다.

결국 5G로의 단계는 또 다른 진정한 세대교체가 될 것이고, 이것은 유선 인터넷 사용에서 무선 인터넷으로의 진행되고 있는 주요 변화를 예고한다. 2017년 최종 소비자들은 이미 인터넷 관련 활동의 70퍼센트를 무선기기에서 소비했다—겨우 18년 전 초라한 i-mode가 시작했던, 지구를 흔드는 변화다.

"모바일 인터넷"이라고 부르던 것이 그냥 "인터넷"이 되고 있다.

세상은 초기 스파크 갭spark-gap 기술로부터 먼 길을 오긴 했지만 마르코니나 헤르츠, 테슬라가 우리 시대로 올 수 있다면 그들 역시 최근의 위대한 셀룰러 통신망 이면의 원리들을 이해하는 데 문제가 없을 것이다. 기술이 도약을 했지만 근본적인 개념은 같다.

이 모든 발전이 통상적인 방법들을 통해 일어나고 있다. 새로운 규약이 정해지고, 대단히 비싸고 종종 커다란 목적 지향의 초기 하드웨어로 시험되어 문제점들이 해결되면, 새로운 목적 지향의 마이크로칩이 설계되면서 소비자 가격 수준의 휴대용 제품으로 가는 길을 닦는다.

하나의 마이크로칩 위에 다수의 기능을 넣는 것이 원가와 전력 소비를 줄이고 진정한 대중 시장 제품에 필요한 가격대로 기술을 밀고 간다.

더욱이 GPS, 와이파이, 블루투스 같은 많은 무선 기능들이 하나의 마이크로칩에 합쳐지면 이들 병행되는 작동 뒤에 공유되는 로직을 최적화함으로써 다양한 간섭과 시간 문제를 피할 수 있다.

와이파이와 블루투스는 11장 **즐거운 나의 집**에서 다룬다.

무선 스펙트럼 활용에서 새로운 발전을 가속시키는 대단히 향상된 최신의 방법들에 대해서는 테크톡 **성배**의 SDRSoftware Defined Radio에 대한 설명을 참조하기 바란다.

무선 기술에서의 이런 지속적인 발전 덕분에, 우리 소비자들은 그날의 반려묘 영상을 스마트폰으로 끊김 없이 즐기면서, 친구, 동료들의 멋져 보이고 완벽한 휴일을 담은 인스타그램 사진이 주는 고충을 상쇄시킬 수 있다.

마지막 제한 요소는 이런 모든 용도를 위한 주파수의 가용성인데, 이전에 논의했듯이 이들 주파수 대역은 제한된 자원이므로 각 나라들이 강하게 규제하고 있다. 3G가 규정되었을 때 이동전화 용도로 이미 할당된 기존의 스펙트럼 일부분을 재활용했지만, 아직 사용하지 않은 새롭고 높은 주파수로도 이제는 확대되었다. 그 이유 일부는 고주파에서 작동하는 기기를 만드는 것이 아주 비싼 편이었지만 전자 산업의 발전 덕분에 이제는 가능해졌기 때문이다.

이들 새로운 주파수를 사용하는 방식은 전 세계에 걸쳐 아주 다양했다. 어떤 국가들은 그냥 현지 통신사들에게 배정했지만, 또 어떤 나라들은 이 새로운 "전파로의 접근"을 키울 수 있는 기회로 보고 통신사들이 경쟁하는 특별한 스펙트럼 경매 시장을 열었다.

그리고 많은 경우에 이들 경매는 믿을 수 없을 정도로 광란이었다. 예를 들어 독일 정부는 무선 스펙트럼 경매에서 500억 달러 이상을 벌었고, 영국은 대략 340억 달러를 정부 금고에 넣었다. 영국에서는 이 경매가 통신사들 간에 심각한 두통거리를 만들었는데, 필요한 3G 기반시설을 사서 배치하는 데 꼭 필요한 자금과 별도로 이 자금은 그냥 잠기는 돈이었다.

불행하게도 이런 종류의 "거머리 정부"의 영향은 아주 오랫동안 지속되는 부정적 결과를 낳을 수 있다. 영국의 국립기반시설위원회National Infrastructure Commission가 2016년 말에 실시한 조사에 따르면, 영국의 최신 4G LTE 통신망은 알바니아 및 페루와 같은 수준이었는데 적어도 이들 두 나라는 모두 다루기 복잡하고 험준한 지형이었다….

그러므로 정부 재정이 줄어드는 상황은 그러한 "전파 판매"로 기분 좋게 회복되겠지만 이들 나라의 국민들은 새로운 서비스를 더 늦게 만나게 된다.

하지만 정부가 명령하는 규정들이 항상 나쁜 것은 아니다. 기반시설 통신사들의 경쟁을 촉발하는 주요 촉매제는 고객이 경쟁 통신사로 바꾸는 경우에도 통신사들에게 기존의 이동전화 번호를 유지하게 강제하는 법적 요구였다. 이런 접근법은 모든 주요 시장에서 적용되었고, 경쟁 업체로 바꾸는 고객의 숫자인 가입 해지율의 가능성이 통신사들을 고객의 이익을 고려할 수밖에 없도록 긴장하게 만든다.

가용한 주파수가 제한된 자원이므로 기존의 주파수 대역을 풀어주기 위해 오래된 서비스는 퇴역한다. 5장 **동영상에 넋을 잃다**에서 논의했듯이, 아날로그에서 디지털 텔레비전으로의 이동 과정에서 주요 추진력은 이전에 텔레비전 방송에 사용되었던 주파수를 새로운 용도로 풀어주는 것이었다.

텔레비전 스펙트럼의 많은 부분이 편리하게도 기존의 이동전화 대역

바로 옆에 있기 때문에 가용한 이동 통신 용량을 증가시키는 데 이들을 사용할 수 있을 것으로 예상된다. 3G 전개 과정 중에 등장한 경매는 그것이 자금난에 허덕이던 정부에 가져올 수 있는 잠재력을 분명히 보여주었다.

텔레비전 주파수 재할당 경매의 최근 예가 2017년 초 미국에서 있었다. 낙찰자 중 하나는 기존의 이동 통신사인 T-모바일이었고 다른 두 회사는 컴캐스트Comcast와 디시Dish였는데 이들은 무선 영역을 아주 다른 방향에서 접근하는 위성 텔레비전과 인터넷 연결 제공사였다. 이 책을 쓰고 있는 시점에 T-모바일은 새로 산 주파수를 외곽 지역의 연결성을 향상시키는 데 사용하겠다고 이미 발표했다.

최근의 이 경매는 광란을 부추기는 것이 조금도 수그러들지 않았음을 보여주었다—미국에서 이 새로운 주파수 대역에 지불된 총금액은 거의 200억 달러였다.

새로운 주파수로 결국 가용한 무선 서비스를 확장하겠지만, 엄청난 경매 금액을 이런저런 형식으로 결국 갚을 사람은 미국 고객들이다.

경매와 별도로, 모든 텔레비전의 각 채널이 모든 가능한 지역에서 주어진 시간에 사용되지는 않는다는 사실에서 혜택을 보려는 여러 활동 또한 있어왔다. 할당되었으나 사용되고 있지 않은 채널의 활용이라는 개념은 화이트 스페이스라 부르는데, 이런 맥락에서 이 기술의 사용자들이 지속적으로 변하는 지리적 위치 정보를 참고한다면 비활성 채널들을 비인가 무선 인터넷 접속에 사용할 수 있다.

이 데이터베이스가 어느 특정 지역에서 특정 시간에 용도 변경할 수 있는 주파수를 좌우한다. 그런 데이터베이스는 미국, 영국 그리고 캐나다를 위해 처음 규정되었고 이들 나라들은 첫 번째 화이트 스페이스 기반의 장치가 온라인에 접속하는 것을 보았다.

화이트 스페이스를 활용하는 기술은 슈퍼 와이파이라고 멋지게 불렸지만, 11장 **즐거운 나의 집**에서 논의하는 실제 와이파이 표준과는 거의 관련이 없다. 속도 면에서 슈퍼 와이파이는 와이파이보다 "슈퍼"가 전혀 아니고 현재 구현되는 26Mbps의 최고 속도는 4G LTE와 WiMAX보다 느리지만, 인터넷에 접속하는 다른 수단이 없는, 인구 밀도가 낮은 지역의 거주자들에게는 온라인에 접속할 수 있는 괜찮은 대안이 되고 있다. 다른 표준보다 낮은 주파수를 사용함으로써 개별 슈퍼 와이파이 기지국의 커버리지 구역이 훨씬 넓고 그래서 할당 비용이 경쟁 표준들보다 낮다.

화이트 스페이스라는 개념은 현대의 데이터 처리, 사용자 지리 정보 그리고 무선 기술의 종합이 기존의 유연성 없는 주파수 할당 때문에 불가능할 뻔했던 새로운 서비스를 만들어내는 데 활용될 수 있다는 것을 보여주는 훌륭한 예다. 정해진 시간에 사용되지 않는 텔레비전 채널을 활발하게 재활용하는 것이 제한된 무선 자원의 활용을 극대화했고 궁극적으로는 최종 사용자와 이런 틈새시장을 지원하는 데 기꺼이 뛰어들기 원하는 서비스 제공사 양쪽 모두에게 혜택이 되었다.

향상된 대역폭을 향한 우리들의 지속적인 추구는 고주파수로 계속 나아가고 있으며, 동시에 디지털 기술의 발전으로 구식이 된 주파수를 재활용하거나, 컴퓨터 기술의 진전 덕분에 시간과 장소 면에서 "다중화"되고 있다. 그리고 컴퓨터의 속도와 용량의 경우가 그랬듯이, 어떤 향상과 진보가 이루어지든 그것들은 초기 전개 이후 수년 내에 완전히 활용될 것이다.

11

즐거운 나의 집

물은 우리 일상생활에서 당연하게 여기는 것이지만 그것은 특별한 속성을 가지고 있다.

물은 고체 상태일 때 액체일 때보다 부피가 더 큰 몇 안 되는 화학 물질 중 하나로, 이 때문에 얼음은 물 위에 떠서 우리는 음료 안에 각얼음이 보기 좋게 떠 있는 모습을 볼 수 있다.

물은 또한 알맞게도 어는점 바로 위인 섭씨 4도에서 밀도가 가장 높아서 일반적인 물리적 속성을 깨뜨린다. 이로 인해 물은 아래에서 위가 아닌, 위에서 아래로 언다—얼음 아래서 평화로이 헤엄치는 물고기의 입장에서는 분명 고마워할 특성이다.

물 분자는 수소 원자 2개와 산소 원자 1개의 조합으로 화학 기호로 H_2O

© Springer International Publishing AG, part of Springer Nature 2018
P. Launiainen, *A Brief History of Everything Wireless*,
https://doi.org/10.1007/978-3-319-78910-1_11

라고 쓰는데 전기적으로 극성화되어 있다—그것은 마치 자석처럼 반대 방향의 아주 작은 양극과 음극을 가지고 있다.

이 물 분자 극성화의 유용한 부수 효과를 레이더 기술자인 퍼시 스펜서 Percy Spencer가 우연히 발견했는데, 당시 그는 자기 회사 레이시언Raytheon 에서 마이크로파 송신 시스템을 짓고 설치하는 중이었다. 그는 1945년 마그네트론이라고 부르는 새로운 고출력 소량 마이크로파 발생 장치를 실험하던 중 따끔거리는 느낌을 받았고, 나중에 자기 주머니 속에 있던 땅콩버터 사탕이 녹아 있는 것을 알아차렸다. 그는 그 관찰한 것에 놀라 마그네트론 바로 앞에 팝콘 씨 같은 또 다른 음식물을 놓고 추가로 실험 했는데 팝콘 씨앗이 순식간에 튀겨지는 것을 보고 마이크로파의 이 새롭 게 발견된 부수 효과의 잠재력을 알게 되었다.

1년 후 레이시언사는 세계 최초의 마이크로웨이브 오븐, 즉 전자레인 지를 소개했고, 음식을 요리하고 데우는 새로운 방법이 탄생했다. 실제 로는 보호용 금속 케이스 안에 있는 고출력 마이크로파 발생 장치일 뿐 인 전자레인지는 여러 해를 거치는 동안 일반 가전제품이 되어서, 전날 저녁의 묵은 피자 조각을 쉽게 데워 먹을 수 있게 하여 전 세계 많은 미 혼 남성을 구해냈다.

물 분자 고유의 극성이 이런 마술의 배경이다. 즉, 물 분자가 전자기장 에 부어지면 분자 안에 있는 기존의 극성이 전자기장의 극성에 따라 정 렬한다—양전하는 전자기장의 음극을 향하고, 그 반대도 마찬가지로 움 직인다. 전자레인지에서는 마그네트론이 2.45GHz 주파수로 진동하는 강한 전자기장을 만드는데 이는 전자기장이 초당 24억 5000만 번 방향 을 바꾸는 것을 의미한다. 이 끊임없이 회전하는 전자기장이 물 분자를 같이 진동시키면서 반복해서 재정렬하고, 이로 인해 물 분자는 옆의 분자와 마찰을 일으킨다. 우리가 손을 빨리 문지르면 알게 되듯이, 마찰은 열을 일으킨다.

물 분자가 피자 조각 같은 물질 안에 있을 때 이 마찰이 아주 국부적인 내부 열을 만들어내고 그 주변의 음식물을 데운다. 그러므로 그 안에 어느 정도 습기가 있는 모든 물질은 전자레인지에서 뜨겁게 데워진다.

유리, 세라믹, 플라스틱은 물 분자가 없고, 전자레인지가 그 위에서 데운 물질에서 나온 열의 복사와 전도로만 데워진다. 반면, 금속은 강한 자기장을 합선시켜 불꽃을 일으키므로, 옆면에 아름다운 금속 식각이 있는 멋있는 찻잔을 할머니가 주셨다면 전자레인지에 넣어 망가뜨리지 말아야 한다―이 용도로는 이케아에서 산 싸구려 세라믹 머그잔을 사용하는 것이 좋다.

살아 있는 세포 역시 열외다―젖은 고양이는 수건으로 대신 잘 문질러주라.

마이크로파 에너지는 그것에 노출된 물질 깊이 침투하기 때문에, 열의 전도에 의존하는 재래식 오븐에서처럼 물질이 표면부터 먼저 데워지는 것이 아니다. 전자레인지는 전체적으로 고르게 데우고, 대개 회전판이 있어 마그네트론이 만들어내는 전자기장 안에서 음식물이 고정된 상태로 있지 않게 한다.

이 가열 효과는 물 분자가 자유롭게 움직일 때 가장 효과적인데 이는 물이 액체 상태일 때를 뜻하고, 그러므로 전자레인지에서 냉동식품을 데우는 데는 시간이 훨씬 많이 걸리므로 버스트 방식으로 해서 버스트 사이에 극소의 물방울이 물질 내부에 형성되도록 해야 한다. 대부분의 전자레인지는 이 용도로 해동 모드가 있다.

지방과 당 같은 분자들은 같은 종류이나 약한 극성이 있어서 전자레인지에서 가열은 되지만 물처럼 효과적이지는 않다.

한 가지 오해와 셀 수 없는 음모 이론이 마이크로파 방사라는 표기에서 나오는데, 어떤 사람들에게는 핵방사선 같은 불길한 느낌을 주는 듯이 보인다. 전자레인지 사용을 설명할 때 nuking이라는 단어를 쓰는 것도 별로 도움이 되지 않는다(역자 주: nuke는 "핵무기로 공격하다"라는 뜻이지만 "전자레인지로 데우다"라는 뜻도 있다). 운 좋게도 마이크로파는 방사능과 관련이 없다―마이크로파 가열 중에 음식물에서 생기는 유일한 변화는 발생한 열 때문에 일어난다. 마그네트론이 정지하면 물 분자의 맹렬하고 강제적인 춤 또한 정지하고, 빠르게 회전하는 전자기장이 만든 잔열의 진동만 남긴다. 전자레인지로 요리할 때 음식물에 일어날 수 있는 유일한 변화는 발생한 추가 열 때문이다. 너무 많이 돌리면 너무 오래 조리하거나 튀기는 경우처럼 음식물의 비타민을 파괴할 수 있지만, 전자레인지가 음식물을 빨리 데울 수 있다는 사실은 일반적으로 반대 결과를 낳는다―전통적인 조리 방법보다 "전자레인지로 데운nuking" 후에 좋은 내용물이 더 많이 남아 있다.

어쨌든 방사능 과정이 존재할 때와 같은 이온화 방사선은 없다―불안정한 분자의 원자 구조는 온전할 것이다.

전자레인지가 현대 무선 기술의 아마도 가장 간단한 적용일 것이다. 우리가 갖고 있는 것은 곧 먹어치울 피자 조각에 빔을 쪼여 2.45GHz에서 비변조 신호를 송신하는 마그네트론일 뿐이다. 이 전송 장치가, 마이크로파가 전자레인지 밖으로 새어나가지 않도록 만들어진 금속 상자에 들어간다.

전자레인지 안의 마그네트론은 상업적으로 팔리는 마이크로파 라디오뿐 아니라, 위성 텔레비전 수상기의 접시 안테나로 오락물을 쏘아주는

위성 송신기에 있는 것과 근본적으로 같은 것이다. 그러므로 여러분은
〈왕좌의 게임〉 최신 이야기와, 이번에는 누가 목이 잘리는지를 보면서
우적우적 씹을 팝콘 모두, 정확히 같은 기술의 결과물인 것에 감사를 표
해야 한다.

2.45GHz 주파수는 일반적으로 "모두에게 무료"인, 몇 안 되는 ISM
Industrial, Scientific and Medical 주파수 대역 중 하나의 중간에 있기 때문에 전
자레인지용으로 선택되었다. 마이크로파에 대한 많은 언급과는 반대로,
이 주파수가 물 분자와 특별히 "조화로운 것"은 아니다. 물은 1~100GHz
사이 어느 주파수로도 쉽게 튕긴다. 공동 합의된 ISM 대역은 그냥 이 특
정 목적을 위해 전자기 스펙트럼의 편리한 부분을 단순히 제공할 뿐이다.

전력을 낮추고 적당한 변조를 하면 같은 ISM 주파수 대역이 고속의 근
거리 무선 연결을 제공하는 데 사용될 수 있다.

겨우 20년 전, 컴퓨터에 데이터 연결을 한다는 것은 어딘가 가까이 있
는 기존의 데이터 망에 연결되어 있는 고정된 전선에 플러그인하는 것을
의미했다. 그것과 관련한 문제는, 사람들은 괴짜 천재 부류가 아닌 이상
일반적으로 자기 집에 이미 설치된 유선 데이터 망을 가지고 있지 않았
다는 것이다.

몇 가지의 컴퓨팅 기기를 연결할 필요가 생기기 시작하면서, 그것들
하나하나를 각각 유선으로 연결하는 귀찮음과 그 비용 문제가 명백해졌
다. 특히 완전히 휴대용인 랩톱이 일반화되기 시작했을 때, 인터넷에 연
결하기 원하는 경우에는 여전히 데이터 모뎀과 전선 거리 안에 있어야
했다. 이런 성가심이 랩톱의 주요 장점을 망쳤는데, 이 문제만 아니라면
랩톱은 배터리 덕분에 가고 싶은 어디서도 맘대로 사용할 수 있었다. 그
러므로 무선 데이터 연결에 대한 연구가 더 응원을 받은 것은 놀랄 일이

아니었고, 연구실의 과학자들은 빠르지만 무선인 해법으로 전선 연결을 대체하는 방법을 연구하기 시작했다.

2.4GHz에서 시작하는 세계적으로 합의된 ISM 주파수 대역이 이 용도의 최상의 선택으로 보였다. 이는 낮은 송신 전력이 사용될 때 제한된 커버리지 범위와 함께 꽤 높은 대역의 가능성을 제공했는데 이들 두 가지는 국지 데이터 위주, 저이동 사용의 경우에 이로운 것으로 보였다.

하지만 이 방향으로의 첫걸음은 좀 더 근본적인 수준에서 일어났다. 와이파이의 역사는 원래 알로하넷ALOHANET으로 한 하와이대학교의 실험으로 거슬러 올라가는데, 이는 1971년 하와이 제도를 연결했다. 알로하넷은 데이터 흐름을 데이터 패킷으로 분해하는 것을 지원했고, 여러 참여자들 간에 송신 채널의 협조적인 공유를 허용했다. 그러므로 알로하넷은 와이파이의 선구자일 뿐 아니라 다른 많은 패킷 기반의 규약들의 뚜렷한 공헌자로 볼 수 있다.

실제로 알로하넷은 패킷 기반 공유 매체의 기능성을 입증했고, 같은 접근법이 ISM 대역을 사용하는 근거리 실행들에 적용되었다.

첫 번째 그런 해법인 웨이브랜WaveLAN을 1988년 NCR사가 만들었는데, 이는 원래 금전등록기 여러 대를 무선으로 연결하기 위해 설계되었다—NCR라는 이니셜이 회사의 이전 명칭인 National Cash Register Corporation에서 나왔다는 것은 놀랄 일이 아니다. 웨이브랜은 NCR의 고유 통신망 해법이었지만 몇 개의 다른 제조업체들에게 사용 허가되었고 그래서 복수의 제조업체들로부터 장비를 살 수 있는, 상업적으로 이용 가능한 최초의 일반 무선 통신망 해법이 되었다. 그 성공이 전자 제조업체들에게 무선 인터페이스를 지원하는 전용 마이크로칩을 만들도록 용기를 주었고 그 기술의 값을 낮추는 데 크게 도움이 되었다.

대부분의 웨이브랜 실행은 2.4GHz ISM 대역을 사용했는데, 900MHz 버전 역시 있었다.

NCR는 후에 자신들의 연구 결과를 802.11 무선랜실무위원회Wireless LAN Working Committee에 기증했는데 그 후 이 위원회가 와이파이 규약의 개발을 추진했다.

와이파이 기술을 향상하고 가속시킨 배경에 있는 이론 작업에 대한 개가는 1990년대 호주에서 존 오설리번John O'Sullivan이 이끈 그룹이 진행한 연구에서 나왔다. 그들의, 원래는 관련 없어 보이는 전파천문학Radio Astronomy 연구가 무선 통신에서의 기술적 진전의 가능성을 시사했고 CSIRO Commonwealth Scientific and Industrial Research Organization의 자금 지원으로 오설리번의 팀은 현재의 고속 와이파이 기술의 기반인 특허들을 만들어냈다. 이 어마어마한 작업 덕분에 오설리번과 그의 팀은 2012년 유럽 발명가상을 받았고 그는 "와이파이의 아버지"로 여겨진다.

몇 번의 802.11 위원회 회합 후 사용자에게 아주 친숙한 802.11이라는 이름으로 최초의 표준이 발표되었다. 이것은 2Mbps까지 데이터 전송 속도를 냈고 웨이브랜과 같긴 했지만 무선 전파층을 완전히 다시 썼고, 그리고 전용 웨이브랜과 달리 802.11은 개방형 표준이었다. 2년 후에 첫 번째 업그레이드가 나왔는데 802.11b라는 똑같이 논리적인 명칭이 붙었고 이번에는 11Mbps의 상당히 개선된 최고 속도를 갖고 있었다.

실제로 이들 속도가 어떤 것인지에 대한 자세한 논의는 테크톡 **크기 문제**를 참조하길 바란다.

초기 실행에서는 상호 운용성 때문에 고전했는데, 1999년 무선 분야에서 활발히 활동하던 여러 회사가 기기 간 호환성을 확실히 하기 위해 WECAWireless Ethernet Compatibility Alliance를 만들었다. 이 표준의 다양한 구현이 802.11이라는 명명 체계를 계속 사용하고 있지만, 이 전체적인 연결 기술의 상표명을 WECA는 와이파이라고 개명했고 2002년에 단체 이름도 와이파이 얼라이언스로 바꾸었다.

와이파이라는 이름과 그 관련 로고는 이제 와이파이에 접근할 수 있는 모든 곳에서 일상화되었지만, 초기의 더 기술적인 용어인 Wireless LAN 은 802.11 규약에 기반을 둔 해법을 가리키는 데 여전히 서로 바꿔 종종 사용된다.

모든 무선 기술처럼, 누구나 신호에 맞는 수신기를 갖고 있으면 와이파이 신호를 쓸 수 있다. 대부분의 경우, 와이파이 통신망 사용자들은 자신의 정보를 공개적으로 송신하기를 원치 않았으므로 이전의 웨이브랜 버전은 기초적인 암호 장치를 넣었다. 하지만 웨이브랜 암호는 깨기가 쉬웠으므로 원래 802.11 와이파이 버전 표준의 제조업자들은 이 중요한 문제를 개선하는 일에 착수했고 우선 1997년 WEPWired Equivalent Privacy라고 대담하게 이름 지은 암호화 방식을 내놓았다. WEP에서 와이파이 통신망에 연결하기 위해서는 사용자가 특정 암호 키에 접속해야만 했다. 통신망 주소만 아는 것으로 충분치 않았다.

불행하게도 2001년에 이미 WEP가 제공하는 보안은 "유선과 동일한 것"일 뿐이라고 판명되었다. 얼마간의 창의적인 속임수로, 사용 중인 암호 키를 결국에는 밝히는 데 도움이 될 충분한 정보를 활성 네트워크에서 모으는 것이 가능하다는 것이 입증되었다—더 고약한 것은 이 과정이 완전히 자동화될 수 있고, 아주 활발한 통신망의 경우 불과 수 분 내에 될 수 있다는 것이었다.

이런 보안 침해에 대한 답으로서 WPAWi-Fi Protected Access라고 부르는 완전히 새로운, 진전된 시스템이 2003년에 나왔고, 약간 개선된 지금의 표준인 WPA2라는 표준이 뒤따랐다. 이 책을 끝내기 직전, 실제 WPA2 표준을 깨는 유일하게 알려진 방법은 소위 무작위 대입 접근brute force approach이라는 것이었는데 통신망에 사용되는 암호와 맞춰보기 위해 모든 가능한 암호를 시도하는 것이다. 그러므로 단순하지 않고 긴 암호의 경우, 보안을 깨뜨리려면 이 과정이 너무 오래 걸렸다.

그러나 불행하게도 이런 수준의 안전은 더 이상 맞는 말이 아니다. WPA2로 14년 동안 안전한 무선 통신망을 사용한 후에, 해커들의 독창성이 마침내 이것을 잡아냈다.

우선 2017년 말, 대규모 WPA2가 확보된, 사무실의 와이파이 설치 셀 사이에서 사용자들이 로밍할 수 있도록 만든 802.11r라고 부르는 지원 표준의 결함 때문에 이제는 WPA2까지도 깨질 수 있다는 것이 입증되었다.

하지만 이것은 여전히 특별한 용례였으므로 WPA2는 시련을 견뎌낼 수 있었지만, 2018년 초 WPA2 통신망 안의 패킷을 접속하는 방식이 공개되었다. 통신망의 암호를 알아내는 것은 여전히 불가능했지만 통신망의 모든 데이터는 규약을 교묘하게 오사용하면 볼 수 있었다.

무선 장비 제조업체들이 새롭게 발견된 이런 결함들에 대응하기 위해 재빠르게 자사 소프트웨어를 개선하려고 움직였지만, 이 사건은 어떤 무선이든 도청에 잠재적으로 취약하다는 것을 보여주는 아주 좋은 상기물이 되었다. 그러므로 위험을 최소화하기 위해 다층화된 암호화를 이용해야 했다. 이에 대한 더 많은 것은 뒤에 이야기한다.

이제 세상은 WPA의 다음 세대인 WPA3가 주류가 되기를 학수고대하고 있다. 이것은 와이파이 액세스 포인트와 그것을 연결해 주는 기기 양쪽 모두에 변화를 요구하는 주요한 개선이다.

그사이 WPA2는 아직도 최선의 수단이고, 항상 암호화의 최소 수준이어야 했다.

많은 액세스 포인트 또한 단순화된 WPS Wi-Fi Protected Setup 기능을 제공하는데, 액세스 포인트에 있는 버튼을 누르고 고객의 기기에 숫자 코드를 입력함으로써 WPA2로 보호된 통신망에 다소 쉽게 연결할 수 있다. 이 기능은 기술을 모르는 사용자들이 통신망 사용을 쉽게 할 수 있도록 2006년에 와이파이 얼라이언스가 만들었다. 운 나쁘게도, 2011년 이 접근법 역시 잠재적인 보안 문제가 있음이 드러났고 따라서 이 WPS 기능을 꺼버리는 것이 최선이다.

모든 와이파이 액세스 포인트에 통신망의 아이디를 보이지 않게 하는 설정 선택이 있다는 것은 알아둘 만하다. 이 기능은 보안과 관련이 없는데, 그런 통신망의 존재는 쉽게 찾아지고 표준에 따르면 액세스 포인트는 고객 기기가 요청하면 이름을 제공해야 하기 때문이다.

우리 대부분이 현재 커피숍, 호텔, 공항, 심지어 도시 전체에 와이파이가 제공되는 곳에서 와이파이를 우선 연결로 사용하고 있으므로, 보안 일반에 대해 논의하는 것은 적절하다.

사용자들이 커피숍과 여러 공공장소에서 와이파이 통신망에 연결할 때 대부분의 경우 이들 통신망은 아무 암호 없이 설정된다. 이 접근 방식은 통신망의 쉬운 연결 면에서는 당연히 최상의 서비스를 제공하지만, HTTP 보안 HTTPS 프로토콜을 사용하여 안전하게 설계된 웹사이트에 접속하지 않으면, 즉 웹사이트가 http:// 대신 https://로 시작하는 웹 주소를 사용하지 않으면, 비암호 무선 통신망 너머로 전송되는 모든 트래픽을 단순히 기록함으로써 근처에 있는 누군가가 우리가 입력하는 모든 것을 볼 수 있음을 기억하라.

이것은 우스울 정도로 하기 쉽다.

공공장소에서 잘 모르는 서비스 제공자에 의존하면, 당신의 암호 없는 모든 트래픽 또한 통신망을 관리하는 누구든 마음대로 쉽고 투명하게 기록하고 경로를 변경하고 훼손할 수 있다는 것을 알고 있을 필요가 있다. 따라서 당신의 은행 연결 세부사항을 입력하기 전에 브라우저가 분명히 안전한 연결을 실제로 사용하고 있다고 알리고 있는지 확인해야 한다. 공공 와이파이 통신망 너머로 중요한 무언가를 연결하려고 할 때는 당신이 받는 모든 알림이나 팝업들을 잘 살피고 진지하게 받아들여야 한다. 은행 같은 민감한 웹사이트에 접속할 때는 정상을 벗어나는 무언가를 보면 바로 그곳 그리고 그때에 당신이 하고 있는 일을 진짜 해야 하는지, 아니면 적어도 집이나 사무실의 통신망 같은, 보안 기능이 있는 WPA2에 돌아갈 때까지 기다릴 수 있는지를 살펴야 한다.

이 문제는 웹사이트 접속에만 해당하지 않는다. 당신의 이메일 연결역시 보안 프로토콜을 사용하고 있는지, 즉 이메일 제공자에게 로그인할 때 그 연결이 암호화되었는지 확실히 하는 것을 잊지 않아야 한다. 웹 기반의 이메일 서비스를 사용할 때는 https:// 주소를 사용하고 접속 시 이상한 알림이 없으면 그것만으로 충분하다.

나는 종종 암호화되지 않은 거짓 이메일 계정 연결을 통해 이 특정 도청의 가능성을 시험해 보는데, 놀랍게도 많은 공공 통신망이 암호화하지 않은 발신 이메일 연결을 "불법으로 가로채hijack", 대신 자기들 고유의 이메일 핸들러로 리디렉팅하는 것을 보아왔다. 해당 이메일은 정상적으로 발송되지만, 그 과정에서 모르는 제3자가 이를 가로채고 복사할 수도 있다.

다행스럽게도 대부분의 기존 자동 설정이 이메일에 암호화를 자동으로 만들고 있다.

연결에서 제3자를 신뢰할 때 대단히 위험한 또 다른 함정은 네임 리솔루션name resolution이라고 부르는 인터넷 기능인데, 이는 연결하려고 할 때 "ㅇㅇㅇ.com"이라는 실제 인터넷 주소를 찾는 데 항상 필요한 것이다. 이들 쿼리는 자동으로 "내부"에서 벌어지는데, 쉽게 가로채어지고 리디렉트되어 전혀 엉터리 주소가 보내진다.

브라우저가 최신인 경우, 네임 리솔루션의 결과로 https-의 암호화된 엉터리 페이지가 보내지면 경고 알림을 받아야 하므로 이들 무료 와이파이 통신망을 통해 연결할 때는 항상 이상한 고지에 각별히 주의해야 한다. 보안에 대한 모든 경고나, 평소 보지 못하던 상황에서 사용자 이름과 암호 조합을 재입력하라는 요청은 대단히 의심스럽다. 만일 이런 상황 속에 있으면 당신은 그 해야 할 일을 다른 곳에서 하는 것이 좋다.

하지만 접속하려는 웹페이지가 https-프로토콜을 사용하지 않은 채 악의적인 네임 서버 때문에 리디렉션된다면 그것을 알 수 있는 분명한 방법이 없다.

VPNVirtual Private Network 연결을 설치하여 이런 종류의 도청이나 리디렉션에서 당신을 보호하는 방법이 있는데, 이는 네임 서버 검색을 포함하여 당신의 모든 트래픽을 암호화된 채널로 경로를 바꾸지만, 특히 VPN 프록시 서버가 다른 나라에 있는 경우 자체의 종종 헷갈리는 부작용이 함께 발생한다.

VPN을 사용하면 WPA2의 새로운 트래픽 가시성 해킹 문제도 해결하지만, VPN에 대한 추가 논의는 이 책 범위 밖에 있다. 신뢰할 수 있는 VPN 서비스를 이용하는 비용은 불과 월 몇 달러 정도이고 많은 걱정들로부터 구원해 줄 것이므로 고려해 볼 가치가 있다.

무료 연결을 제공하는 많은 사이트들은 앞서 얘기한 속임수뿐 아니라 다른 여러 가지로 사용자들이 하고 있는 것을 엿봄으로써 비용의 일부를 충당하려고 한다. 그것들은 당신이 커피를 홀짝이며 접속했던 곳의 목록을 만드는 간단한 것부터, 접속한 위치에 대한 정보를 포함해 인터넷을 통해 당신의 활동을 쉽게 따라갈 수 있도록 브라우저에 보이지 않는 태그를 제공하는 것까지 될 수 있다. 이것의 일부는 거의 악의가 없어 보이지만 그들이 무엇을 하고 있든지 이들 활동들의 어느 것도 당신에게 도움이 될 만한 것은 없다는 것을 알아야 한다.

바깥은 적대적 세상이고, 뭔가가 무료라면 당신 자신이 상품이라는 것을 의미한다. 페이스북과 구글을 생각해 보라.

와이파이 통신망은 본래 작은 공간, 즉 집이나 작은 사무실을 염두에 두고 제한된 이동성만을 커버하도록 되어 있었다. 최대 송신 전력은 100mW(밀리와트)로 아주 작다—무선전화 통신망으로 통신할 때 스마트폰은 그 힘을 수십 배를 사용하고 전자레인지의 마그네트론은 수천 배 더 강한 신호를 터뜨린다. 기껏해야 이런 낮은 와이파이 신호 강도는 와이파이 액세스 포인트에서 약 100미터 반경 정도의 커버리지 범위를 뜻한다.

마이크로파 복사는 모든 장애물에 흡수되기 때문에, 철근 콘크리트 벽과 바닥이 있는 경우 실제의 커버리지는 보통 그것보다 많이 작다. 공항 같은 넓은 공간을 감당하기 위해서는 서로 연결되고 같은 아이디를 쓰는 여러 액세스 포인트가 이 문제를 처리하여, 하나의 "접속 버블access bubble"에서 다른 버블로 매끄럽게 로밍될 수 있게 한다.

와이파이의 또 다른 본질적 한계는 원래의 주파수 할당 때문인데 2.4GHz 대역 안에 불과 몇 개의 가용 채널만 있다. 일본의 경우 많아 보았자 사용할 수 있는 14개의 채널을 갖고 있지만 대개 많은 국가에서는 ISM 대역의 끝단이 특수한 군사용이기 때문에 11개 채널만 와이파이에 합법적이다.

어떤 액세스 포인트는 팔리는 국가에 따라 고정된 지역용으로 나오고, 다른 것들은 사용자들이 지역을 선택하여 간접적으로 가용한 채널 수를 선택할 수 있게 한다.

11개의 채널은 반경이 단 100미터인 접속 버블에는 많은 것처럼 보이 겠으나, 운이 나쁘게도 속도에 대한 요구가 올라갔으므로 그 대가가 있 었다. 더 빠른 속도는 시간당 더 많은 1과 0을 뜻하는데 이는 더 넓은 변 조와 더 많은 대역폭의 필요로 이어지며, 그 때문에 2.4GHz 대역의 복수 의 원래 와이파이 채널 위로 더 빠른 속도의 채널들이 펼쳐지게 된다.

더 높은 대역폭과 결과적인 채널 폭 사이의 이러한 한계는 테크톡 **공 짜는 없어요**에서 더 자세히 논의한다.

더 새롭고 더 빠른 와이파이 버전들이 수수께끼 같은 이름의 전통을 따 르고 있다. 802.11g는 2.4GHz 대역에서 54Mbps를 제공하고, 802.11n과 802.11ac라는 최신 버전은 5GHz 대역을 사용하면서 이론상 각각 450Mbps 와 1300Mbps의 속도를 제공한다. 5GHz 대역을 사용하는 추가적인 이점 은 최소 23개의 중복되지 않는 채널을 제공할 수 있다는 것이지만, 2.4GHz 신호보다 더 높은 주파수는 벽과 다른 장애물을 덜 효율적으로 통과한다.

가장 최신 버전은 802.11ad로 60GHz 대역을 몇 기가비트 속도로 믹 스에 추가하지만 모든 물리적 장애물에 아주 불량한 투과율을 갖고 있다.

대부분의 실생활 용례에서 달성 가능한 최고 속도는 일반적으로 이론 상 가능한 최고 성능의 반 또는 그 이하다.

언급했듯이 이들 고속 실행의 일부는 2.4GHz 대역을 활용하며, 원래 배정된 단일 채널이 제공할 수 있는 것보다 더 많은 대역폭이 필요하다. 그러므로 2.4GHz에서 고속 버전을 사용하는 것은 실제로는 서로 부분 적으로도 중복되지 않는 세 개의 별도 채널 1, 6, 11만을 제공한다.

오늘날 설치할 수 있는 가정용 인터넷 연결의 대부분은 와이파이 액세스 포인트가 있기 때문에, 아파트 블록 안에서 수십 개의 동시 와이파이 통신망을 보는 것은 드문 일이 아니다. 바로 이 순간, 내 발코니의 해먹에서 이 책의 원고를 타자하는 중에도 18개의 와이파이 통신망을 볼 수 있는데 두 개만 내 것이다. 다른 여덟 개도 그에 맞는 WPA2 패스워드를 안다면 그리고 보이는 모든 통신망이 WPA2를 켜고 있다면, 내가 거기에 연결할 수 있을 만큼 충분히 셀 것이다.

이 정도의 무선 간섭 불협화음은 재앙적으로 나쁘게 들릴 수 있고 특수한 고대역폭의 경우에, 예를 들어 모든 사람이 와이파이로 고화질 영상을 실시간으로 보고 있다면, 진짜 나쁜 경우다—이들 통신망은 부족한 동일한 대역폭에 대해 경합하면서 서로 간에 간섭을 일으킨다. 그러나 알로하넷까지 올라가는, 패킷 지향의 데이터 프로토콜을 만든 이들은 이런 잠재적인 문제를 이해했으며 겹치는 통신망과 사용자들을 가능한 한 많이 수용할 수 있게 표준을 설계했다.

이런 적응력의 핵심은 다음과 같은 기본 행위에 기초한다.

첫째, 송신해야 할 데이터가 없으면 동일하거나 부분적으로 중복되는 채널 위에 있더라도 통신망 간에는 최소한의 간섭만 있다. 통신망 식별자의 간혹 있는 공고 외에는 데이터가 전송되지 않는다.

둘째, 어떤 데이터라도 송신해야 할 때는 작은 패킷으로 쪼개지고 와이파이 장비가 다음 데이터 패킷을 보내기 전에 채널이 비어 있는지 여부를 항상 점검한다. 이런 충돌 탐색 접근법 덕분에, 채널이 사용 중이라면 시스템은 데이터 패킷을 다시 보내려 하기까지 무작위로 선택된 아주 짧은 지연을 기다린다. 그러므로 내 경우와 같은, 준도심 와이파이 정글 안에서도 개별 데이터 패킷은 겹치는 통신망에 끊임없이 끼워 넣기 되어 실제로 나는 와이파이를 통해 영상을 스트리밍할 때도 문제가 생길 만큼 질 저하를 느껴본 적이 없다.

대부분의 현대 액세스 포인트에 종종 들어가 있는 한 가지 유용한 절차 역시, 같은 지역 안에 있는 복수 와이파이 통신망의 존재가 일으키는 문제를 줄이려고 한다. 통신망 연결은 사용 중인 채널의 번호가 아닌, 통신망의 이름을 근거로 만들어진다는 사실에 기반을 두고 있다. 그러므로 액세스 포인트가 시작할 때 가용한 주파수를 자동적으로 가려보고 실제 운용을 위해 가장 덜 붐비는 채널을 선택하게 된다.

괴짜 사용자를 위해서는 주변의 무선 와이파이 정글이 얼마나 좋고 나쁜지를 보는 데 사용할 수 있는 스마트폰, 태블릿, 랩톱용 무료 와이파이 탐색기 앱들이 많이 있다. 그러면 최선의 채널 선택을 위해 이 정보를 사용할 수 있으므로 특정 지역에서 최소한의 간섭을 갖게 되지만, 언급했듯이 대부분의 경우 현대의 액세스 포인트는 켜질 때마다 최적의 선택을 한다.

연결 품질 면에서 더 큰 문제는 벽과 천장 등에 있는 모든 콘크리트와 철재보강재인데, 액세스 포인트에서 더 멀리 갈수록 그 신호의 세기를 눈에 띄게 줄이기 때문이다. 신호 세기가 낮다는 것은 최대 속도가 낮다는 의미이므로, 가장 많이 사용하는 무선기기 가능한 한 근처에 액세스 포인트를 설치하는 것이 좋다.

이론적으로 최대 속도는 최선의 조건에서만 달성되는데, 다른 통신망이 사용하고 있는 채널을 공유하거나 겹쳐 사용하지 않아야 하고, 통신하려고 하는 기기들 사이에 벽이나 다른 물건이 없어야 한다. 최상의 경우는 외떨어진 곳의 시골 목조 집에, 액세스 포인트가 사용자와 동일한 방 안에 있는 환경이다.

우리 대부분에게는 그럴듯하지 않은 시나리오다.

만약 동일한 와이파이 통신망에 또 다른 컴퓨터를 추가하고 두 대의 컴퓨터가 최대 속도로 동시에 데이터를 옮기려고 하면, 각각에 가용한 속도는 이론적 용량의 50퍼센트 이하로 즉시 떨어진다. 이것은 두 대의 컴퓨터가 동시에 데이터를 전송하려고 할 때 그중 한 대가 "순서를 기다렸다가" 조금 후에 다시 시도하도록 하는 여러 경우가 있다는 사실 때문이다. 두 개의 최대 속도 전송 시도를 완벽하게 끼워 넣는 것은 재시도가 무작위 타임아웃에 달려 있기 때문에 불가능하다.

더욱이, 잠재적으로 겹칠 수 있는 와이파이 통신망을 각자 사용하고 있는 이웃이 두셋 정도 있고 여기에 당신과 액세스 포인트 사이에 콘크리트 벽이 있다면, 약속된 54Mbps는 5Mbps 또는 그 이하로 쉽게 떨어질 수 있다.

실제 연결 속도는 기존 연결 품질에 따라 끊임없이 바뀌고 이 변동은 사용자에게 명백하게 나타난다. 하지만 다시 말하지만 이 문제로 "괴짜"가 되고 싶다면 진행 중인 연결 품질과 속도를 확인하는 데 사용할 수 있는 몇 가지 모니터링 앱들이 있다.

대부분의 사용에서는 5Mbps도 한 기기에서 한 번 고화질 영상을 전송하는 데 충분하기 때문에 이 낮아진 속도를 알아채지 못할 듯하고, 어쩌다가 인터넷을 검색하는 경우라면 5Mbps는 진짜 아주 좋은 속도다.

이 책을 쓰고 있는 시점에, 20~30달러 범위 안에 있는 가장 적당한 가격의 유비쿼터스 와이파이 액세스 포인트는 모두, 점점 더 붐비고 있는 2.4GHz 대역을 사용하고 있다.

더 비싼 "고급" 액세스 포인트만이 5GHz나 60GHz 대역까지도 활용하는데, 중복되는 채널에 다수의 사용자가 없는 덕분에 훨씬 "조용하다".

일례로서 지금 나의 "해먹 시험장치" 안에는 보이는 18개 통신망 중 두 개만이 5GHz 대역을 사용하고 있다.

그러므로 당신의 와이파이에서 최선의 출력을 얻기 원한다면 상자의 작은 글자 부분에 "802.11n"이라고 적혀 있는지, 만일 정말 추가 속도로 사용하기를 원한다면 "802.11ac"나 "802.11ad"가 적혀 있는지 확인하라.

콘크리트 벽으로 둘러싸인 독립 주택에 살고 있으면 와이파이 환경이 아주 "깨끗할" 가능성이 높으므로 이런 고급의 액세스 포인트 무엇을 이용하든 그야말로 돈 낭비다. 여기서 가장 큰 문제는 벽을 통과하는 커버리지인데, 주파수가 낮을수록 장애물을 더 잘 통과한다.

최신 버전들은 빔포밍을 지원하는 추가 기능이 있는데 10장 **주머니 속의 인터넷**에서 간략히 논의했다. 빔포밍을 사용하면 간섭을 줄이고 처리량을 향상시키며 무선 사용자와 액세스 포인트 사이의 장애물 때문에 발생하는 신호 저하에 대응한다. 빔포밍이 필요하다고 정말 생각한다면, 그것을 지원하는 제품을 사기 전에 리뷰를 읽어보는 것이 좋은데 빔포밍의 실행 품질은 제조업체마다 다를 수 있기 때문이다.

최상의 결과를 얻기 위해서는 통신 연결의 양 끝단이 당연히 같은 표준을 사용하고 있어야 하는데 그렇지 않으면 액세스 포인트가 통신 기기의 속도에 맞추기 때문에, 만약 당신의 랩톱이나 스마트폰이 5GHz 와이파이를 지원하지 않으면 값비싼 액세스 포인트를 갖는 것이 아무 의미가 없게 된다. 어렵게 번 돈으로 최신의 멋진 액세스 포인트를 사기 전에, 연결하려는 기기들의 스펙을 점검하라.

저렴한 가격대에서는 다양한 기기에서 주로 안테나의 설계와 위치 때문에 와이파이 실행 품질에 상당한 차이가 있다. 경쟁 기기들 안에 있는 실제 와이파이 무선 장치는 종종 동일한 칩셋을 기반으로 하며 그 제조업체 일부는 웨이브랜 시대까지 역사가 있고 언제나 모든 와이파이 실행은 최대로 허용된 전력을 사용하지만 인지된 품질은 종종 아주 많이 다르다. 어떤 수신기기는 다른 기기가 통신망에조차 접속이 안 되는 장소에서도 아주 잘 작동하고, 어떤 액세스 포인트에서는 동일한 조건에서 경쟁 제조업체의 제품을 사용할 때보다 훨씬 낮은 신호 세기를 보이기도 한다. 당신의 스마트폰, 랩톱, 태블릿의 신호 세기와 전반적인 무선 성능을 동일한 물리적 장소에서 비교해 보면 아주 재미있는 결과를 보여줄 텐데, 모든 기기가 동일한 무선 표준을 따르더라도 실제의 물리적 실행은 큰 차이가 있을 수 있다는 것을 볼 수 있다. 일례로 내 오래된 2세대 태블릿은 종종 호텔에서 연결이 되지 않는 데 반해, 내 최신 스마트폰은 같은 장소에서 거의 최고 강도의 연결성을 보인다.

모든 무선기기들이 똑같이 만들어지지 않았고, 무선 시대 초기에 그랬듯이 기술 품질이 여전히 중요하다.

이론적 최고 속도는 중요한 요소이지만, 전체 데이터 경로에서 가장 느린 연결이 전반적인 속도를 제한한다는 것을 이해하는 것이 더 중요하다. 인터넷 연결이 겨우 10Mbps이고 가정 통신망 안에 어떤 고속 데이터 소스도 없다면, 1300Mbps 와이파이 액세스 포인트를 사는 데 아까운 돈을 쓸 이유가 없다. 이런 경우 인터넷에 접속할 때 당신의 최고 속도는 실제의 인터넷 연결 속도 때문에 최대 10Mbps로 항상 제한되므로, 최저가의 와이파이 액세스 포인트도 잘 작동한다. 로컬 네트워크를 통해 고속의 혜택을 상호 누릴 수 있는 기기와 데이터 소스를 갖고 있을 경우에만 더 빠른 와이파이 액세스 포인트를 가져야 한다.

실시간 영상에 접속하는 고화질 텔레비전과 같은 초고속 기기에 실제 문제가 있고 근처에 있는 다른 활성 와이파이 네트워크의 간섭으로 이런 문제가 발생한다고 생각한다면, 친근하며 오래된 케이블 연결이 가장 안전하고 가장 문제가 적은 해결책이다. 요즘은 100Mbps 케이블 연결이 최소 수준이며, 많은 대역폭이 필요한 기기들을 위해 일반적으로 1Gbps 연결이 내장되어 있다.

고정된 케이블을 사용할 때는 자신의 기기 외에 다른 사용자가 없고 옆집 사람들의 아무런 간섭이 없으므로, 부담이 큰 데이터 전송 요구에도 충분한 여유가 있다. 또한 누군가 당신의 데이터를 도청할 가능성도 없다.

가정에서, 와이파이에 가장 강력하고 잠재적인 간섭의 원인은 여전히 전자레인지다. 전자레인지 안의 마그네트론이 와이파이 신호보다 5000~1만 배에 비견되는 강한 힘을 갖고 있으므로, 미량의 무선 에너지의 누출이 간섭을 일으키고 특히 무선기기가 집 안의 전자레인지 근처에 있고 액세스 포인트는 더 멀리 있으면 더하다.

10년 전 이베이에서 중고로 샀던, 당신 집에 있는 오래된 믿음직한 전자레인지로 팝콘을 튀길 때마다 만일 당신과 이웃들의 무선 연결이 끊긴다면 아마도 새것을 사는 걸 생각해야 할 것이다.

누출이 아주 심한 경우에는 통신망의 통신만 교란할 뿐 아니라 마이크로파 방사선의 깊게 침투하는 열이 건강 문제 또한 일으킬 수 있는데 전자레인지를 사용할 때 바로 옆에 있으면 특히 그렇다. 현대 전자레인지의 안전한 설계 덕분에 이런 경우는 드물지만, 전자레인지 문이 부서지거나 마감이 불량해지면 문제가 될 정도로 많은 방사선이 누출될 수도 있다. 가장 민감한 신체 부위는 눈과 고환으로, 특히 후자는 독신남 누구에게든 바닥에 두 번이나 떨어져 망가진 전자레인지를 새로 사야 할 충분히 좋은 이유가 될 것이다.

ISM 대역에 끊임없이 늘어나는 통신량과 함께 근거리 연결성의 새로운 기술적 발전이 가시광선을 기반으로 한 양방향 통신인데, 이는 13장 **빛이 있으라**에서 논의할 것이다.

"모두에게 무료"인 ISM 대역에서의 무선 연결에 있어서 와이파이가 유일한 것은 아니다.

지난 수년 동안 아주 유행하게 된 또 다른 무선 통신 표준은 블루투스라는 이름으로 알려졌는데, 처음으로 제대로 작동한 버전은 2002년에 표준이 정해졌다.

와이파이처럼 같은 대역 위 채널을 공유하는 데서 기인하는 불가피한 간섭에 대응하기 위해 블루투스는 CDMA와 동일한 군사 방식의 스프레드 스펙트럼 주파수 도약 접근법을 빌려왔다.

여러 주파수에 작동되는 채널을 단순히 펼치는 것만 아니라 블루투스는 또한 AFHAdaptive Frequency-hopping Spread Spectrum라는 접근법을 통해 그 주변의 기존 현실에 동태적으로 적응한다. 채널의 주파수 도약 고리 안의 어떤 주파수 슬롯이 지속적으로 사용되고 있는 것이 발견되면, 그것들은 무시하고 통신량이 가장 적은 슬롯을 송신에 활발하게 사용한다.

이런 종류의 "구멍 찾기" 접근법은 일반적으로 붐비고 계속 변하며 완전히 예측할 수 없는 ISM 주파수 대역 안에 있는 블루투스 기반의 기기들에 최선의 연결 가능성을 제공하는 것을 목표로 한다.

스웨덴 통신 회사인 에릭슨이 발명했으며 고대 노르웨이 왕인 하랄 블루투스Harald Bluetooth의 이름을 따라 명명된 이 시스템은 마스터 기기와 여러 주변기기 사이의 간단한 "유선 대체"를 목표로 약 40개의 다른 프로파일 전용 조합을 지원하는데, 이동전화를 자동차 오디오 시스템에 연결하는 HFPHands-Free Profile, 컴퓨터의 무선 마우스와 키보드를 연결하는 HID

Human Interface Device Profile 같은 것이다.

유선으로 된 일반 목적의 패킷 데이터 통신망을 무선으로 작동하도록 설계한 와이파이와 비교할 때 이 마스터/슬레이브 접근 방식이 근본적인 차이점인데 참여 기기들은 통신 능력 면에서 대략 동일한 위상을 가졌다.

블루투스의 후속 버전들은 프로파일을 확장하여 일반 데이터 통신망 접속을 제공하는 마스터 기기들에 대한 주변기기 연결성도 커버하도록 했는데, 이제는 PANPersonal Networking Profile으로 대체된 LAPLAN Access Profile을 통해 처음으로 시작했다.

블루투스의 근본적인 설계 구상은 블루투스로 연결된 모든 주변기기들이 경량의 휴대용 전원을 쓸 수 있도록 데이터 연결의 전력 소비를 최소화하는 것이었다. 이 요구를 최적화하기 위해 블루투스 가능 기기들은 선택할 수 있는 송신력 수준이 다양하다. 이것은 자연스럽게 최대 연결 거리에 직접 영향을 끼친다.

블루투스의 가장 친숙한 활용은 아마도 스마트폰을 무선 헤드셋과 연결하는 것으로, 이 표준으로 지원된 최초의 사용 사례였다. 부수 효과로, 이는 모든 공공장소에서 일상이 된 새로운 현상으로 우리 문화를 풍부하게 만들었다. 우리는 혼자 이야기하는 듯이 보이는 사람들이 반드시 미친 건 아니라는 사실을 안다.

현재 블루투스의 다섯 번째 메이저 업데이트가 진행되었으며, 여러 해에 걸쳐 출시된 다양한 버전들은 전력 소비를 줄이고 새로운 프로파일을 늘리고 최대 데이터율을 증강시켰는데 이론적으로는 2Mbps에 달한다. 이런 진전된 데이터율은 무손실 디지털 음향 실시간 재생에 충분할 정도로 빠르기 때문에 최신의 블루투스 헤드폰과 무선 스피커에서 음질을 향상시켰다.

향상된 또 다른 영역은 본질적인 지연이다. 초기 블루투스 버전에서는 블루투스 헤드폰으로 영화를 볼 때 화면과 음향 사이에 종종 짧긴 해도 감지되는 지연이 있었다. 이제는 아니다.

5.0 버전은 또한 두 개의 동시 연결을 가능하게 함으로써 블루투스의 기본적인 점대점 유선 대체 전략에 환영할 만한 발전을 가져왔고, 최대 가능 범위는 약 100미터로 이제 와이파이와 같다.

이들 출시된 새로운 버전들은 하위 호환성이 있다.

블루투스 지원 기기에 내장된 송신력 관련 유연성은 연결 기기에 따라 최대 가능 거리가 수 미터 정도로 짧을 수 있다는 뜻이다. 이것이 블루투스 원래의 "유선 대체"라는 구상과 맞는데, 긴 연결 거리가 필요하지 않은 상황에서 최선의 에너지 효율을 제공한다.

블루투스는 원래 간단한 액세서리를 위한 규약으로 설계되었기 때문에 블루투스 마스터 기기와 슬레이브 기기의 페어링은 가능한 한 단순하게 만들어졌는데, 원하는 연결의 양쪽에서 대개 버튼 한두 개를 누르는 것뿐이다. 페어링이 된 다음 액세서리를 켜기만 하면, 대부분의 경우 켜져 있는 마스터 기기에 대한 연결이 복원된다.

최초 페어링하기가 블루투스에서 가장 어려우므로, 영향을 줄 수 있는 복잡함에서 벗어나 통제된 환경에서 하는 것이 항상 최선이다. 새로운 주변기기들은 마스터 기기가 특정 모드에 있을 때만 페어링이 허용되기 때문에, 소유자가 프로세스를 먼저 시작하거나 인정하지 않으면 마스터 기기의 목록에 모르던 기기를 올리기가 힘들다. 대부분의 용례에서 페어링 후 데이터는 암호화되어 페어링 과정 중 수집된 정보 없이는 직접 도청이 불가능하다.

자신이 활성화하지 않은 블루투스 요청에는 절대로 대응하지 않아야 한다. 스마트폰이나 다른 무선 가능 기기에 어떤 종류든 블루투스 관련 문의, 예를 들어 누군가 당신에게 보내려는 메시지에 관한 문의가 뜨면, 요청을 보여주는 대화창에서 취소를 선택하여 그냥 무시해 버리시라.

이런 것의 대부분 경우, 문제가 되는 것은 들어오는 연결 자체가 아니다. 당신의 기기를 망가뜨릴 수 있는 어떤 위험한 파일이 담긴, 당신이 받은 데이터가 문제다. 완전히 알지 못하는 것은 무엇이든 절대 접속하지 마라.

"가시성" 설정이 켜진 채 블루투스 연결을 켜면, 당신 기기의 존재는 인근 기기를 살펴보는 누구에게나 보일 수 있다. 이것이 문제가 될 수 있는데, 예를 들어 블루투스가 되는 랩톱을 조용한 주차장에 있는 차 안에 두고 내린다고 하자. 그것을 눈에 띄지 않게 두었다 해도 표준 블루투스 기기 탐색은 "조Jeo의 신품, 반짝이는 랩톱" 같은, 설명하는 식의 블루투스 명칭으로 그 존재를 보여줄 것이므로 다른 사람이 당신 차에 침입하도록 자극할 수도 있다.

100퍼센트 안전하고 싶으면 블루투스를 사용하지 않을 때는 그냥 꺼두라. 많은 랩톱은 절전 모드에 있을 때도 블루투스 회로를 활성 상태로 두기 때문에, 예를 들어 블루투스 호환 키보드로 절전 모드가 해제될 수 있다. 이 기능을 원치 않으면 설정에서 이 기능을 완전히 끄라. 당신의 스마트폰으로, 가능 기기를 찾고 원하지 않으면 당신 소유의 어느 기기도 그 존재를 알리지 않는다는 것을 확인할 수도 있다.

블루투스는 현재 사물인터넷IoT이라는, 떠오르고 있는 방향을 향해 확장되고 있는데, 이것은 토스터에서부터 냉장고 그리고 간단한 센서 기기에 이르기까지 무선으로 작동되는 가정에 있는 모든 것에 대한 일반 명칭이다. 그것들은 가장 일반적으로 BLEBluetooth Low Energy라는 블루투스 특수 조합을 사용한다. 초기에 블루투스 저급 확장Bluetooth Low End Extension 이라고 부른, 기능 조합을 둘러싼 연구는 2001년 노키아가 시작했다. 2004년에 처음 출시되었고 2010년 블루투스 4.0 표준의 일부가 되었다.

외부 접속을 제한하도록 하는 가정 통신망 설정이 비교적 어렵기 때문에, 이들 많은 신세대 가전제품들은 클라우드 구현으로 만들어져 스마트폰이나 태블릿에서 쉽게 접속할 수 있다. 이것은 카메라 영상, 음성 지시 또는 보안 정보 같은, 가정에서 수집된 정보가 제조업체가 완벽하게 통제하는 웹 서버에 복사될 것이므로 이들 기기들의 제조업체에 당신이 무언중에 신뢰를 준다는 의미다.

또한 소유자의 명시적인 허락 없이 어떤 기기들은 "집을 호출하는" 경우도 있었는데, 이런 상황에서 전송되는 실제 데이터는 모르는 것이므로 개인정보 문제를 일으킨다. 많은 회사들은 품질 관리와 추가 제품 향상을 위한 다양한 상태 데이터를 수집해야 하는 정당한 이유가 있지만, 이런 모든 경우들은 사용자에게 제공되는 정보에서 분명히 언급되어야 한다. 개인정보 보호 면에서 이런 유의 통신을 허용할지는 여전히 고객의 선택이다. 이런 유의 원치 않는 통신을 방지하기 위해 가정 내 방화벽 설치를 하는 것은 보통 일반 사용자들의 능력 밖의 일이고, 그러므로 차선의 선택은 개인정보 보호 평판이 좋고 기능이 명백하게 설명된 확실한 회사들에서만 기기를 구매하는 것이다.

이들 개인정보 문제 외에도, "커넥티드홈"이라는 거창한 약속은 많은 적용 단계의 보안 문제를 갖고 온다. 지나치게 똑똑하진 않지만 무선으로 연결된 토스터가 가정 통신망의 일부라면 그것에 대한 해킹이 가정 내 다른 기기들을 공격하는 데 악용될 수 있는 취약성을 만들 수도 있다.

이들 기기들은 제대로 쓸모 있기 위해서 대개 인터넷에 연결될 필요가 있기 때문에 포괄적 해킹 시도의 발판으로 악용될 수도 있는데 이미 와이파이 액세스 포인트, 무선 보안 카메라 같은 기기들에 그런 경우들이 있었다. 이들 기기들의 악용된 보안 구멍은 소유자들에게 반드시 직접 문제를 일으키지는 않지만 그것들이 포괄적인 해킹 또는 회사나 정부들에 대한 DDoSDistributed Denial of Service 공격에 악용될 수 있다. DDoSsing은 수백, 수천 또는 수백만의 동시 접속 요청으로 목표 통신망을 휩쓰는 것을 의미하는데, 자신의 기기가 해킹되어서 이런 전자전쟁에서 맹종하는 군사가 된 것을 모르고 있는 사용자들의 가정과 회사에서 실행된다.

첫 번째 대규모 DDoS 공격은 1999년에 일어났는데, 미네소타대학교 통신망 접속이 끊임없는 연결 요청 때문에 이틀 동안 중단되었다. 공격하는 기계를 추적해 사용자들을 접촉했지만 그들은 무슨 일이 있는지 알지 못했다.

이것이 지금까지 일어난 많은 DDoS 공격의 일반적 형태다. 공격 기계들은 실제 공격이 일어나기 몇 달, 심지어 몇 년 전에 소유자 몰래 해커들에게 접수된 다음, 연합되고 조직된 "전자 군사"로 이용되어 어떤 목적으로든 목표 통신망을 쓰러뜨린다. 그 목적이라는 것은 정치적·사업적 이유일 수도 있고, 자랑을 위한 "그저 그냥"일 수도 있다.

일반적으로, 가정 와이파이 통신망에 연결하는 모든 기기에 간단한 경험 법칙을 적용하면 가정을 보호하는 면에서 괜찮을 것 같다. 적어도 자동 패스워드를 다른 것으로 항상 변경하고, 더 좋게는 기기를 켜는 데 사용하는 자동 사용자 이름도 변경하는 것이 좋다.

당신의 기기가 "클라우드를 통해" 쉽게 접속될 수 있다면, 이 부가된 편리의 가치를 당신이 어떤 정보에 접속하든 서비스 제공사의 누군가도 접속할 수 있다는 사실과 비교해 보아야 한다. 당연히, 이웃들의 해킹이나 취약한 통신망을 찾는 어떤 전문 해커들의 해킹 가능성을 피하기 위해 무선 통신망에는 항상 암호를 사용해야 한다. 무선 전파는 적절한 장비를 갖춘 누구든 일반적으로 접속 가능하다는 근본적 특징을 기억하여, 가정과 사무실 용도로 와이파이 통신망은 최소한 길고 복잡한 패스워드를 사용한 WPA2로 암호화하고 가능할 때 WPA3로 바꾸어야 한다.

자동 패스워드를 사용하거나 암호도 쓰지 않는, 잘 모르는 사용자들이 세상 해커들의 주요 조력자이지만, 찾아낸 많은 보안 문제는 이들 기기를 만든 제조업체들의 지나치게 느슨한 보안 접근법 때문에 야기되었다.

사용자 이름과 패스워드가 동일하게 사전 설정된 수십만 대의 기기를 판매하고 최종 소비자가 그것을 바꾸도록 적극적으로 강요하지 않는 것은 소비자 가정 내에 보안 구멍을 만드는 데 쓸데없이 공헌하는 것이다. 일부 제조업체는 사전 설정된 변경 불가한 2차 사용자 이름/패스워드 쌍을 내장시켜 시스템에 눈에 보이지 않는 백도어를 만들어, 해커들이 수십만 대의 동일한 기기를 굴복시키기 아주 쉽게 만든다.

전 세계적으로 그런 해킹의 몇 가지 심각한 경우들이 몇 번 있었는데, 새로운 경우들이 이제는 매주 발생하는 것 같다. 이는 모두 기기 제조업체들의 엉성한 품질 관리 때문이다. 와이파이 액세스 포인트가 통합되어 있는 인터넷 모뎀은 선호하는 목표물로 보이는데, 모든 무선기기와 인터넷 사이의 중요한 문턱에 있기 때문이다.

이런 경우들을 없애려면 우리는 제조업체들에게 더 많은 책임을 요구해야 한다. 엄중한 금전적 처벌 같은, 관심을 유도하는 법적 조치 몇 가지가 산업 전체가 보안 문제를 지금보다 훨씬 더 심각하게 다루게 할 것이다. 이들 커넥티드 가전의 소프트웨어는 장기 유지보수에 대한 조항

없이 최저 입찰자와 계약된 경우가 많다.

마지막으로 언급할 가치가 있는 또 다른 근거리 표준은 지그비인데, 저속·저전력 용도로 설계되었고 가정 자동화와 산업 제어 같은 많은 특수한 용도에 사용되고 있다. 지그비는 ISM 또는 다른 대역을 쓸 수 있는 통신 규약 표준으로 국가마다 지정된 주파수가 있다. 예를 들면 유럽에서는 868MHz 주파수 대역, 미국과 호주에서는 915MHz 그리고 중국에서는 784MHz가 사용되고 있다.

첫 번째 지그비 표준은 2004년 발표되었는데 2002년 설립된 지그비 얼라이언스가 관리했다. 지그비 얼라이언스 배후에 있는 눈에 띄는 회사들은 컴캐스트, 화웨이, 필립스, 텍사스 인스트루먼트다.

간혹 서로 소통할 필요가 있는, 엄청난 숫자의 저전력·지능형 기기가 있다는 것이 그물 통신망을 전개해야 하는 좋은 경우다―이에 대해서는 테크톡 **그물 통신망 만들기**에서 더 알 수 있다.

지그비 그리고 최근에는 블루투스가 그물 통신망을 잘 지원하고 있다. 최신 블루투스 버전은 메시 프로파일MESH을 통한 사용에 최적화된 특수한 확장 연결을 갖고 있다. 원래 지그비가 그물 통신망을 염두에 두고 설계되었지만, 블루투스가 이제는 유비쿼터스라는 사실이 사물인터넷을 둘러싼 진행 중인 경쟁에서 약간의 강점을 주고 있다. 5G 통신망 또한 사물인터넷의 사례에 쓸 만한 연결 제공자가 되는 것을 목표로 하고 있다.

와이파이와 블루투스 모두 기술적으로 아주 복잡하지만 사용하기 쉬운 무선 연결을 수십억의 사용자에게 가져왔고, 보이지 않는 무선 연결이 우리의 일상생활을 근본적으로 바꾸고 향상시키고 있는 방식을 보여주는 완벽한 예다.

그 명백한 단순성에도 불구하고 무선 통신망이 최대한 안전하도록 최소한의 필요한 조치를 확실히 하는 데 약간의 추가 시간을 할애하기 바란다. 보안보다 사용의 편리를 더 내세우지 마라—무선 전파는 수신하는 모든 이에게 무료라는 것을 기억할 필요가 있다.

12

"신분을 밝히세요"

1995년 6월 23일, 네 살 된 조지라는 이름의 사랑스러운 고양이가 캘리포니아의 서노마 카운티에서 실종되었다.

다음 여섯 달 동안, 걱정스러운 주인 가족은 포스터와 전단지를 돌리면서 조지를 찾게 해줄 어떤 정보에든 500달러 보상을 약속했다. 그들은 근처에 있는 모든 동물보호소에 지속적으로 연락을 취했으나 조지는 흔적도 없이 사라진 것 같았다.

해가 가면서 그들은 수색을 포기했다.

그러나 13년 후 주인들은 조지로 보이는 길 잃은 고양이를 찾았다는 연락을 서노마 카운티 동물보호소에서 받았다.

조지는 이제 17살이 되어서 고양이로는 나이가 많은 편이었고 꽤 나

© Springer International Publishing AG, part of Springer Nature 2018
P. Launiainen, *A Brief History of Everything Wireless*,
https://doi.org/10.1007/978-3-319-78910-1_12

쁜 상태로 톡소플라스마증과 기관지염을 앓고 있었다. 조지는 심각한 영양실조였고, 발견 당시 건강한 고양이의 반 정도밖에 되지 않는, 3킬로그램이 안 되는 체중이었다.

조지는 13년간 쉽사리 죽지 않는 고양이의 삶을 사느라 분명히 힘들었고, 이제 그 생명은 간신히 유지되고 있었다. 정상적인 경우, 보호소가 이런 상태가 나쁜 동물을 발견하면 새 입양 가정을 찾을 가능성은 아주 희박하다. 조지와 같은 상태의 고양이에게 다음 단계는 안락사일 것이다. 이런 조지를 살린 것은 목 주변 늘어진 살 아래 있던 작은 쌀알 크기의 무선 주파수 인식장치Radio Frequency Identification: RFID 칩으로, 간단한 스캐너로 원격에서 읽을 수 있는 일련번호가 담겨 있었고 조지 목에 있는 번호가 국립 동물 데이터베이스에 있던 주인 연락처를 알려주었다.

모든 동물보호소의 표준처럼 서노마 카운티의 첫 조치는 새로 발견된 동물이 "칩을 갖고 있는지"를 확인하는 것이었다. 이는 단순히 RFID 칩을 일반적으로 심어놓는 동물 목 주변에 무선 판독기를 이리저리 갖다 대기만 하면 된다. 조지의 주인은 수의사에게 칩을 심게 할 만큼 충분한 선견이 있었고, 거의 20년 전에 했던 이 간단한 조치 덕분에 고양이는 결국 그 주인과 다시 만났다.

추산에 따르면 2016년 미국에서만 500만~700만 마리의 길 잃은 반려동물이 다양한 동물보호소에 갔고 그중 20퍼센트만 칩이 있었으므로, 모든 길 잃은 반려동물이 조지 같은 해피엔딩을 맞기는 아직도 멀었다.

원격으로 사물을 인식할 수 있는 필요는 20세기 상반기로 거슬러 올라가는데, 레이더Radio Detecting and Ranging: radar는 1930년대 초에 발명되었고 원격 감지의 새로운 방식에 대한 연구는 미국, 영국, 프랑스, 독일, 네덜란드, 소련, 이탈리아, 일본에서 동시에 있었다.

레이더는 처음 영국본토항공전Battle of Britain을 지원하는 핵심 도구로 널리 사용되었다. 1940년 영국 해안선에는 영국 공군에게 독일과 동등한 전투를 만드는 데 꼭 필요한 조기 경보를 제공하도록 설계된 체인홈네트워크Chain Home Network라 부르는 안테나 시스템이 뿌려졌다―독일 공군은 영국 공군보다 네 배 많은 비행기를 보유해서, 영국 공군은 영국 제도 침공이 임박했다는 위협 아래 추가적인 우위를 얻을 수 있는 가능한 방법들을 찾고 있었다.

체인홈네트워크가 수집한 정보는 상황을 균형 잡는 데 결정적이었다. 적절한 요격 장소에, 적절한 숫자의 전투기를 배치함으로써 영국 공군은 판의 균형을 잡기 시작했다. 실종 영국 전투기 한 대당 독일 비행기 두 대가 추락했다.

1940년 내내 독일군은 영국해협 너머의 공군 우위를 확실히 할 수 없어서 초기 침공에 대한 그들의 희망은 꺾였다. 영국에게는 운이 좋게도, 2 대 1의 추락률에도 불구하고 영국 공군이 무서운 속도로 비행기를 잃고 있고 이 상태로라면 결국에는 패할 것이라는 사실을 독일군이 모르고 있었다.

그러나 상황은 아돌프 히틀러가 한 잘못된 전략 선택 때문에 갑자기 바뀌었다. 독일에 대한 첫 번째 영국 공습이 상대적으로 미미한 효과에도 불구하고 독일 국민들 사이에 사기 저하를 만들어내자 히틀러는 독일 공군이 런던에 대한 공습을 주로 하도록 명령했다. 이로 인해 레이더 시설과 비행장이 목표물 목록에서 빠졌고, 영국 공군에게 천천히 회복할 수 있는 숨 쉴 수 있는 여유를 주었다.

체인홈네트워크는 레이더의 유용성에 대한 가장 강력한 예였지만, 기술 자체는 전쟁 중인 모든 나라들이 알고 있었다. 독일은 자기들 고유의 꽤 성공적이고 기술적으로 가장 진전된 프레야 레이더 시스템Freya radar system을 가지고 있었고 1939년 12월 빌헬름스하펜 공항으로 향하던 22대의 영국 공군 폭격기 편대를 찾아내면서 그 위력을 보여주었다. 폭격기들은 독일 전투기들이 따라잡기 전에 폭격을 끝내긴 했지만 절반만 피해 없이 영국으로 돌아갈 수 있었고 독일 전투기는 단 세 대만 격추되었다. 돌아가는 폭격기를 요격하는 데 필요한 정확성은 프레야 시스템이 제공했다.

새로 개발된 마그네트론에 기반을 둔 차세대 마이크로파 레이더 개발의 속도를 높이기 위해 영국은 미국 쪽과 팀을 꾸리기로 결정하면서 케임브리지 MIT에 있는 새로운 합동 연구실로 가장 깊숙이 간직하고 있던 비밀들을 가져갔다. 군사 기술의 이런 예외적인 공유는 미국이 2차 세계대전에 참전하기 1년 전에 벌어졌다.

마이크로파는 더 좋은 해상도와 범위를 제공했고, 가장 중요하게는 비행기에 탑재할 수 있을 만큼 충분히 작은 레이더 시스템을 만드는 것이 가능해졌다. 이런 영미 합작이, 수면으로 떠오른 독일 잠수함과 다른 선박에 대항하여 성공적으로 사용된 비행기 레이더 시스템을 낳았다.

레이더는 대단히 방향성 있는 빔으로 전송되는 짧은 무선 전파에 기반을 두고 그 특정 방향 안의 사물이 만들어내는 이 전파에 대한 모든 반향을 듣는 것이다. 무선 전파는 빛의 속도로 진행하지만 반향이 되돌아오는 아주 짧은 시간이 측정될 수 있어서 사물까지의 거리를 계산하는 데 사용되며, 회전하는 안테나의 현재 각도가 그 방향을 알려준다.

레이더는 하늘이나 바다에 있는 사물을 탐지하는 데 특히 적합하지만, 지상에서도 일부 특수한 응용으로 사용된다. 몇몇 주요 공항이, 유도로를 따라가는 항공기의 움직임에 대한 실시간 상황 인식을 지상 관제사들에게 제공함으로써 공항의 안전을 높이는 지상 이동감시 레이더 시스템 Surface Movement Radar System을 사용하고 있다.

2차 세계대전 동안, 접근하는 비행기에 대한 조기 경보 시스템을 제공하는 데 레이더가 대단히 유용한 것으로 판명되었지만 한 가지 중대한 문제가 있었다. 역동적이며 대개 혼란스러운 전투 상황 중에 하늘에 떠 있는 비행기가 많을 때, 찾아낸 비행기가 접근하는 적인지 아니면 임무를 마치고 복귀하는 아군기인지, 어느 쪽인들 정확히 알 수 있을까?

조종사들이 돌아오는 도중에 기체를 흔들면 레이더 신호가 약간 바뀌어 지상 요원에게 접근하는 비행기가 아군이라는 사실을 잠재적으로 표시할 수 있다는 것을 독일 조종사와 레이더 기술자들이 알아냈다. 영국은 이 접근법을 더 진행해서, 수신되는 레이더 진동에 반응하는 특수한 송수신기를 자국 비행기에 설치하고 같은 주파수로 짧은 파열을 돌려보냈다. 그 결과, 정상적인 복귀 신호보다 더 강한 신호가 레이더에 수신되었고 레이더 화면에 쉽게 알아볼 수 있는 신호를 만들어냈다.

레이더의 기능은 원격 검문remote interrogation의 기본 원리이며, 이제는 더 복잡해진 송수신기 시스템이 모든 상업용·군사용 항공기의 표준이지만 동일한 것이다.

근래의 항공 레이더 시스템은 두 개 층으로 되어 있다.

1차 레이더는 앞의 기능적 설명과 일치하여, 사물의 거리와 방향을 제공하지만 고도의 정확한 정보가 부족하고 목표물을 실제로 확인할 방법이 없다.

2차 레이더는 특수 검문 전파를 보내고, 비행기의 송수신기는 항공기의 식별 부호와 고도 자료를 담은 짧은 송신으로 응답한다.

대부분의 공항에서 레이더의 회전 안테나를 쉽게 볼 수 있는데, 가장 일반적인 형태로 평평하고 직사각형인 2차 레이더 안테나가 보다 큰 1차 레이더 안테나 위에 꽂혀 있다.

1차와 2차 레이더 시스템의 데이터를 합쳐서 항공교통관제소Air Traffic Control: ATC는 누가 어떤 고도에 있는지 완벽한 그림을 그릴 수 있다. 컴퓨터는 탐지된 모든 비행기의 상대속도와 고도를 추적하면서 두 대의 비행기가 서로 너무 가까워지는 경우 자동화되어 있는 충돌 경고를 관제사에게 제공한다.

대부분의 주요 공항들은 공항 주변의 하늘에서 항공기들이 송수신기를 켜놓도록 강제 요청을 하고 있고, 실제로 비행 중에 송수신기를 꺼야 할 아무런 법적인 이유가 없다.

상업용 항공기는 공중충돌방지장치Traffic Collision Avoidance System: TCAS를 장착하고 있다는 사실 때문에 이것이 특히 중요한데, 이는 2차 레이더 시스템이 만드는 것과 비슷한 검문 신호를 보내고 가까이 있는 항공기의 송수신기에서 보내는 응답을 듣는다. 다른 항공기의 계산된 궤적이 충돌 항로 위에 있는 경우에는 TCAS가 자동으로 최상의 회피 방법을 취하도록 두 항공기의 조종사들에게 지시한다.

이것이 무선 전파가 복잡하고 계속 변하는 상황 속에서 견줄 데 없는 안전을 제공하는 데 어떻게 활용될 수 있는지를 보여주는 또 다른 예다.

이들 시스템이 고장 나면 그 결과는 재앙일 수 있다.

2006년 9월 29일 오후, GOL항공GOL Transportes Aéreos의 1907편이 승객과 승무원 154명을 태우고 브라질의 수도 브라질리아로 가는 3시간의 짧은 비행을 위해 마나우스에서 이륙했다. GOL 승무원들에게 이것은 겨우 3주 된 보잉 737-800 항공기를 타고 항상 교통량이 적은 친숙한 항로를 가는 일상적인 남쪽으로의 비행이었다.

몇 시간 전, 신형 엠브라에르 레거시Embraer Legacy 비즈니스 제트기가 미국 고객에게 배달 비행을 가기 위해 제조업체 엠브라에르 S.A.의 근거지인 산호세도스캄포스 공항에서 이륙했다.

레거시는 첫 번째 주유 정류장인 마나우스를 향해 북쪽을 향하고 있었고 항로 중에 브라질리아의 VOR(초단파 전방향식 무선표지 시설) 송신소 상공으로 비행하는 계획이 있었다.

VOR 송신소는 6장 **하늘 위 고속도로**에서 논의한 바 있다.

보잉이 비행한 지 2시간이 채 되지 않아 마투그로수주의 정글 위 3만 7000피트 상공을 날고 있을 때, 날아오던 레거시 제트기의 작은 날개가 GOL 비행기의 왼쪽 날개 중간을 쳐 날개의 절반이 잘렸다. 그 결과 보잉은 통제할 수 없는 급강하를 시작했고, 기체가 해체되고, 결국에는 아래에 있는 열대우림 밀집 지역으로 고속 추락했다.

생존자는 없었다.

레거시는 날개 끝과 수평 안정판에 심각한 피해를 입었지만 근처에 있는 브라질 공군 비행장에 비상 착륙을 했고 탑승자 다섯 명은 다치지 않았다.

최신의 TCAS 시스템을 갖추고 교통량이 극히 적은 관제공역을 비행하던 신형 비행기 두 대가 어떻게 충돌할 수 있었을까?

보통의 경우처럼 재앙적인 결과에 이르게 한 몇 가지 단계가 있었다.

첫째, 사람이 거의 살지 않는 마투그로수 정글 상공은 통신 상태가 매우 불량한 지역이었고, 레거시와 항공교통관제소의 연결은 사고 전에 끊어졌다. 관제소와 레거시의 승무원 양쪽 모두 여러 번 서로 대화하려고 노력했지만 성공하지 못했다. 그러나 그들이 당시 지나가고 있던, 사람이 거의 살지 않는 지역의 이런 통신 불량 상황은 알고 있던 문제였고 사고에 일부만 기여했을 뿐이다.

항공 통신은 그 유산에 묻혀 있는 시스템의 좋은 예다. 사용 중인 주파수는 FM 라디오 대역 바로 위 118~137MHz이고, 첫 10MHz는 6장 **하늘 위 고속도로**에서 설명했듯이 VOR 신호에 배정되어 있다. 나머지는 지역 관제소에서 공항 관제탑에 이르기까지 항공교통관제소 시스템의 다양한 부분을 위한 지정된 오디오 채널로 사용되며, 일부 개별 채널은 항공 관련 정부 기관 서비스에 사용된다.

비행 계획에 따라 운항하는 동안 항공기는 들어가고 나가는 관제 구역에 따라 주파수를 계속 바꾸어야만 한다. 800~900km/h의 속도로 비행하는 현대 항공기에게 이것은 아주 흔한 일이고 일반적으로 두 조종사 사이의 업무는 명백하게 구분된다. 한 명은 비행을 하고, 다른 한 명은 통신을 다룬다.

채널 간격은 25kHz였지만 빡빡하게 밀집된 지역의 항공 여행 시설이 확장되면서 유럽은 처음으로 8.33kHz 간격으로 바꾸어 총 2280 채널을 만들 수 있었다. 이 확장된 채널 접근법이 전 세계에 점점 더 널리 사용되어서 현대의 모든 항공 무전기는 8.33kHz 채널 간격을 지원하고 있다.

채널에 사용되는 변조는 AMAmplitude Modulation이고, 음성의 질은 채널당 좁게 허용된 대역폭 때문에 제한되어 있다.

채널은 하프 듀플렉스 모드로 사용되는데, AM 사용으로 한 가지 안좋은 부작용은, 두 개의 송신기가 동시에 작동하는 경우 일반적으로 서로를 완전히 막으면서 시끄러운 웅 소리만 채널에서 들리게 만든다는 것이다. 그러므로 제어 채널이 사실상 100퍼센트 지속적으로 사용되는 아주 바쁜 영공에서 방송과 문의의 시점을 관리하는 것이 조종사들에게 또 다른 스트레스 원인이다―두 조종사가 동시에 채널에 들어오는 것이 아주 일반적이어서 언제 채널이 쌍방향 대화 중에 있지 않은지를 계속 추적하려면 항공교통관제소 논의에 대한 상황 파악이 좋아야 한다.

또한 채널이 하프 듀플렉스 방식이므로 막혀 있는 한 대의 송신기가 전 채널을 차단하게 된다.

이런 모든 단점들이 항공 통신을 시스템 고장과 고의적인 공격에 아주 취약하게 만들지만, 기존 장비가 많기 때문에 항공을 위해 어떤 종류든 새로운 시스템으로 바꾸는 것은 수십억 달러가 드는 문제다. 디지털 대체를 위한 계획이 세워졌지만 일정은 정해지지 않았다. 송수신기 기반의 2차 레이더 모델에 대해서는 새로운 ADS-BAutomatic Depend Surveillance-Broadcast 시스템이 전 세계적으로 공개되고 있다. ADS-B에서는 항공기가 지속적으로 GPS 기반 위치를 기지국에 보고하며, 근처에 있는 다른 ADS-B가 장착된 항공기를 보여주는 것을 포함한 쌍방향 디지털 통신이 대비되어 있는데 작은 민간 항공기에까지 공중충돌방지장치의 교통 인식을 제공한다.

많은 실시간 항공교통관제 채널은 http://bhoew.com/atc에서 들을 수 있다.

애틀랜타, 마이애미 또는 뉴욕 같은 주요 공항을 위한 접근 관제 채널은 많은 통행량을 보여주는 좋은 예다.

해상 너머의 항공 통신을 위해서는 별도의 고주파HF 무전기가 사용되고, 또는 항공기가 해안가 근처 혼잡한 하늘 위라면 6장 **하늘 위 고속도로**의 KAL 007과 KAL 015의 경우에서처럼 서로 간의 메시지를 중계한다.

고주파 무전기 사용은 일반적으로 육지에서는 없다. 비상업용 비행기는 대개 이런 비싸고 어쩌다 사용하는 기능을 설치하지 않고, 대양 횡단 중 안전을 보장하기 위해 7장 **적도 부근의 통신 체증**에서 설명한 이리듐

Iridium 같은 위성 기반 서비스류를 사용하는 장비를 빌려야 한다.

군사 항공은 민간 항공과 같은 접근법을 사용하지만 민간용의 두 배인 주파수를 사용한다. 8장 **하키 스틱 시대**에서 논의했던 이런 유의 2 대 1 주파수 차이가 두 가지 주파수 대역을 커버하는 최적화된 안테나의 사용을 허용하므로 모든 군사용 항공 무전기는 민간용 주파수에도 맞출 수 있다.

레거시의 경우, 마투그로수 상공이었던 그 위치와 브라질리아의 항공 교통관제소 사이의 거리가 통신 범위 밖이었고 그런 "빈 공간"은 전혀 드문 것이 아니다.

원래의 비행 계획에 따르면, 레거시는 사고 시점에 1000피트 더 높은 상공에 있기로 되어 있었으나 이런 고도 변경은 항공교통관제소에서 그 비행기에 지시되지 않았다. 레거시가 브라질리아 상공을 비행하는 동안 그 고도를 바꾸도록 지시할 충분한 시간이 있었지만, 최적의 무전 커버리지에 있는 동안에도 그런 지시는 주어지지 않았다. 레거시에 송신된 항공교통관제소의 마지막 허가는 마나우스를 목적지로 한 3만 7000피트 고도였고, 승무원들은 원래의 비행 계획과는 관계없이 항상 마지막에 주어진 지시를 따를 의무가 있다.

그러므로 조종사가 저지른 실수는 없었고, 원래의 비행 계획과 충돌 당시의 고도 상황 사이에 불일치가 진행되었던 것은 완전히 정상적인 현상이었다. 비행 계획은 당시의 교통과 기상 조건에 맞추기 위해 항상 수정되기 때문이다.

이 치명적 사고의 최종 근본 원인은 레거시의 송수신기가 사고 전에 예기치 않게 꺼져 있었다는 불행한 사실이었다.

항공 교통 관제하의 일상적 비행 중에 어떤 이유로든 고의로 송수신기를 끌 이유는 없으므로, 가정은 조종사가 새 비행기의 컨트롤 패널을 다루면서 불행한 실수를 했다는 것이다. 알 수 없는 이유로 송수신기는 브라질리아 북쪽 50킬로미터쯤 떨어진 곳에서 꺼졌고, 이에 따라 온전히 작동하던 보잉의 TCAS는 레거시로부터 어떤 응답도 받지 못했다.

보잉의 전자 TCAS 시야에는 레거시가 존재하지 않았다.

가장 불운한 것은 레거시의 작동되지 않은 송수신기가 그 자체에 탑재된 TCAS 또한 망가뜨려 충돌 감지가 없음을 나타내는 짧은 문장만 남겨놓았다는 사실이다. 그러므로 레거시는 GOL항공기의 송수신기가 대답했을 검문 전파를 보내지 않고 있었다.

조종사들은 사고 후에도 자기들 송수신기가 작동하지 않는다는 사실을 알지 못했다.

이 일련의 사건에서 마지막 잘못은 브라질리아의 항공교통관제사가 무슨 이유에선지, 송수신기의 고장 때문에 비행기가 여전히 브라질리아 통과 후 좋은 통신 범위 안에 있는데도 2차 레이더 회신이 끊겼다는 것을 레거시의 조종사들에게 알리거나 시사하지 않았다는 것이다. 항공교통관제사는 레거시로부터 2차 레이더 회신이 없어졌다는 분명한 표시를 볼 수 있어야 했다.

이 모든 것이 동시에 잘못되면서 그 불운한 결과로 두 비행기는 같은 항로, 정확히 동일한 고도에서 서로 마주 보며 정상적인 순항 속도로 비행하고 있었다. 상대속도는 거의 1700km/h이었다.

이는 거의 초당 500미터다.

그런 상대속도라면, 시각적으로 상업용 제트기만큼 큰 비행기도 수평선 위 작은 점에서 수 초 만에 실물 크기가 된다.

계기판에서 뭔가를 보려고 눈을 잠시 돌리면 놓치게 된다.

최악의 일은 비행기들이 정확히 반대 궤도에 있었으므로 어느 쪽의 조종사의 시야에도 분명한 수평 움직임이 없었다는 것이다. 5장 **동영상에 넋을 잃다**에서 논의했듯이, 인간의 두뇌는 횡적 움직임을 보는 데는 대단히 능숙하지만 정지 상태로 있다가 시야에서 점진적으로 커지는 점은 발견하기 훨씬 어렵다.

레거시 조종사들은 사고의 굉음 직후 섬광이 번쩍인 것을 보았지만 무엇이 부딪혔는지는 알지 못했다고 보고했다. 조종실 음성 녹음기에 기록된 충돌 후 첫마디는 "대체 이게 뭐지?"였다.

레거시가 브라질리아의 관제소에 인계되었을 때에도 송수신기가 여전히 작동하고 있었다는 것을, 레거시 조종사와 관제소 간 대화 녹음이 시사한다. 브라질의 수도 위를 나는 동안 레거시가 비행 고도를 바꾸도록 할 충분한 시간이 있었을 것이고 당시의 여유로운 교통 상황은 쉽게 그러한 지시를 수용할 수 있었을 것이다. 그러나 비행 고도 변경 요청은, 통신 상황이 아주 나빠져 레거시 조종사가 전혀 받지 못하거나 알지 못하는 시점까지 지연되었다.

레거시 송수신기의 설명할 수 없는 고장과 함께, 이런 불운한 사건의 연속이 완벽하게 무해한 일상 상황을 치명적인 것으로 바꾸었다.

후에, 근무 중이던 관제사가 당시 주어진 비행 고도의 상황적 불일치와 임박한 충돌을 볼 수 있고 보았어야 했고, 그래서 사고를 피하기 위한 절차에 따라 행동했어야 하는 핵심 인물로 여겨졌다. 2010년 그는 유죄 판결과 14개월 징역형을 선고받았으나 이 사건에 대한 최후 평결은 이 책을 쓰고 있는 시점에도 여전히 항소 중인 것 같다. 레거시의 두 조종사는 완벽하게 브라질 항공교통관제소의 지시를 따랐고, 그들이 의도적으로 비행기 송수신기를 껐다는 어떤 근거나 시사도 조종실 녹음에는 없었기 때문에, 다소 논란이 있는 사회봉사 선고를 받았다.

비행기 중 한 대는 미국 국적이었기 때문에 미국 연방교통안전위원회 NTSB가 자체 조사를 진행했다. 그들의 결론은 탑재된 TCAS의 비작동 상태에 대한 간단한 문장 고지가 조종사에게 주어지는 유일한 고지가 아니도록 사용자 인터페이스가 업데이트되어야 한다는 것이었다.

이것은 기술이 예상대로 작동할 때에만 안전하다는 것을 보여주는 또 다른 예이고, 그러한 경우에도 기술의 존재가 당연한 것으로 받아들여져서는 안 된다. 3만 7000피트 상공에서 두 비행기가 모두 800km/h 이상의 속도로 수 미터 내에서 나는 것이 오늘날의 무선 항법과 자동 항법 장치가 얼마나 믿을 수 없을 정도로 정밀해졌는지를 보여주고 있다. 대부분의 경우 그런 정밀성은 안전에 이바지하며 가용한 영공의 수용 능력을 크게 향상시킨다. 최근, 자동 항법 장치의 발전으로 가능해지고 전 세계 가장 붐비는 하늘에서 보편화된 RVSM(수직분리간격축소)에 대한 요구가 더 안전하고 더 경제적인 항로로 더 많은 항공기가 교통량에 따른 지연과 취소 없이 다닐 수 있게 하고 있다.

그러나 GOL 1907편의 경우에는 이 정밀성이 불운하게도 치명적인 것으로 판명되었다.

항공기를 식별하는 것이 원격 검문 및 식별의 최종 목적이다. 우리 대부분은 별로 관심이 없지만 우리의 일상생활은 비슷한 기술이 사용되는 상황들로 꽉 차 있다.

어디서나 볼 수 있는 소소한 예가 바로 바코드다. 북미에서 사용되는 UPCUniversal Product Code 표준과 이후 EANEuropean Article Number의 국제 버전 덕분에 바코드는 판매 중인 모든 상품의 필수적인 부분이 되었다. 이 기술은 조 우들런드Joe Woodland가 특허를 받은 1952년으로 그 역사가 거슬러 올라가지만, 1974년 UPC의 상업적 도입 이후 널리 퍼졌다.

바코드는 광학적으로 레이저 기반의 판독기로 읽히므로 판독기에서 볼 수 있어야 한다. 레이저Light Amplification by Stimulated Emission of Radiation는 20세기의 위대한 발명품 중 하나이고 그 속성과 통신 분야에서의 용도는 13장 **빛이 있으라**에서 더 논의하기로 한다.

바코드의 중앙 집중식 관리 덕분에, 어느 회사나 전 세계적으로 인식될 수 있는 바코드를 자사 제품에 표시할 수 있다. 가격은 수백 달러부터 시작하고 10개의 개별 바코드를 가질 수 있다.

개별 품목 단위로 사물을 식별하는 저렴한 방법을 제공함으로써 바코드의 사용은 상업과 물류를 완전히 혁명했다. 쇼핑 카트에 담긴 물건 값을 치를 때 더 이상 금전등록기에서 지루하게 개별 물건 값을 타이핑하여 입력할 필요가 없어졌다. 대신 금전등록기를 구동하는 바코드 판독기가 사무실의 데이터베이스에서 물건 가격뿐 아니라 품명과 무게 같은 세부 사항까지 불러들이고 그 시스템은 이들 모든 정보를 영수증에 추가한다.

개별 품목 수준의 데이터를 갖는 것은 상점들이 실시간 재고 추적뿐 아니라 경쟁 제품 라인 수요나 매장 내 다양한 제품 배치 전략의 유효성에 대한 복잡한 조사까지 할 수 있음을 뜻한다. UPC 코드는 기본적인 상품 진열 절차도 간소화하는데, 대부분의 제품의 경우 개별 물건에 힘들여 가격표를 붙이지 않고 선반 가장자리에 부착하기만 하면 된다. EPL Electronic Price Label 시스템은 이것을 더욱 진전시켜, 실제 선반에서 수작업 없이 가격표의 내용을 무선으로 바꿀 수 있다.

그 위에 작은 라벨을 붙일 수 있을 정도의 크기라면 어떤 물건이든 바코드를 통해 사실상 전자적으로 목록화하고 추적할 수 있다. 공항에서 움직이는 수화물의 자동 처리를 단순화했으며, 스마트폰에 내장된 카메라를 광고 안의 코드에 맞춤으로써 스마트폰으로 열 수 있는 상품 링크를 제공할 수도 있다.

사적인 용도로도, 범용적인 EAN과 UPC 데이터베이스에 대해 염려할 필요 없이 바코드를 자체 생성할 수 있다. 선택할 수 있는 몇 가지 표준이 있으며 대부분의 판독기는 그것들에 적용된다.

유일한 한계는 공항의 수화물 컨베이어벨트 시스템과 같이 쉽게 통제되고 자동화된 환경 외에서는 바코드를 개별적으로 보고 읽을 수 있어야 하며 일반적으로는 스캐닝을 하는 과정에 사람이 개입해야 한다는 것이다. 광학적 판독 역시 판독 거리에 한계가 있다.

바코드 혁명을 다음 단계로 끌어올리기 위해 필요한 것은 물리적으로 보이는 태그가 없더라도 자동으로 상품 태그를 읽는 방법이었다. 이를 이루기 위해 무선 전파의 적용으로 시스템을 만드는 것이 필요했다.

이 상황에 전자장치를 추가하는 것은 비용이라는 또 다른 장애물을 낳는다.

검은 줄무늬가 그려진 접착지 한 장이 가장 싼 해결책이다. 일부 회사는 그 종이를 없앴다. 일례로 영국 최대 소매상인 막스앤스펜서는 레이저를 바코드 읽는 데만 아니고 종이 쓰레기를 줄이기 위해 아보카도 껍질에 직접 실제의 바코드를 적는 데도 사용한다.

암호화된 데이터를 눈으로 읽을 수 없는 경우, 가장 비싸고 부피가 큰 제품만이 독립된 트랜스시버 시스템의 사용을 보장할 만큼 가치가 있을 수 있다. 이런 장비는 종종 수백만 달러 가치가 있는 품목들을 나르는 선박 컨테이너 같은 경우에는 수십 년 동안 사용되어 왔지만, 개별적인 작고 싼 품목들에 대해서는 더 간단한 해결책이 고안될 필요가 있었다.

비용 문제에 대한 답은 수동형 전자태그RFID의 형태로 나왔다.

오늘날 조지 같은 고양이에게 RFID 칩을 심게 한 그 최초의 해결책은 마리오 카둘로Mario Cardullo가 1973년 특허를 냈다—UPC가 바코드에 채택되기 1년 전이다. 그의 발명은 내부 배터리 없이 작동할 수 있는 전자 회로를 묘사했는데 전자 기억장치와 주변의 관리 회로의 아주 간단한 조합으로 구성되어 있었다.

호출기에서 송신된 무선 신호가 태그의 내장 안테나에 닿으면, 태그 위의 전자를 활성화하기 위해 추출된 미세한 전류를 만들어낸다. 그 후 전자가 수신부 안테나의 전기적인 면을 태그 기억장치의 데이터에 따라 변형시킨다. 이 변화가 태그 안테나에서 반향되어 온 후방산란backscatter 신호에 미세한 변조를 만들고, 그 결과로 변조된 후방산란 신호는 호출 전자장치에 감지되면서 태그의 내용을 읽는다.

이런 후방산란 개조 방식은 2차 세계대전에서 독일 비행기들이 사용한 "날개 흔들기" 접근법의 세련된 버전이다.

수동형 태그를 저렴하게 만드는 것은 "수신기"가 실제로는 간단한 안테나이고 고정 주파수에 맞춰진 공명기에 연결되어 있으며 "전송" 과정은 단순히 공명기의 전기적 속성의 조정일 뿐이라는 사실이다. 그러므로 태그에는 실제의 작동되는 수신기나 송신기가 없고 이런 기능에 요구되는 전자 부품의 수가 최소화되어 있다.

RFID 태그의 호출 과정은 무선 전파에만 기반을 둘 필요가 없다. 유도 또는 전기용량적 접근법을 사용하는 시스템도 있긴 하지만 무선 접근법이 가장 길고 유연한 호출 거리를 제공한다.

태그 내부 메모리의 전부나 일부를 호출기의 통제하에서 바꾸는 해법 또한 있기 때문에 태그의 내용을 물리적으로 바꾸지 않고 원격 변경도 가능하게 하지만, 대다수의 해법에는 저렴한 읽기 전용 메모리만 있으면 된다.

저가·저전력 그리고 고체 소자로까지 발전한 전자공학 덕분에, 수신하는 무선 에너지를 RFID 회로를 켜는 동력원으로 직접 이용하는 것이 가능해졌다. 이로 인해 배터리의 필요성이 없어지고, RFID 태그 위 다른 전자장치와 달리 불가피하게 수명이 제한된, 비싸고 부피가 큰 부품이 제거된다.

태그 위에 필요한 지극히 간단한 전자회로와 RFID 기술의 폭넓은 전개 덕분에 내장되는 전자장치의 가격이 급락했다. 현재 수동형 RFID 태그는 10센트 정도이고 가격은 계속 내려가고 있다. 이것은 여전히 아주 싼 품목에는 유용하지 않지만, 가격이 적어도 수십 달러인 품목에는 유용할 수 있다.

호출기와 RFID 태그 사이에 광학적 시선 연결이 필요 없다는 사실이 바코드를 넘어서는 주요 이점이다. 사용되는 표준에 따라 읽는 거리는 몇 센티미터에서 수십 미터까지 달라질 수 있다.

RFID 기술의 초기 실험은 도로, 터널 그리고 다리 위 자동화된 통행료 징수뿐 아니라 빌딩의 출입 통제 분야에서 있었다. 이 같은 시스템은 비교적 최근에 비접촉식 결제 시스템과 원격으로 정보를 읽을 수 있는 여권까지 추가하여, 지금은 우리 일상생활 속에 널리 사용되고 있다.

최초의 테스트는 동물 식별에서 실험되었는데, 이는 조지와 다른 많은 동물들을 구해낸 지금의 "칩 삽입" 절차가 되었다. 몇몇 국가는 반려동물이 입국하기 전에 그 몸에 삽입된 아이디 정보와 백신 기록의 일치를 요구하고 있고 그래서 국제적으로 이동하는 모든 개와 고양이들은 반드시 칩을 넣도록 되어 있다.

새로운 무선 주파수 RFID 시스템은 복수 읽기를 허용하는데, 최소한

열 가지 품목에서 수천 가지에 이른다. 이로써 화물 컨테이너 안의 개별 품목들을 한번에 읽을 수 있으므로 물류 산업에 더 많은 유연성을 가져 왔다.

하지만 태그들은 같은 시점에 모두 응답하지는 않는데, 그럴 경우 심각한 간섭을 야기하여 아무것도 읽을 수 없기 때문이다. 와이파이에서 일어나는 것과 비슷한 양상으로 다양한 충돌 방지 방법이 사용되므로 결국 모든 태그는 초당 300~500태그만큼 빠른 속도로 순차적으로 조회된다.

쇼핑에서 RFID가 소비자들에게 하는 미래의 약속은 궁극적으로 금전 등록기의 단계를 완전히 없애는 것이다. 쇼핑 카트에 있는 모든 물건에 RFID 태그가 있으면 카트를 밀고 그냥 멀티스캐너를 지나가면 가격을 지불할 수 있다. 스마트폰이나 신용카드에 내장된 비접촉식 결제 방식을 사용하면 지불까지도 원격 검문에 기반하게 된다.

이 개념은 전 세계에서 아직은 실험 단계에 있다. 대대적으로 광고된 완전 자동화된 아마존 매장들은 현재 카메라를 이용한 고객 추적과 함께 특수한 대형 광학 바코드의 조합을 사용하고 있다.

RFID는 새로운 발명이 어떻게 급속히 기존의 과정과 관행들에 파고들어 그것들을 더 쉽고 더 신뢰감 있고 더 빠르게 만드는지를 보여주는 또 다른 좋은 예다.

금전등록기가 없는 최초의 RFID 기반의 상점이 주변에 문을 열 때, 무선 전파의 이런 신기한 활용은 2차 세계대전의 독일 조종사들이 날개를 흔드는 것으로 자신들의 항공기 레이더 흔적을 바꿀 수 있다는 것을 알아냈던 때까지 거슬러 올라간다는 것을 기억하라.

13

빛이 있으라

폭우나 눈보라가 일으키는 마이크로파의 흡수는 300GHz 부근의 마이크로파 스펙트럼의 끝 근처에서 더욱 두드러지는데, 파장 약 1밀리미터에 해당한다. 이 주파수 위에서는 전자기파 방사선의 움직임이 근본적으로 바뀐다.

파장의 개념은 테크톡 **공짜는 없어요**에서 논의했다.

전자기파의 주파수는 마이크로파를 벗어나 계속 올라가면서 우리는 우선 전자기 스펙트럼의 적외선 부분으로 들어가고, 이어 가시광선 그리고 자외선이 따라온다.

적외선은 우리 삶에서 아주 친숙한 것이지만 그에 대해 많이 알지는 못한다―우리 모두는 적외선을 계속 내보낼 뿐 아니라 우리 피부에서 많

© Springer International Publishing AG, part of Springer Nature 2018
P. Launiainen, *A Brief History of Everything Wireless*,
https://doi.org/10.1007/978-3-319-78910-1_13

은 양을 명확하게 감지할 수도 있는데, 모든 따뜻한 물체는 적외선을 발산하기 때문이다.

아주 다른 특성에도 불구하고, 우리는 다른 모든 전자기파 방사선처럼 적외선 범위에 있는 신호를 변조할 수 있지만, 그것은 벽을 통과하지 못한다. 그 대신 적외선은 부분적으로 장애물에 흡수되고 전도conduction라는 방식으로 천천히 이동하는데 원래의 적외선 신호에 있던 모든 변조를 실질적으로 약화시킨다.

장애물에 흡수되지 않은 적외선 부분은 가시광선과 같은 방식으로 반사된다. 이것은 적외선이 방의 벽 안에 갇힌다는 의미이며, 이는 사실상 모든 가정에 있는, 변조된 적외선의 가장 일반적인 사용에 대한 완벽한 한계다. 어디에나 있는 리모컨이 바로 그것으로, 리모컨은 프로그램 중간 광고 시간에 우리의 눈을 잡으려고 큰돈을 쏟아 넣은 모든 광고주들에게는 실망을 안기지만 우리가 보고 있는 채널이 더 이상 재미있지 않을 때는 채널을 바꾸는 자유를 준 기기다.

리모컨이 송신한 적외선의 힘은 아주 작아서 손가락으로 열감을 느낄 수 없겠지만 스마트폰 카메라를 통해 리모컨 끝에 있는 적외선 LEDLight-Emitting Diode를 보면 그것을 누를 때 불이 켜지는 것을 볼 수 있다. 적외선의 주파수는 눈의 한계 밖에 있지만 대부분의 카메라 센서는 가시광선 스펙트럼 이상으로 예민하기 때문에 적외선 진동의 이런 흐름을 보는 것이 가능하다.

우리 대부분이 리모컨의 배터리를 마지막으로 바꾸어준 때가 언제였는지 기억할 수 없다는 사실이, 송신되는 신호가 얼마나 약한 전력인지를 보여주는데, 이런 극소한 신호 강도가 열에 절은 우리 환경에서 주요 이슈를 제기한다. 직사광선은 우리의 소박한 리모컨보다 100만 배 강한 적외선을 만들어낼 수 있다.

햇볕 드는 날에 뒷방에서 텔레비전 채널을 이리저리 바꿀 수 있는, 마술처럼 보이는 솜씨는 두 가지 특별한 기능을 통해 만들어진다.

첫째, 송신부와 수신부가 적외선 스펙트럼의 아주 작은 부분에 맞춰져 있고, 일반적으로 980nm(나노미터. 10억분의 1미터)의 파장으로 약 300THz의 주파수에 맞추고 있다. 이런 수동적 필터링이 실질적으로 모든 적외선 수신기가 진한 빨강색의 불투명 플라스틱 조각으로 씌워진 이유다. 그래서 원하지 않는 적외선 주파수의 큰 덩어리를 물리적으로 막음으로써 적외선 송수신기 사이의 기능적 통신을 보장하는 첫걸음을 제공한다.

그러나 우리 리모컨을 아주 신뢰성 있게 만드는 가장 중요한 기능은 송신된 신호의 능동적 변조다. 적외선 불빛의 진동을, 알고 있는 반송 주파수로 변조하고 수신부는 위상고정루프phase-locked loop라고 부르는 전자회로를 이용해 정해진 반송 주파수에 맞는 적외선 진동에만 고정시킬 수 있다.

적외선 신호의 이런 변조와 진동이 만들어지는 다른 많은 접근법이 있지만, 기본적으로 그것들은 모두 지시를 디지털 비트의 흐름으로 바꾸는데 이 말은 완전히 기기마다 다르다는 뜻이다. 모든 제조업체는 제조하는 다양한 기기들 모두에 동일한 암호 접근법을 사용하는 경향이 있지만, 비트 흐름에 특정 기기 아이디를 포함함으로써 수신하는 기기는 그것에만 향한 지시를 구분해 낼 수 있다.

한 개의 지시를 보내는 데는 아주 짧은 시간만 걸리는데, 이는 같은 코드가 보통 초당 수십 번씩 계속해서 보내진다는 의미다. 디지털 형식과, 버튼을 누르는 동안의 동일한 코드의 일상적인 순차적 송신으로 인해 수신기는 수신되는 비트 흐름에 단순한 "다수결"을 행하여 수신 정확성을 더 향상시킬 수 있다. 즉, 수신되는 버스트 몇 개를 샘플링한 다음, 가장 많이 반복되는 것에 조치를 취한다.

동일한 지시의 반복 송신과 함께, 능동적인 변조, 다양한 메시지 암호화 그리고 내장된 오류 검출 및 정정 기술 덕분에 잘못된 코드를 받는 것은 거의 불가능하다─적외선 리모컨에서 당신이 한 선택은 수신기로부터의 거리와 주변의 적외선 잡음의 양에 따라 제대로 작동하거나 전혀 작동하지 않는다.

이 모든 내재된 중복redundancy 덕분에 대부분의 기기는 수신기가 직사광선에 노출되어 있을 때도 리모컨 신호를 처리할 수 있지만, 작동하는 거리는 줄어든다. 배경의 모든 적외선은 완전히 무작위로 변조와 구조가 없으므로, 수신기의 기대에 맞지 않는다. 이런 적외선 잡음이 수신 회로를 충족시킬 만큼 충분히 강할 경우에만 수신기를 막을 수 있겠으나 그럴 때에도 잘못된 지시를 작동시킬 가능성은 거의 없다.

소파에 가만히 앉은 채 텔레비전 채널을 바꿀 수 있다는 추가된 편의성은, 점점 더 많은 채널이 나타나기 시작하고 텔레비전 광고가 계속 늘어나면서 필수 요소가 되었다.

소파에서 뒹구는 사람들이 감사해야 할 인물이 유진 폴리Eugene Polley다. 그는 간단한 불빛을 이용하는 최초의 리모컨 시스템을 만들었다. 폴리는 제니스라는 텔레비전 제조업체에서 엔지니어로 일했는데 그 발명으로 1000달러의 보너스를 받았다. 이것을 돌려 얘기하면, 이는 당시 텔레비전 두 대가량의 가치가 있었지만 오늘날 인플레이션을 감안하면 거의 1만 달러에 해당한다.

1955년 판매된 그의 첫 번째 버전인 플래시매틱Flash-Matic은 적외선을 사용하지 않았다. 그것은 예리하면서 광학적으로 초점을 맞춘 빔을 쏘는

손전등 모양의 기기와, 텔레비전의 각 코너에 있는 빛에 반응하는 센서 네 개의 조합으로 되어 있었다. 텔레비전 세트의 상응하는 코너에 빛을 쏘기만 하면 텔레비전을 켜거나 끄고, 음소거를 하고, 채널을 위아래로 변경할 수 있었다.

당시 채널 변경은 기계식이었으므로, 이 시스템은 텔레비전의 채널 선택기를 회전시키는, 수동 채널 스위치를 닮은 작은 모터가 필요했다.

플래시매틱은 제니스 텔레비전의 부가 기능으로 시장에 나갔으며, 저렴하지 않아서 수상기 가격을 약 20퍼센트 올렸다. 그러므로 1950년대 소파에서 뒹구는 사람이 되는 데는 돈이 많이 들었고, 이는 반세기 전보다 요즈음 과체중이 더 흔해지는 데 공헌했을지도 모른다.

제니스는 1950년 묘사적으로 이름 붙인 레이지본스Lazy Bones(게으름뱅이)라는 유선 리모컨으로 텔레비전의 원격 제어를 개척했는데, 그러나 고객들은 거실에서 연결선에 걸려 넘어지는 것을 불평했다.

플래시매틱은 단순한 비변조 가시광선을 기반으로 했기 때문에, 직사광선이 문제를 일으켜 이따금 저절로 채널이나 볼륨이 바뀌기도 했다. 신뢰성 향상을 위해 1년 후 소개된 다음 버전은 빛 대신 초음파를 사용했다.

초음파는 인간의 가청 범위 밖의 주파수 소리로, 약 2000Hz에 달한다.

새로운 리모컨 버전은 버튼을 누를 때 작은 해머로 때리는 여러 개의 금속 막대가 있었다. 이들 막대는 부딪혔을 때 각기 다른 초음파 주파수에 진동하도록 맞춰져 있었고, 수신기가 이들 고주파 소리를 텔레비전에 대한 개별 지시로 바꾸었다.

사용자들은 실제의 지시 초음파 소리를 듣지 못했지만 해머의 물리적 두드림이 딸깍거리는 소리를 만들어냈다. 이로 인해 그 후 몇 년간 리모컨은 "딸깍이clicker"라는 별명이 붙었다.

텔레비전 쪽에서 제니스 스페이스 커맨드Zenith Space Command라는 대담한 이름이 붙은 새로운 버전은 당시의 많은 라디오보다 더 복잡하게 만든 여섯 개의 진공관으로 구성된 전기회로가 필요했다.

하지만 실제 리모컨은 순수한 기계적 장치로 배터리가 필요 없었는데, 이는 제니스의 경영층이 배터리가 다 되면 사용자들이 텔레비전이 고장났다고 생각할 것이라 우려했기 때문이었다.

초기의 플래시매틱에서는 빔이 없어지면 배터리가 소진되었다는 것을 알았지만, 초음파 리모컨에서는 분명히 알 수 있는 방법이 없었다.

스페이스 커맨드 시스템은 제니스의 물리학자 로버트 애들러Robert Adler가 만들었고 텔레비전을 원격으로 제어하는 아주 믿을 만한 방법임이 밝혀졌다. 제니스는 1970년대까지 같은 접근법을 계속 사용했으며, 그리고 폴리가 무선 리모컨이라는 구상을 처음 내놓았는데도 불구하고 결국 애들러가 "리모컨의 아버지"로 알려지게 되었다.

이것이 폴리에게 쓰라린 경험을 주었지만 1997년 폴리와 애들러 모두에게 "소비자용 텔레비전을 위한 무선 리모컨 개발을 개척"한 데 대해 미국 텔레비전예술과학아카데미National Academy of Television Arts and Sciences의 에미상이 주어졌다.

유진 폴리는 자기 발명에 대해 뭔가 복잡한 견해를 가지고 있었는데, 그는 인생 훗날 ≪팜비치 포스트≫와의 인터뷰에서 다음과 같이 말했다.

이제 모든 것은 원격으로 되어야만 한다. 어느 누구도 이런 전자 기기들에 힘을 쓰려고 하지 않는다.

값싼 트랜지스터 기술이 도입되면서, 기계적 리모컨은 여전히 초음파에 의존하긴 하지만 전기적으로 지시를 생성하는 버전으로 대체되었다.

리모컨 진화의 다음 단계는 텔레비전 세트의 기능을 늘리는 것으로 추진되었다. 1970년대 BBC가 텔레텍스트 서비스인 시팩스Ceefax를 실험했는데, 정보가 담긴 간단한 문장 페이지 데이터를 텔레비전 신호의 프레임 사이 수직귀선 기간vertical blanking interval에 지속적으로 보내도록 하는 것이다. 이것은 5장 **동영상에 넋을 잃다**에서 설명했던 컬러버스트와 동일한 종류의 또 다른 하위 호환 가능한 추가였다.

이런 새로운 기능은 세 자리 페이지 번호 선택과 화면 모드 전환 같은 더욱 복잡한 리모컨 조작이 필요했고, 이들 새로운 지시의 총 숫자는 초음파로 신뢰성 있게 실행될 수 있는 수준을 넘어섰다.

첫 번째 시팩스 수상기는 유선 리모컨 접근법으로 돌아갔는데, 최초의 원격 제어 시스템의 잘 알려진 모든 한계들을 가지고 있었다.

이를 개선하기 위해 이 문제를 해결할 태스크포스가 구성되었다.

ITT사와 함께 BBC 기술자들은 진동 적외선 버스트에 기반을 둔 버전의 시제품을 만들었는데, 이 실험의 결과가 적외선 제어 규약의 첫 번째 표준화인 ITT 규약이었다.

많은 제조업체들이 이를 널리 활용하게 되었지만, 다른 적외선 송신 기기들이 근처에 있으면 간혹 잘못 작동되었다. 이것은 아직 반송 주파수라는 개념을 사용하지 않았기 때문이었고, 따라서 효과적인 신호 인증의 중요한 한 단계가 빠져 있는 셈이었다. 후에 암호화 시스템이 결국 이 문제를 해결했다.

적외선 빔은 원하는 어떤 신호로도 변조되므로 적외선 송신은 원격 제어용으로만 적용되지 않는다. 일례로 송신기와 헤드폰 사이에 적외선 링크를 사용하는 무선 헤드폰이 있는데, 현재 블루투스가 점점 이 분야를 구닥다리로 만들고 있다.

하지만 블루투스 대신 적외선을 사용하는 이점은 이 송신이 단방향이기 때문에 한 개의 송신기가 송신기 범위 안에 있는 가능한 한 많은 헤드폰을 동시에 지원할 수 있다는 것이다. 그러나 11장 **즐거운 나의 집**에서 논의했듯이, 최근의 블루투스 스펙 또한 헤드셋 같은 기기 두 개를 동시에 사용할 수 있도록 지원하기 때문에 적외선 오디오의 이런 이점 또한 느리지만 분명히 사라지고 있다.

앞에서 거론한 적외선 기반의 음향 분배와 같은 모든 지속적인 적외선 흐름은, 과도한 태양 광선이 적외선 리모컨의 범위에 영향을 미치는 것과 같은 방식으로 높은 수준의 배경 잡음이 추가되면서 동일 공간의 다른 적외선 기반 시스템의 작동 거리를 줄인다.

기기 간의 근거리 데이터 송신을 위해 IrDA라고 부르는 적외선 통신 규약이 1993년 소개되었다. 이는 약 50개 회사의 합작품으로, 그들은 함께 IrDAInfrared Data Association를 구성했으며 이것이 실제 규약의 이름이 되었다.

IrDA로 랩톱, 카메라, 프린터 같은 다양한 기기들 간에 데이터를 송신하는 것이 가능해졌다. 블루투스와 와이파이의 도입 이후, IrDA는 사실상 사용이 중단되었고 대중 시장에 새로 나온 모든 모바일 기기들은 이전의 IrDA 포트를 내장형 무선 형태로 대체했지만 초기 스마트폰의 대다수는 IrDA 포트를 가지고 출시되었고 간혹 특수한 앱을 통해 리모컨으로도 사용될 수 있었다.

IrDA의 쇠퇴에도 불구하고 빛을 이용하는 통신은 아직도 한창이다.

최근 추가된 것은 라이파이Light Fidelity: Li-Fi인데, 가시광선에 기반한 매우 빠른 쌍방향 데이터 전송을 제공한다.

라이파이는 통상의 전구가 LED 기반의 전구로 대체되기 시작할 때 가능해졌는데, LED 전구는 반도체이므로 초고주파로 변조될 수 있다. 라이파이 변조 때문에 생기는 "깜박임"은 인간의 눈이 감지하는 것보다 수백만 배 빨라서 사용자들은 라이파이 데이터를 나르는 모든 번쩍임에서 아무런 부정적 영향을 느끼지 못할 것이다. 현재 이 기술은 상업적으로 매우 초기 수준이지만 200Gbps 이상의 데이터 전송 속도를 보여주고 있다.

첫 번째 초기 상업용 라이파이 솔루션 제공자인 퓨어라이파이PureLiFi Ltd는 40Mbps의 데이터 속도를 제공하는 제품을 출시했고 이는 저급 와이파이 장비와 동일한 수준이다.

라이파이의 한 가지 강력한 장점은 적외선처럼 빛이 벽을 통과하지 못하기 때문에 와이파이에서는 일반적인 이웃의 간섭을 받지 않는다는 사실이다. 이것은 물론 폐쇄된 공간으로 범위를 제한하지만, 빛이 벽에 반사된다는 사실은 라이파이가 "구석 주변"에 있는 기기들에 닿을 수 있게 만든다.

라이파이는 해럴드 하스Harald Haas가 에든버러대학교의 교수였을 때 개척했다. 그와 그의 팀은 2010년 에든버러 디지털통신연구소Institute for Digital Communications에서 획기적인 D-라이트D-Light 프로젝트를 시작했고 성공적인 구상 증명 후에 2012년 VLC사를 합작 설립했다. 그 회사는 후에 퓨어라이파이로 사명을 변경했고 하스는 현재 기술 담당 최고임원으로 일하고 있다.

이 회사는 여전히 초기 단계에 있지만 상당한 벤처 자금을 끌어올 수 있었다. 2016년 이 기술의 상업화를 지원하기 위해 1000만 달러의 자금이 투입되었다.

가시광선 통신Visible Light Communication: VLC 기술은 커다란 성장 가능성을

가지고 있고 와이파이 통신망의 보급으로 점점 더 분명해지고 있는 정체 congestion에 대한 잠재적 대안을 제공한다.

오늘날 거의 모든 새로운 기술에서와 같이 핵심 이슈는 공동 표준에 합의하는 것인데 이 작업은 라이파이 컨소시엄에서 현재 진행하고 있다. 공동의 표준이 있으면, 제조업체가 대중 시장 기기에 조립할 수 있는 필수 전자 부품의 생산을 시작하는 데 필요한 안전한 환경을 조성할 수 있다. 새로운 광선 기반 통신 패러다임이 가능해지려면, 표준화되고 호환되는 라이파이 부품들이 오늘날 와이파이 무선처럼 싸고 흔해져야 하고 그러면 대중 시장의 채택이 뒤따를 것이다.

와이파이, 블루투스, GPS 해법에서 정확히 동일한 발전 과정이 일어났고, 라이파이가 제공할 수 있는 고속 데이터 속도 덕분에 가시광선이 무선 통신의 한계를 넘어서는 다음 분야가 될 것이다.

12장 **신분을 밝히세요**에서 바코드와 관련해 간단히 논의했듯이, 빛은 나름 비책을 가지고 있다.

1917년 알베르트 아인슈타인의 논문에 근거하고 실제로는 1947년에야 확인된 이론인 유도 방출을 통해, 아주 일관성 있거나 또는 단방향인 빛줄기를 만들 수 있다.

이 효과는 일반적으로 레이저Light Amplification by Stimulated Emission of Radiation로 알려져 있고 현대 통신에서 하나의 모퉁잇돌이 되었다. 지구를 교차해 가로지르는 고속 광섬유 데이터 케이블이 데이터 운반 수단으로 레이저 빛을 사용한다.

이제는 아주 높은 변조 대역폭을 지원하는 빛이라는 고주파 덕분에 데이터 전송 속도가 동케이블로 달성할 수 있는 것보다 수백 또는 수천 배까지도 빠르다.

레이저는 아주 싸고 흔해져서 몇 달러면 발표용 "가상의 지시봉"으로 사용할 수 있는 레이저 포인터를 살 수 있다. 동일한 간편한 기기를, 통통 튀는 작은 빨간 점을 쫓느라 고양이가 끝없이 광분하게 만드는 데도 사용할 수 있다.

자연광이 그 빛을 무작위로 모든 방향으로 퍼뜨리는 것과 달리, 레이저 빛은 엄청난 거리를 가로지르며 견고한 모양을 유지한다. 어떤 렌즈 시스템도 레이저 빛의 일관성과 경쟁할 수 없다. 아주 견고해서 달에 쏘면 10킬로미터 미만의 원으로 퍼질 것이다.

달까지의 거리가 약 40만 킬로미터이므로 이것은 아주 인상적인 결과다.

통신에서 레이저의 응용은 바코드 판독기와 광섬유 데이터 케이블만이 아니다. 무선 연결 면에서, 레이저 빛은 지구 궤도와 태양계에 나가 있는 모든 다양한 위성들과 지구 사이의 통신에 성공적으로 활용되었다.

2001년 유럽우주국ESA이 지상국과 정지궤도 위성 아르테미스 사이에 레이저 광 기반 우주 통신을 최초로 시연했다. 이들 시험에서 ESA가 지상에서 우주까지의 통신에서 기가비트 송신을 달성한 데 반해, 미 항공우주국NASA은 우주에서 지상까지 400Mbps를 달성했다.

NASA는 또한 메신저 무인 우주탐사선과 2400만 킬로미터 거리의 가장 긴 쌍방향 레이저 통신 기록을 보유하고 있다. 이것은 정지궤도보다 거의 700배 더 멀고 지구와 화성 사이의 평균 거리의 약 10분의 1이다.

크기와 에너지 소비 양쪽 면에서의 잠재적 절약과 더 높은 데이터 송신 속도 때문에 ESA와 NASA는 레이저의 활용을 미래 행성 간 탐사선의 무선 통신을 보완하거나 대체하는 수단으로 부지런히 살펴보고 있다. 인류가 화성으로 오랜 시간에 걸쳐 갈 때면 지구와 화성 사이의 근간이 되는 데이터 연결은 레이저에 기반을 둘 가능성이 높다.

그러나 지구와 화성 사이에서 웹사이트를 대화식 쌍방향으로 탐색하기를 기대할 수는 없다. 신호가 지구와 화성 사이의 거리를 가로지르는 데 걸리는 시간은 행성의 상대적 위치에 따라 4 내지 24분 걸린다.

빛의 속도는 엄청나게 빠르게 느껴지지만, 우리의 태양계라는 한계 안에서만 보아도 우주는 훨씬 더 크다. 우리 우주의 광활함을 보여주는 예로서, 1973년 푸에르토리코에 있는 아레시보 관측소Arecibo Observatory의 거대한 전파망원경이 공 모양의 M13 성단을 향해 "안녕"이라는 간단한 메시지를 보내는 데 사용되었다.

이 아레시보 메시지는 210바이트의 이진법 정보로 구성되었으며 다른 무엇보다 인간의 형태와 치수, DNA의 이중나선 구조 그리고 태양계의 구조에 대한 아주 간략한 설명을 담고 있었다.

역대 최장거리 무선 통신 시도인 이 메시지 송신은 약 2만 5000년 뒤 목적지에 도달할 것이다. M13에 있는 누군가가 이것을 수신할지는 또 다른 문제이겠으나 응답은 자연히 또 다른 2만 5000년이 지나야 완결될 것이다.

비교해 보면, 2만 5000년 전 우리 인류는 석기 시대의 마지막 시기를 보내고 있었다.

마찬가지로, 지금까지 가장 먼 거리를 탐사한 우리의 우주탐사선 보이저 1호는 1977년에 발사되어 현재 초당 17킬로미터의 속도로 가고 있지만 가장 가까운 이웃 행성인 프록시마켄타우리Proxima Centauri에 약 7만 3600년 후에 도착할 것이다.

보이저 1호의 가장 놀라운 점은 우주에서 40년이 지난 지금도 여전히 작동하고 있으며, 22와트 송신기를 통해 지구로 관측 자료를 보내올 뿐만 아니라 3.7미터 마이크로파 안테나를 통해 지구에서 지시를 받고 있다는 것이다. 그 신호들이 빛의 속도로 가는 데도 불구하고 보이저의 송신은 지구에 도달하는 데 거의 20시간이 걸린다.

그렇지만 전자기파를 활용하는 우리의 축적된 경험과 제임스 클러크 맥스웰의 이론들에 기반한 수학 덕분에, 필요한 안테나 크기와 송신 전력을 미리 계산하는 것이 가능했고, 거의 반세기가 지난 지금까지 그런 거리에서 신호를 받을 수 있다.

이것이, 자연과학이 방정식으로 어떻게 추측을 없애는지를 보여주는 또 다른 예다.

:: 에필로그와 헌사

누구보다도 부모님께 먼저 감사하고 싶다.

거의 50년 전, 부모님은 동네 도서관에서 기본적인 전자회로에 대한 책 한 권을 가져다주시면서 "관심이 있을지 몰라"라고 하셨다. 작은 백열 등을 깜박이게 했던 간단한 플립플롭 회로를 처음 만든 후 나는 빠져들었고 그 책이 모든 전자에 대한 내 평생의 관심에 불을 지폈다.

다음에는, 불법적인 3킬로미터 범위의 FM 송신기부터, 열정적인 친구들과 함께한 다이너마이트 "실험들"을 위한 폭파 타이머까지, 여러 실행이 이어졌다. 핀란드의 오지, 작은 시골 마을의 10대 소년으로서 가질 수 있었던 재미있는 부수적 혜택이었는데, 놀랍게도 모두들 눈과 손가락을 다치지 않고 살아남았다.

당연히 핀란드의 공공 도서관 시스템에 공을 돌린다. 여전히 세계 수준이며 오늘날에는 아마도 최고 이상일 수도 있는 이 시스템은 책, 신문 그리고 잡지들을 자유로이 접할 수 있게 한다는 당초의 구상을 뛰어넘었

© Springer International Publishing AG, part of Springer Nature 2018
P. Launiainen, *A Brief History of Everything Wireless*,
https://doi.org/10.1007/978-3-319-78910-1

다. 그러나 핵심은 1970년대 내 청소년 시절에 조그만 루오콜라티의 라실라Rasila 시립도서관이 이미 보유하고 있던 자료의 다양성은 정말 놀랄 만했다는 것이다.

도서관은 책을 골라 외진 마을 사람들에게 가져다주는 버스까지 운영하고 있었고, 찾는 책이 없으면 다음 주 버스 순회 때 받아볼 수 있도록 요청할 수 있었다.

최근 많은 논의들이, 전 세계 교육 시스템의 상대적 질과, 믿음에 기반한 "사실"을 교과 과정에 넣으려는 커져가는 압력 때문에 벌어지고 있는, 과학에 대한 공격에 초점을 맞추고 있다. 이런 유의 활동들은 특히 미국 쪽에서 뚜렷했으며 종종 대단히 종교적인 기부자로부터 엄청난 금액의 자금 지원을 받았는데, 그 기부자들 중 많은 이들이 과학을 사업 기회에 적용해 재산을 만들었지만 지금은 미래 세대의 과학적 사고를 억누르려고 열심히 노력하는 것으로 보인다.

이런 유의 전개와는 완전히 대비되게, 북유럽 국가들에서는 순수한 사실 기반의 교육이 표준이며 학생들에게 후에 그들 인생에서, 사실과 허구가 점점 더 서로 구분하기 어려워지는 환경에서 비판적 사고를 할 수 있게 하기 위해 필요한 필수 기반을 제공하는 쪽으로 진행되고 있다.

하지만 사회 간 차이는 교육에서보다 훨씬 깊다. 젊은 가슴에 사실과 허구 양쪽 모두를 충분히 제공하는 양질의 도서관에 접근하는 것은 내 경우에는 분명히 내 미래를 가꾸는 과정에서 아주 중요한 면이었고 이는 대체로 배움에 대한 감사와 같이 갔다.

나는 전 세계에 걸쳐 무선으로 접속하는 인터넷을, 기존의 그리고 계속 확장하는 정보 풀을 누구나 어디서든 자신만의 속도로 이용할 수 있게 하는 차세대 위대한 균형자라고 보고 있다. 인터넷은 인류를 위한 새롭고 세계적인 알렉산드리아 도서관이 되고 있다.

정보는 힘이고, 지구상의 모든 사람들이 그것에 접속할 수 있게 함으로써 위대한 일을 함께 이루어갈 수 있다. 무선 기술로 가능해진 "주머니 속의 인터넷"이 이 새롭고 유비쿼터스한 가상 도서관에 놀랍도록 쉽게 접속하게 한다.

우리의 지속적인 번영은 이들 새로운 기술들의 능력과 깊이 엮여 있기 때문에, 차갑고 단단한 과학을 기꺼이 집어던지고 근거 없는 믿음을 대신 촉진하기 시작하는 커져가는 매서움을 이해하기 어렵다. 이런 종류의 전개는 ISIS와 보코하람 같은 폭력적이면서 종교적인 집단에서 가장 확실해 보이는데, 후자는 "서양의 교육은 죄악이다"로 대강 번역될 수 있다. 이들 집단은 교육과 기술의 활용을 경멸하지만, 그들의 가장 기본적인 무기와 통신 시스템을 받치고 있는 모든 과학 연구의 결과물이 없다면 그들은 여전히 몽둥이와 돌로 전쟁을 치르고 있을 것이고 발전된 기술에 기반한 현대적인 힘에 한순간 쓸려 없어져 버릴 것이다.

더욱 걱정스러운 것은, 과학을 넘어 "믿음"을 촉진하는 새로운 흐름이 가장 발전된 사회에서조차 점점 더 썩어가는 듯이 보인다는 것이다. 지구 온난화를 부인하고 백신을 비난하는 것 같은 문제들을 통해 그 흉측한 고개를 들고 있다. 양쪽 모두 장기적으로 수천 수백만의 사람들에게 치명적인 결과를 의미할 수 있다.

조리가 닿지 않는 행위의 또 다른 예는 세상이 평평하고 우주 비행이 세상에 있는 수십 개의 우주 기관들이 퍼뜨린 커다란 거짓말이라고 판단하는 어리석은 사람들에게서 나오고 있다—이들 평평한 지구주의자Flat Earther에 따르면, 잘 교육받은 훈련된 전문가 집단이 "우주"로부터 온 엉터리 영상을 매일 수천 장까지 꼼꼼하게 만들어내느라, 심지어는 국제 우주정거장에서 보내오는 거짓 실시간 동영상을 만드느라 그들 인생을 낭비하고 있다고 한다.

그들이 사용하고 있는 일상의 서비스나 선박이 항구에서 멀어질 때 수평선 밑으로 내려가는 것처럼 분명히 보이는 간단한 사실을 언급하면서 평평한 지구론의 확연한 모순을 지적하더라도 그들은 별 관심이 없다. 어떤 "과학적 증거"도 그들의 세계관에 억지로 끼워 맞춰질 때에만 선택될 수 있다—그 외의 것은 그들에게 허위일 뿐이다.

왜 이런 유의 행위들이 오늘날 이다지 유행일까?

우리의 기술적 능력의 엄청난 향상과 새로운 발명들의 커져가는 사용 편리성이 우리들을 우리의 일상생활에 도움이 되는 모든 발전의 실제 뿌리에서 너무 멀리 떨어뜨려 놓았다는 것이 내 생각이다. 이들 새로운 기기 뒤에 있는 기술들은 피상적으로는 이해할 수 없으므로 완전히 엉터리인 다른 설명에 가짜 믿음을 쉽게 줘버리게 된다.

거기에다 소비자들이, 거의 모든 것이 물리학의 법칙을 깰 수 있는 것처럼 보여주는 영화에 휩쓸려 있기까지 해, 현실의 경계는 더욱 흐려지고 있다. 스파이더맨이 날아가는 제트기의 날개 위를 걸을 수 있고 원더우먼이 멈추지 않는 기관총탄 속에 들어가도 긁힌 자국조차 없다면, 세상을 실제로 움직인다는, 형상을 변환하는 파충류 인간이 자신들의 악랄한 켐트레일로 우리 모두를 지배하려고 왜 상업용 제트기를 이용하지 않겠는가?

"특별"해야 한다는 욕구는 우리 인간들에게 공통의 특징이지만, 불행하게도 따뜻한 마음이 조금도 없는 성격의 포레스트 검프 식의 특별함으로 끝나는 경우가 많다.

더 고약하게도, 쉽게 믿는 사람들에게 이러한 "대체 진실"을 팔러 다니는 것으로 돈을 벌 수 있기 때문에, 양심의 가책을 느끼지 않는 활동가들이 이런 새로운 자발적 무지에서 금전적 이득을 얻기 위해 떼로 몰려들어 왔다. 형편없는 일을 음모의 일부로 보이게 하는 엉뚱한 주장을 만들면, 그것을 수익성 있고 반복 가능한 사업으로 바꿀 만한 분명히 충분한 고객이 있다.

2018년 미국 대통령조차 아주 의심스러운 출처의 아마도 가짜인 자료들을 리트윗하고 동시에 전문적인 뉴스 조직을 "가짜 뉴스"라고 부르는 지경까지 왔다. 이들 트윗은 수백만 명의 "좋아요"를 즉각 받을 뿐 아니라 주요 텔레비전 네트워크와 몇 안 되는 소위 "진짜 뉴스" 웹사이트에서도 진실이라고 지껄여진다.

그 결과, 지식에 대한 거의 무제한의 접속에도 불구하고 비판적 사고에 대한 우리의 집단적 능력은 빠르게 사라지는 것 같다. 인터넷의 궁극적인 역설은, 과학에 대한 믿음을 포기한 사람들이 자신들이 열심히 펌하하고 있는 과학이 가능하게 만든 바로 그 도구를 사용해 자신들의 견해를 촉진하고 있다는 것이다.

알렉산드리아 도서관은 무식한 정복자들이 지휘하는 폭도들에 의해 오랜 기간에 걸쳐 점진적으로 무너졌다. 우리 자신을 의도적인 거짓에 압도되게 내버려 두는 것과 같은 일이 인터넷에 일어나지 않도록 하자.

사실 대신 믿음에 중요한 결정을 근거하도록 하는 접근법이 표준이 되면, 그런 일이 벌어지고 있는 나라의 기술적 경쟁력을 결국은 불구로 만들 것이다.

칼 세이건Carl Sagan의 이야기 중에 다음과 같은 것이 있다.

우리는 과학과 기술에 절묘하게 의존하는 사회에 살고 있지만, 과학과 기술에 대해 아는 사람은 거의 없다.

이 책으로 나는 우리 무선 세계를 움직이는 것에 대한 이해에 내 작은 몫을 하려고 했다. 그것은 종종 멋있는 마술 쇼처럼 보이겠지만 여전히 단단하고 차가운 물리학에 근거하고 있다.

이 책의 자료를 찾는 것에 대해 말하자면, 현재 인터넷을 통해 모든 사람의 손끝에 있는 정보의 양은 상상을 초월한다. 가장 애매한 세부사항조차 검증하는 것이 오늘날처럼 쉬운 적이 없었다.

내 젊은 시절에는 많은 경험을 한 후에나 문제를 푸는 것이 가능했다. 쉬지 않고 다양한 문제에 대한 해법과 우회책을 찾느라 셀 수 없는 낮과 밤을 보낸 후 문제를 풀 수 있는 대가guru가 될 수 있었다.

오늘날 가장 유용한 능력은 빨리 그리고 효과적으로 찾아내고, 마주하게 된 정보의 질을 평가할 수 있는 것이다.

대부분의 기술적이고 과학적인 문제에 있어서는 인터넷상의 거짓 데이터 양이 적어도 아직은 별로 중요하지 않지만, 역사적이고 특히 정치적인 주제 쪽으로 옮겨갈수록 이용하고 있는 정보 출처의 정확성을 더욱 살펴볼 필요가 있다. 믿을 수 있는 출처라 해도 세부사항들은 종종 맞지 않고 과거로 갈수록 오류는 더 커지는 것 같다.

정보 출처의 평판을 성공적으로 평가해 내는 것이 21세기에는 필수 기술이고, 북유럽뿐 아니라 전 세계 학교에서 가르쳐야 한다. 2016년에 보았듯이, 인터넷과 여러 매체를 통해 퍼지는 절대적인 거짓이 우리 모두에게 아주 치명적일 수 있는 결과로 선거까지 뒤집을 수 있다.

새로운 가상의 알렉산드리아 도서관을 위한 기본적인 구성 요소를 만들어가는 구글에 나는 점수를 주어야겠다. 하지만 개인정보에 대해서는 그 회사의 접근법을 지지하지 않으며, 그들의 서비스 어디에든 등록하는 순간 그들의 정보 네트워크로 이용자를 낚아 넣는 방식은 전혀 자랑할 일이 아니다.

많은 회사들이 인터넷 검색 분야를 개척하고 있었지만 세상의 정보를 색인하는 가장 좋은 해법으로 등장한 것이 구글이었고, 적어도 구글은 자기들 검색 결과가 확실한 신뢰성을 갖도록 하는 엄청난 과업을 활발히 하는 듯이 보인다.

나는 그저 그들이 "사악해지지 말자"라는 원래의 정신을 명백하게 포기하지 않았기를 바랄 뿐이다—개인정보는 우리의 생득권이며, 과도하게 수집되어 이득을 보면서 높은 값을 적어내는 이에게 팔리는 상품이 아니다.

개인적으로, 복잡한 문제를 간단하고 재미있는 단어들로 설명하기를 배운 것은 하이모 코우보Heimo Kouvo와 컴퓨팅 경력을 쌓던 초년 시절에 했던 기술적 세부사항에 대한 세세한 논의를 통해서였다.

이들 시간은 간단한 웹 검색을 통해 문제에 대한 해답을 찾을 수 없던 당시, 경험 많은 대가로부터 받은 훌륭한 개인 교습이었다. 하이모는 나에게 큰 가르침을 주었을 뿐 아니라, 당면한 주제의 배경에 대해 훨씬 적게 알고 있는 사람이 이해하도록 복잡한 주제들을 설명하는 방법을 가르쳐주었다. 그것은 경력 내내 내가 수없이 한 공개 발표에서 엄청나게 도움을 주었다.

이와 같이 책을 준비하는 실제 노력에 가까워지면서, 가장 먼저 감사를 전하고 싶은 사람은 초기의 편집자인 그레이스 로스Grace Ross다.

영어가 내 본래 언어가 아니라는 것은 피할 수 없이 많은 미묘한 오류와 기이한 문장 구조가 있을 수 있다는 의미인데, 그레이스는 이 원고의 초기 버전을 정리하는 대단한 일을 해냈다. 그녀의 코멘트가 디지털 세상에 덜 노출되어 있는 독자들에게 충분히 명백하지 않은 글을 개선하는 데 도움을 주었다.

마찬가지로 린 이메슨Lyn Imeson이 했던 마지막 교정 작업은 나에게 진정한 개안이었다. 세부사항에 대한 그녀의 관심은 흠잡을 데가 없었다.

무선 영역에서의 내 경험에 대해서는, 나의 전 고용주 노키아, 특히 노키아의 전 최고 기술 임원이었던 이르요 누보Yrjö Neuvo에게 특별한 감사를 전한다. 그는 노키아의 폭발적 성장을 가능케 한 기술 뒤에 있던 안내등이었고 내게 브라질 연구소인 INdT Instituto Nokia de Tecnologia로 옮기라는 구상을 주었다.

나는 노키아와 INdT에서 근무하는 동안 무선 혁명에 대한 중요한 세계적 통찰력을 얻었고, 핀란드 본사가 아닌 브라질에 근무함으로써 노키아의 천지개벽 같은 전화기 부문의 몰락에 대해 크고 복합된 내외부인의 견해를 얻을 수 있었다.

전화기 부문을 몰락게 한 잘못된 행보에도 불구하고 노키아가 무선 통신망 기반시설 제공자의 선두로서 건재해 있다는 것이 대단히 기쁘다. 그들의 연구소 역시 활발하게 새롭고 흥미로운 분야들을 조사하는 것 같고 전화기 사업을 하던 때보다 더 잘 개발하려고 노력하는 것으로 보인다. 노키아 내부의 그렇게 많은 위대한 연구 프로젝트들은 빛을 보지 못했다.

이 책이 좀 더 단단한 모양을 갖추기 시작하면서, 초고의 첫 번째 통독을 내 친구이자 전 동료인 안드레 에탈André Erthal이 해주었다.

안드레는 아침밥으로 과학 소설을 읽고 기술뿐 아니라 인생 전반의 모든 새로운 것들에 대해 올바른 종류의 끝없는 호기심을 가졌으며, 그의 첫 충고는 이야기의 방향을 정하는 데 도움이 되었다.

내 평생의 친구이자 컴퓨터 대가인 이르요 토이비아넨Yrjö Toivianen도 초반에 충고를 해주었다. "그래, 언젠가는 책이 되겠네"라는 그의 말은 내가 일을 해내는 데 도움이 된 핀란드의 전통적인 엄지척이었다.

휴대전화의 진화에 대한 기술적인 면의 일부는 익명을 원하는 노키아의 내 이전 동료들이 검토했다. 익명을 원했다고 해서 그 값진 통찰력에 대한 내 최고의 감사를 표하지 않을 수 없다. 스스로는 누구인지 알지 않는가….

이 책을 엮는 데 약 2년이 걸렸고, 이 당시 접한 모든 책, 논문, 뉴스, 영상 그리고 웹사이트의 목록을 만드는 것은 현실적이지 않다. 내 생각은 흥미롭고 재미있는 이야기 모음을 만드는 것이지, 과학 공부가 아니었다.

이 책에서 거론한 몇몇 이슈들에 대해 더 알고 싶다면, 다음의 훌륭한 읽을거리를 추천한다.

이 책에 언급된 모든 사람 중에 내가 개인적으로 가장 좋아하는 사람은 니콜라 테슬라다.

대체로 테슬라는 20세기의 가장 다재다능한 발명가로 남아 있고 무선 기술에서의 연구는 그의 평생 업적의 극히 일부일 뿐이다.

마거릿 체니Margaret Cheney가 쓴 『니콜라 테슬라Tesla: Man out of Time』를 읽으면, 테슬라의 발명품들을 둘러싼 음모 이야기로 몇 날 며칠이 즐거울 수 있고, 또는 테슬라의 일생에 대한 균형 잡힌 포괄적 이해를 얻을 수 있다.

암호화는 현대 통신에서 기본 요건이 되었고 인간 역사에서 암호의 사용은 우리 대부분이 생각하는 것보다 훨씬 일찍 시작되었다. 우리 역사의 흥미로운 부분은 사이먼 싱Simon Singh의 『비밀의 언어: 암호의 역사와 과학『The Code Book: The Science of Secrecy from Ancient Egypt to Quantum Cryptography』에
설명되어 있다.

마지막으로, 앞서 말한 터무니없는 유사과학pseudo-science의 걱정스러
운 증가에 대한 언급으로 돌아가면, 칼 세이건이 쓴 『악령이 출몰하는 세
상: 과학, 어둠 속의 작은 촛불The Demon-Haunted World: Science as a Candle in the
Dark』보다 이 문제를 잘 다룬 책을 알지 못한다.

무슨 이유로든 과학의 발견을 부인하거나 인위적으로 폄하하는 것은
우리 모두에게 공통이 되어야 할 목적에 해롭다. 그 목적은 '이 행성을
우리 모두가 살면서 배우는 데 더 좋은 곳으로 만드는 것'이다.

이 책이, 오늘날 우리가 완전히 의존하고 있는 이들 발전에 대한 통찰
력을 주는 데 작은 기여를 했기를 희망한다. 겉으로는 간단해 보일지 모
르겠으나, 이것은 저변 기술을 발전시키는 데 전 생애를 보냈을 수천 수
만의 위대한 정신이 만들어낸 환상이다.

그러므로 내 마지막 감사는 이것을 가능케 해서 우리 모두에게 더 나
은 세상을 만들어준 이름 있는 그리고 이름 없는 모든 영웅에게 돌린다.

스파크와 전파

TECH TALK

　기술 측면에서 보면 최초의 무전기는 조잡한 전기기계 장치로, 코일, 변압기 그리고 소위 무선 전파를 만드는 스파크 갭(낙뢰) 접근법을 활용하고 있었다.

　스파크 갭은 기본적으로 실제의 고전압 스파크의 흐름을 통해 무선 주파수 잡음을 만들어내는 방식인데, 그 결과로 만들어진 주파수는 아주 정확하지는 않았다.

　그러므로 송신이 인접 채널로 새어나가, 스파크 갭 송신기 근처에 있는 다른 채널에 맞춰진 수신기를 사용하기 어렵게 만들었다. 인접 채널에 맞춰진 두 대의 송신기는 서로 간에 쉽게 상당한 간섭을 일으키고, 송신력을 추가하면 범위가 확장되지만 잠재적인 간섭의 반경 또한 확장될 수 있었다.

　초기에는 이러한 고약한 부작용이 불행하게도 경쟁 장비 제조업체 간의 다양한 경연과 시연에서 경쟁사의 송신을 고의적으로 방해하는 데 종종 이용되면서 쓸데없이 무선의 알려진 유용성을 퇴색시켰다.

© Springer International Publishing AG, part of Springer Nature 2018
P. Launiainen, *A Brief History of Everything Wireless*,
https://doi.org/10.1007/978-3-319-78910-1

생성된 신호에는 변조가 없었다. 전건telegraph key을 통해 송신기를 최대 전력으로 했다가 0으로 돌렸기 때문에, 전건이 스파크 갭 송신기의 재빠른 켜고 끄는 스위치로 이용되었고 모스 부호로 해석되는 고주파 진동pulse을 만들어냈다.

모스 부호에서 각 글자는 짧고 긴 진동인 점과 대시로 표현되고 이들 조합은 영어 글자의 통계적 표현에 따라 최적화되었다. 이런 방식으로 영어 문장을 전기적 진동으로 송신하는 데 필요한 전반적 시간이 최소화되었다. 예를 들어, 가장 일상적인 글자인 E는 모스 부호에서 한 개의 짧은 진동(점)으로 표현되고, I는 두 개의 짧은 진동(점 둘), A는 한 개의 짧은 진동(점)과 긴 진동(대시) 등등이다.

당연히 독일어나 스와힐리어로 된 글은 동일한 통계적 글자 분포를 공유하지 않으므로 모스 부호로 최적화되지 않았지만, 같은 글자 부호가 전 세계적으로 사용되고 지역의 특수 문자들에 대해서는 새로운 긴 부호가 추가되었다.

이런 진동 기반 통신 방식은 이미 전 세계를 통해 전신에서 사용 중이므로 무선에서도 같은 접근법을 사용하는 것이 자연스러웠다. 모스 부호에 능숙한 사람을 찾는 것은 기존의 전신 운영자 집단 덕분에 쉬웠다.

시스템이 순전히 전기기계적이었기 때문에 송신기에서 발생하는 간섭량을 줄이기 어려웠다. 진공관 기술이 몇 년 후 나왔을 때에야 상당한 개선이 가능해졌다.

수신하는 쪽에서는 상황이 별로 나아지지 않았다.

초기 설계에서는 코히러(검파기)라고 부르는 부품이 무선 신호를 찾는 데 이용되었다. 이것은 전극이 두 개 있는 관에 금속 조각을 채운 것으로, 연결된 안테나를 통해 코히러에 들어온 전자파가 있을 때 전도성이 변했다.

이런 방식으로 비변조 고주파 송신인 반송파가 검출되고, 전기전도도의 변화로 티커 테이프 메커니즘을 구동하거나 헤드폰에 소리를 보내는 데 사용될 수 있었다.

또 다른 진동을 위해 코히러 안의 금속 조각을 리셋하기 위해서는 코히러에 기계적 두드림이 필요했다. 이런 "두드림"이 금속 조각들을 낮은 전도 상태로 되돌려 놓았다. 그러므로 코히러는 기계적이고 전기적인 잡음에 아주 취약했고 각 진동 후에 코히러를 리셋하는 데 필수적인 디코히러 조립 설계에 많은 노력이 들어갔다.

최초의 코히러는 1890년 프랑스 물리학자 에두아르 브랑리Edouard Branly가 발명했는데, 그것과 그 후속물의 내부 작동은 일종의 마술이었다. 개발은 주로 당시 무선 개척자들이 했던 수정과 재실험의 무한 반복으로 이루어졌다.

뒤돌아보면, 수천 킬로미터 너머의 통신을 제공하는 데 이런 모든 잡동사니 회로를 이용했다는 것은 인간의 창의성이 어떻게 끊임없이 가용한 기술의 한계를 밀어냈는지를 보여주는 놀라운 예다. 비록 원시적이었을지라도 말이다. 오늘날에도 코히러를 작동시키는 물리학을 완전히 이해하지는 못했지만 발명가들은 그것을 무선 수신기의 핵심 부품으로 계속 이용하면서 수신기의 감도를 향상시키기 위해 끊임없이 새로운 설계를 실험하고 있다.

다음 주요 단계는, 스파크 갭 송신기 기술이 만든 반송파의 넓은 주파수 스펙트럼이 일으키는 간섭 문제를 해결하는 것이었다. 이를 해결하기 위해 연구의 초점은 잘 조율된 연속파 송신을 개발하는 것으로 옮겨갔다. 이들 시스템은 스파크 갭이 만드는 넓은 스펙트럼의 무선 잡음을 크게 감소시키는, 고정 주파수의 순수한 신호인 사인파를 만들어낼 수 있었다.

가장 빠른 연속파 시도는 전통적인 교류발전기를 사용하므로 전기기계적이었으나, 높아진 회전력과 보다 촘촘한 코일 구조로 무선 주파수 진동을 만들어낼 수 있었다. 이들 시스템 중 가장 눈에 띄는 것은 알렉산더슨 교류발전기였는데 대서양 횡단 송신이 충분히 가능했다.

전기기계 시스템에서 벗어난 세대교체의 개가는 1907년 발명된 삼극관의 등장 이후에 나왔다.

삼극관은 그 이름이 시사하듯이, 공기를 모두 제거한 유리관 안에 금속 전극 세 개를 밀폐해서 넣은 진공관이다. 캐소드와 애노드 두 개의 전극을 통해 전류가 흐르고, 세 번째 전극인 그리드에서의 전압 제어가 이런 주 전류 흐름을 늘리거나 줄이는 데 사용될 수 있다. 삼극관의 근본적이며 혁신적인 면모는 제어 전류의 작은 변화가 캐소드에서 애노드로의 전류 흐름에 훨씬 많은 변화를 만드는 것이고, 그러므로 처음으로 안테나를 통해 받은 약한 신호를 증폭하는 것이 가능해졌다.

삼극관의 단점은 전류 흐름을 유지하기 위해 특수한 빛을 내는 필라멘트를 통해 캐소드에 내부 열을 제공해야만 했다는 사실이다. 이 필라멘트는 통상의 전구와 똑같이 수명이 제한되어 있고 고장 나면 삼극관은 더 이상 작동하지 않는다. 상업적으로 생산된 삼극관은 예상 수명이 2000 내지 1만 시간이었다. 그러므로 최악의 경우, 석 달 동안 연속 사용 후 교체해야 했다.

필라멘트를 가열하려면 실제 회로의 전류 흐름에 관여하고 있지 않는 상당한 추가 에너지가 필요했다. 이것이 배터리로 작동하는 기기 모두에서 문제였다. 마지막으로, 삼극관에서 진공 처리되는 유리관은 물리적 충격에 대단히 약했다.

이런 단점에도 불구하고 삼극관의 발명은 무선 기술을 고체전자 시대로 이동시킴으로써 혁명을 일으켰다. 장치가 더 이상 부피 있고 복잡한 구동부가 필요하지 않고 더 튼튼하고 작아서, 송신 신호의 질과 수신기의 감도 면에서 1세대 기기들에 비해 우월했다. 진공관의 대규모 생산이 가격을 빠르게 떨어뜨렸다. 대체로 이런 근본적인 변화가 방송 혁명의 배경이었는데 4장 **무선의 황금시대**에서 논의한 바 있다.

고체전자의 2차 혁명은 트랜지스터의 발명과 함께 1947년에 시작되었다.

원래의 트랜지스터는 삼극관과 같은 원리로 작동했는데, 이미터와 컬렉터 사이의 대단히 강한 전류의 흐름을 통제하는 데 사용되는 제어 전극인 베이스를 제공한다. 그러나 트랜지스터는 반도체라고 부르는 재료를 기반으로 하므로, 내부가 진공으로 된 유리관이나 가열된 특수한 필라멘트가 필요 없기 때문에 삼극관보다 훨씬 작고 상당히 더 에너지 효율적이다. 필라멘트가 없는 트랜지스터의 수명은 작동 조건이 사양 안에 있다면 실질적으로 무제한이다.

트랜지스터의 반도체를 제공하는 가장 일반적인 재료는 실리콘으로, 풍부하고 저렴하며, 진공관의 경우와 달리 트랜지스터의 제조는 대규모 생산으로 쉽게 키울 수 있다. 그 결과, 개별 범용 트랜지스터의 가격은 대량으로 구매하면 1센트 이하 수준으로 떨어진다.

트랜지스터 제조 공정의 개선으로 생기는 가장 근본적인 이점은 처음에는 수천 그리고 현재는 수십억의 상호 연결된 트랜지스터로 구성된 완벽한 집적회로를 만들 수 있다는 것이었다.

이들 마이크로칩들이 오늘날의 컴퓨터 중심 세상의 배후이고, 그것들은 다양한 형태, 크기 그리고 기능들을 가지고 있다. 마이크로칩 도매상인 디지키Digikey, Inc의 웹사이트에 가거나 "집적회로"를 찾아보면 60만 개이상을 볼 수 있다. 그중 다수는 단지 특정 전자 작업 하나만 수행하지만 마이크로칩의 중요한 부분 조합인 마이크로프로세서는 오늘날 거의 모든 기기에 일반 컴퓨터 기능을 추가할 수 있게 했다.

트랜지스터 기술은 여러 해에 걸쳐 몇 세대의 향상을 거치면서 끊임없이 더 저렴하고 더 에너지 효율적인 부품의 흐름을 만들어냈다. 대량생산 방식 덕분에 수십만 개의 트랜지스터로 구성된 가장 간단한 마이크로프로세서의 가격이 1달러 이하다.

내부 구조를 바꾸고 마이크로칩 내부의 트랜지스터를 연결함으로써 아주 작은 공간 안에서 고급 특수 기능을 거의 무제한으로 제공하는 것이 가능해졌다. 이런 유의 특수 설계된 부품의 좋은 예는 최근의 가상현실Virtual Reality 시스템에서 실세계를 흉내 내는 몰입적인 경험을 제공하는 3차원 그래픽 프로세서다.

다른 쪽 끝에 있는 것은 마이크로컨트롤러 칩인데, 마이크로프로세서의 로직 기능을 최소한의 외부 부품으로 다재다능한 기기를 만들 수 있게 하는 적절한 연결 회로와 합친 것이다. 이것들은 사용자가 원하는 어떤 기능들도 수행하도록 프로그램될 수 있다.

마이크로칩의 한계는 인간의 상상력까지이므로, 우리의 현재 트랜지스터 기반 기술은 앞으로도 수십 년간 기능 확장에 많은 여유를 갖고 있는 듯 보인다.

신호를 증폭할 수 있는 모든 종류의 전자 부품은 적절한 피드백 회로를 통해 대단히 정교한 주파수에서 진동하도록 만들어질 수도 있다. 그러므로 삼극관의 등장은 이전에 무선 주파수 신호 생성을 위해 사용되었던 모든 부피 큰 전기기계 부품에는 사형 선고였다.

삼극관은 순수한 연속 사인파를 만들 수 있을 뿐 아니라 이전의 전기 기계적 방식보다 훨씬 더 높은 주파수를 생성할 수 있었다. 그러므로 더 많은 채널이 통신을 위해 열렸다.

순수한 사인파와, 송신 주파수에 대한 정확한 제어가 채널 간의 간섭을 크게 줄였다. 둘 모두 이전의 스파크 갭 송신기와 비교해 우월한 특성이었고, 이런 발전은 트랜지스터의 등장과 함께 더욱 에너지 효율적이고 신뢰할 만하게 되었다.

수신부 쪽에서는 슈퍼헤테로다인 기술의 형태로 중요한 개가가 이루어졌는데, 13년 전 레지널드 페센든이 특허 낸 이론적 헤테로다인 원리Heterodyne Principle에 근거를 두고 1918년 에드윈 암스트롱Edwin Armstrong이 실행했다.

안테나가 수신한 고주파 신호를 직접 증폭하는 것은 주파수가 높을수록 능동 전자 부품으로도 얻을 수 있는 양이 더 낮기 때문에 어렵다.

슈퍼헤테로다인 수신기 안에서 안테나의 약한 고주파 신호는 국부발진기의 안정된 저전력 주파수와 섞이고 이 혼합 신호는 중간 단계의 쉽게 증폭될 수 있는 훨씬 낮은 주파수를 만들어낸다. 직접 받은 고주파 신호 대신 중간 단계의 저주파 신호를 증폭하는 이런 창의적인 방식이 뛰어난 수신 감도를 만들어냈으며, 멀리 떨어져 있는 무선 통신소도 이제는 송신력을 증가시킬 필요 없이 수신될 수 있게 되었다.

정확하게 주파수를 검출할 수 있는 가능성과 함께, 새로운 송신기는 진폭 변조Amplitude Modulation: AM의 사용을 가능하게 했다. 전건으로 조정하여 송신기를 켜고 끄는 대신, 송신력의 최소와 최대 사이를 필요대로 조정하는 것이 가능했다. 그래서 음향 신호를 AM 송신기의 추진체로 사용함으로써, 상대적으로 느린 모스 부호 대신 말을 통신에 사용할 수 있었다.

음성이 곧 무선 통신의 대부분을 접수했으나, 모스 부호는 장거리 해상 통신의 국제 표준으로 사용되던 것이 중단된 1999년까지 계속 남아 있었다.

모스 부호의 남아 있는 주목할 만한 사용처는 아마추어 무선 통신과 VOR 무선 항법 보조인데, 6장 **하늘 위 고속도로**에서 논의했다.

현대의 항공 장비는 수신된 세 글자 모스 부호를 자동으로 비행기 항법 장비 화면에 문자로 바꾸어서 조종사가 송신소의 모스 부호를 귀로 확인하지 않아도 되지만, VOR 송신소의 식별자에 상응하는 점과 대시는 여전히 항공 차트에 인쇄된다.

이런 자동화에도 불구하고 VOR 송신소에서 계속 모스 부호를 사용하므로 모스 부호는 여전히 사용되고 있는 세상에서 가장 오래된 전자 암호 시스템이다.

진폭 변조AM는 내재하는 한계가 있다. 변조하는 신호 수준이 낮으면 그에 따르는 송신력도 낮아지고 수신 신호가 낮을수록 같은 채널 위에서의 더 많은 간섭이 수신 신호의 질을 떨어뜨린다.

진폭 변조는 아날로그 텔레비전 송신에도 이용되기 때문에 화면이 전송되지 않고 텔레비전에 검은색 화면만 보일 때 간섭이 가장 눈에 띈다 —불량 마감된 시동 회로를 가진 오토바이는 검은 화면 위에 하얀 점들을 남긴다.

이 문제를 우회하는 논리적 단계는 변조 신호를 뒤집는 것이다. 화면이 완전히 검은색일 때 송신이 가장 강한 수준이므로, 검은색 배경에서나 일반적으로 아주 잘 보일 만한 저수준의 간섭을 모두 지워버리는 것이다.

음향 송신을 위해서는 이 문제를 우회하기 위한 훨씬 좋은 방법이 고안되었다. 1933년에 특허받은 주파수 변조Frequency Modulation: FM는 송신기가 계속 최고 전력으로 작동하게 하고, 변조하는 신호를 그 진폭 대신 실제 송신되는 주파수에 약간의 변화를 일으키는 데 사용한다. 따라서 수신된 신호는 순간적인 변조 수준과 관계없이 항상 최고 수준에 있고 그래서 수신은 불필요한 신호 간섭에 훨씬 덜 취약하다. 가능 송신 범위 역시 실질적인 최대치다.

그러므로 주파수 변조 신호에는 그 주변에서 주파수가 계속 변하는 중심 주파수가 있는데, 이 변화의 폭은 변조 깊이에 따라 다르다. 이 중심 주파수를 둘러싸고 있는 지속적인 변동은 수신기에서 검출되어 원래의 변조 신호로 바뀐다.

테크톡 **공짜는 없어요**에서 설명했듯이, 주파수 스펙트럼이 변조 신호 안에서 넓을수록 송신 채널을 위해 필요한 대역폭이 더 넓어진다. 그러므로 주파수 변조는 송신 주파수가 적어도 수십 메가헤르츠MHz일 때만 실용적이다.

그러나 VHFVery High Frequency 대역의 활용과 함께 FM의 향상된 소리 질은 방송을 지금의 친숙한 87.5~108MHz 방송 대역에서 보편적으로 가용한 상태로 승격시킨 마지막 향상이었다. 이런 전 세계적 표준에 단지 몇몇 예외만 있는데, 특히 일본은 76~95MHz를 할당했다. 몇몇 구소련 블록 국가들 또한 65.9~74MHz로 다르게 할당했지만 지금은 대부분이 87.5~108MHz로 변경했다.

AM 송신은 저주파수 대역의 표준으로 남았는데, 신호가 이 대역 위에서 길게, 대륙 간 거리까지 횡단할 수 있다. 이는 저주파수 신호들이 지상파로서 그리고 대기 상층부의 전기적으로 대전된 지역인 이온층으로부터 반사를 통해 지구 곡면을 쫓아간다는 사실 때문이다.

높은 주파수들이 사용되면 이런 효과는 감소하고, 정상적 조건의 FM 송신에서는 완전히 사라졌다. 이 경우, 송신된 신호는 이온층에서 반사되지 않고 지상파 효과도 없이 송신 안테나에서 직선으로 이동한다. FM 수신기가 FM 송신기에서 너무 멀고 지구 곡률 때문에 안테나가 가시선 밖에 있으면 수신 질은 급격히 나빠지는데 신호가 우주 속으로 사라져버리기 때문이다. 대부분의 방송용 FM 송신기에서 사용되는 엄청난 송신력보다 수신기의 상대 고도가 수신 거리에 더 큰 영향을 미친다. 인구 밀집 지역의 1만 피트 상공이나 그 이상의 높이에서 날고 있는 비행기에 실린 FM 라디오를 체크해 보면 갑자기 라디오 다이얼이 멀리 떨어져 있는 방송국들로 꽉 차게 된다―이것은 지구가 평평하지 않다는 또 다른 간단한 증거다.

FM 신호의 이런 직선 전파가 안테나 탑이 일반적으로 아주 높거나 언덕 꼭대기에 세워진 이유다. 송신 안테나의 높이에 따라 FM 방송은 일반적으로 약 200킬로미터까지만 들을 수 있는 데 반해, 지상파와 이온층의 반사 덕분에 AM 송신은 수천 킬로미터 떨어진 방송국에서도 수신할 수 있다.

FM과 텔레비전 신호의 장거리 고주파 수신은 아주 드물지만 반사하는 대기 조건에서만 일어날 수 있는데, 종종 넓은 고기압 지역과 관련이 있고, 지구 대기권의 일부로 모든 날씨가 일어나는 대류권이 먼 거리에 걸쳐 신호를 반사하거나 이온층이 높은 수준의 태양풍 때문에 동요될 때 일어날 수 있다. 이 두 가지는 단기에서 중기까지의 반사 상황을 만드는데, 이 동안 높은 주파수까지 반사되어 수평선 너머 수백 또는 수천 킬로미터에 있는 수신기에 도달한다. FM 라디오 네트워크의 채널 할당은 가

시선 한계를 염두에 두고 계획되었기 때문에, 이런 종류의 "무선 일기 상황"은 수신기가 원하는 송신기와 멀리 떨어져 있는 경우 심각한 간섭을 초래하게 된다―같은 채널에 있는 또 다른 송신기에서 반사된 신호는 원하는 다른 송신을 완전히 가릴 정도까지 충분히 강할 수 있다.

이런 유의 특별한 반사 상황은 계속 바뀌고, FM 수신기는 같은 채널 위에 두 개의 신호가 나타날 때 한 신호를 자동 추적하려 하기 때문에 FM 수신기가 자기 마음대로 두 송신 사이를 계속 왔다 갔다 하는 것처럼 보인다.

당신과 멀리 있는 송신기 사이, 바로 그 지점의 대기권에 유성이 들어오면 아주 드문 반사가 일어날 수도 있다. 불타는 유성이 만들어낸 이온화된 공기가 강한 신호를 만들어서 약한 FM 송신을 몇 초간 지우고 그러면 라디오가 잠깐 동안 멋대로 채널을 바꾸는 것처럼 느껴진다. 나는 개인적으로 아이 시절에 멀리 떨어진 텔레비전 방송을 "헌팅"하려 했을 때 이런 종류의 유성 산란을 경험했다―핀란드에서 사용하지 않는 채널에 텔레비전이 나온 적이 있는데, 뜨거운 여름 고기압이 일으키는 장거리 반사를 찾던 중 갑자기 덴마크의 선명한 텔레비전 시험방송 화면이 불과 2~3초 보이고 사라진 다음 다시 보이지 않았다.

에필로그와 헌사에서 설명했듯이, 핀란드의 시골에서 자라는 것은 여가 시간을 보내는 방법을 찾는 데 아주 창의적이게 만들어준다….

매우 긴 장거리 무선 송신을 위해서 AM의 또 다른 효과적인 변종인 SSB Single-sideband Modulation가 적용될 수 있다. 1915년 존 렌쇼 카슨John Renshaw Carson이 특허를 냈지만 12년이 지나서야 뉴욕과 런던 사이의 대서양 횡단 공공 무선전화 회로를 위한 변조 방식으로 첫 번째 상업용 사용을 볼 수 있었다.

SSB는 일반 AM 송신보다 송신 효율이 우수해 동일한 송신력으로 더 먼 수신 범위가 가능했다.

AM, FM 모두 아날로그 신호에 의해 변조되는 데 적절하지만, 신호가 디지털이고 1과 0의 흐름만으로 구성될 때에는 테크톡 **크기 문제**에서 논의했듯이 이들 원래의 변조 모드가 효율성과 간섭 취약성 양면에서 볼 때 최적이 아니다.

가용한 채널에서 최대한의 대역폭을 짜내기 위해서 신호의 주파수와 진폭뿐 아니라 신호의 위상 역시 변조된다.

가장 일반적으로 쓰이는 디지털 변조 방식은 OFDMOrthogonal Frequency Division Multiplexing이라고 부르는 것이다. OFDM을 자세히 설명하는 것은 이 책의 범위 밖이므로, 이것은 가용한 스펙트럼의 활용 면에서 가장 효율적일 뿐 아니라 커다란 사물이나 산의 반사가 일으키는 다중 경로 간섭multipath propagation interference 같은 다양한 무선 간섭에 상대적으로 영향을 받지 않는다고 말하는 정도만 하자.

그래서 OFDM은 이 책에서 논의했던 와이파이, WiMAX, 4G LTE 등 많은 무선 해결책에서 사용하는 변조다.

실제로 무선에 이용되는 전자기 스펙트럼의 부분, 즉 무선 스펙트럼은 VLF(약 3kHz)부터 EHF(약 300GHz)까지다.

주파수의 변화는 선형 진행이므로 다양한 주파수 대역의 경계는 절대적이지 않다. 한 그룹에서 다른 그룹으로의 변화는 점진적이지만, 일반적으로 언급되는 경계는 다음과 같다.

VLF(초저주파), 3kHz에서 시작
LF(저주파), 30kHz에서 시작

MF(중파), 300kHz에서 시작

HF(고주파), 3MHz에서 시작

VHF(초단파), 30MHz에서 시작

UHF(극초단파), 300MHz에서 시작

SHF(초고주파), 3GHz에서 시작

EHF(극고주파), 30GHz에서 시작

3kHz 이하로 가면 테크톡 **공짜는 없어요**에서 논의했듯이 변조할 수 있는 여유가 거의 없다.

주파수 스펙트럼의 낮은 쪽 끝은 잠수함의 통신 같은 특수한 용도가 있는데, VLF 주파수는 수백 미터 깊이에서 수신될 수 있으며 수 킬로미터에 달하는 예인형 안테나가 잠수함에 장착되어 있어야 한다.

범위의 상단에 있는 SHF에서 우리는 마이크로파를 만나는데 레이더에서부터 와이파이, 전자레인지에 이르기까지 많은 현대 기술이 활용하고 있다. 그 후 마이크로파의 위 경계인 300GHz를 지나가면 전자기파 스펙트럼의 최상단에 도달하는데 여기서 전자기파의 전파propagation 특성이 근본적으로 변한다. 첫 부분은 적외선 방사이고 그 후에 가시광선, 자외선 그리고 마지막으로 깊숙이 침투하는 엑스선과 매우 강력한 감마선이 나온다.

활용할 수 있는 유용한 주파수는 다양한데, 그 특성이 대단히 다르다. 저주파는 대륙 간과 수면 밑에서 사용되고, 고주파는 지원할 수 있는 넓은 변조 덕분에 엄청난 양의 정보를 넣을 수 있다.

감마선은 핵반응의 결과물이고, 가장 강력한 감마선은 알려진 우주 반대편에서 우리에게 도달할 수 있는데 초신성 폭발이나 블랙홀 충돌로 만들어지고 빛이 투명한 유리를 통과하는 것보다도 쉽게 지구를 통과할 것이다.

자외선의 높은 끝단은 엑스선, 감마선과 함께 이온화 방사선을 포함하고 있는 전자기파 스펙트럼 부분을 보여주는데, 이 때문에 이들 고에너지 빛은 생명체에 유해하다. 11장 **즐거운 나의 집**에서 논의했듯이, 마이크로파는 이온화 방사선이 아니고 극히 국부적인 열을 만들 뿐이다.

요약하자면, 정교하게 조정되는 고주파 송신기와 슈퍼헤테로다인 수신기를 갖춘 고체전자 혁명이 현대 무선 사회로 오는 길에서 가장 근본적인 돌파구였다.

이런 향상된 기술 덕분에 1927년 스파크 갭 송신기의 사용을 상당히 제한하는 법이 입안되었다. 선구적이었던 장비가 기술의 향상으로 갑자기 삼극관 시대의 수신기에 간섭을 일으키는 주요 근원이 되었던 것이다.

트랜지스터의 발명 후에도 무선 수신기와 송신기의 근본은 동일했지만, 에너지 효율, 신뢰성, 크기가 크게 발전했다. 그리고 테크톡 **성배**에서 설명했듯이, 결국은 최근의 마이크로칩 혁명이 이 기술에 완전히 새로운 접근법을 가져오고 있다.

무선 전파는 본질상 공유되고 제한된 자원이며 국경이 없으므로 여러 사용자 간의 간섭을 피하려면 긴밀한 협력이 필요하다. 국제전기통신연합International Telecommunication Union: ITU이 7장 **적도 부근의 통신 체증**의 정지 궤도 위성 주파수 할당에 대한 논의에서와 같이 지구상의 모든 잠재적 문제들을 해결하기 위해 최상위 할당 주체로서 역할하고 있다.

이런 국제 협력 외에, 모든 국가들이 국경선 안에서 다양한 주파수 대역의 할당과 사용을 실질적으로 관장하는 자체 통제 기관을 두고 있으며, 역사적 이유 때문에 이들 할당이 지리적 지역 간에 다른 경우가 많은 데 9장 **미국의 길**에서 실질적인 예를 논의한 바 있다.

기술이 발전하면서 일부 대역의 사용이 구식이 되었고, 이들 대역은 5장 **동영상에 넋을 잃다**에서 논의했듯이 예전의 일부 텔레비전 주파수들의 해제에서처럼 재할당되었다.

크기 문제

우리 모두는 아날로그와 디지털 손목시계라는 개념에 친숙하다. 하나는 시간을 가리키는 돌아가는 포인터가 있고, 다른 하나는 연속으로 분명한 숫자들이 나온다.

이 두 개념은 본질적으로 정확히 같은 것을 나타내지만, 그것들은 아날로그와 디지털이 실제로 의미하는 것의 좋은 예를 보여준다.

아날로그 세상에서는 일들이 연속적으로 일어나는 데 반해 디지털 세상에서는 정해진 단계로 일어나고, 우리가 주변 세상을 핵 또는 양자 단위로 보지 않는다면 우리 주변의 모든 것은 아날로그로 보인다. 우리가 아무리 정확히 어떤 자연 현상을 측정하더라도, 그것은 A와 B 사이에 있는 가능한 모든 점들이 그 전개를 따라 서로 연결되면서 A에서 B로 바뀌는 듯 보인다―해질녘 태양빛은 뚜렷한 단계 없이 서서히 사라지고 별들은 주변의 하늘이 어두워지면서 연속적으로 점차 밝아지는 것으로 보인다. 번갯불조차도 충분한 프레임 속도로 기록하면 선명한 시작과 발전, 쇠퇴 그리고 소멸이 있다.

© Springer International Publishing AG, part of Springer Nature 2018
P. Launiainen, *A Brief History of Everything Wireless*,
https://doi.org/10.1007/978-3-319-78910-1

컴퓨터에서는 상황이 아주 다르다.

컴퓨터는 정보를 내부에 비트로 저장하는데 두 개의 상태만 있다―0 또는 1. 이것은 전등 스위치와 같다. 켜거나 끄거나. 컴퓨터에는 중간이라는 개념이 없다.

오디오 시스템의 볼륨 같은 것이 오직 켜거나 끄도록만 되어 있다면 정말 대단히 성가셨을 텐데, 이는 10대가 있는 집이라면 분명히 경험했을 것이다. 이것을 피하려고 컴퓨터는 모든 임의의 데이터를 전송과 처리의 편의를 위해 커다란 단위로 그룹화한 비트의 묶음으로 처리한다. 그런 비트의 묶음이 실제로 하는 것은 완전히 실행에 달려 있다. 그것들은 합쳐져서 디지털화된 그림, 가정 경보 시스템의 이벤트 기록, 당신이 좋아하는 음악, 이 책의 복사본을 보여줄 수 있다. 무엇이나 된다.

이 설명이 모든 디지털 데이터에 대한 상황을 꽤 많이 보여준다. 모든 것은 더 작거나 더 큰 비트 모음일 뿐이고 이들 비트가 나타내는 것은 완전히 실행에 달려 있다. 그리고 실행은 인간과 기계 사이의 신사협정일 뿐이다. 어떤 형식의 데이터는 어떤 것을 뜻한다고 우리는 단순히 정의했을 뿐이다.

우리의 아날로그 세상을 컴퓨터와 연결하기 위해서는 연속적으로 변하는 값들을 정해진 숫자들의 흐름으로 바꿀 필요가 있고, 충분히 작은 단계로 이것을 하면서 아주 빠르게 이 과정을 반복하기만 하면 우리의 제한된 감각은 차이를 느낄 수 없다.

예를 들어, 표준 CDDACompact Disc Digital Audio는 음악 한 곡의 어느 순간에서도 각 스테레오 채널에서 가능한 볼륨 레벨로 65,536단계의 선명도를 가지고 있다. 0이라는 값은 소리가 없는 것이고, 65,536의 값은 최대 이론적 수준을 뜻하는데 CDDA에서는 96dB이다.

너무 자세히 가지는 말고, 96dB이라는 범위가 완전히 활용된다면 조용한 방이 약 30dB 은은한 잡음 수준이고 인간의 고통 문턱 값이 130~140dB임을 감안할 때 CDDA의 모든 가능한 용례에 충분할 것이라는 점을 알고 있자. 그러므로 음향 기기의 증폭장치를 CDCompact Disc의 가장 낮은 소리도 환경 소음 너머로 들릴 수 있도록 설정한다면 가장 높은 수준에서는 귀가 아프기 시작할 것이다.

원래의 음향을 CDDA 형식의 디지털 음향으로 변환하기 위해 양쪽 스테레오 채널의 신호는 이들 65,536단계로 초당 44,100번 슬라이스되어 샘플링된다. 이것을 샘플링 주파수라고 하며, 44,100이라는 신기한 숫자는 나이키스트 정리 때문에 선택되었는데, 원래의 파형을 재생하기 위해서는 원신호 최대 주파수의 최소한 두 배인 샘플링 주파수가 필요하다는 이론이다.

그리고 인간 귀의 최고 주파수 범위가 20,000Hz 근처이므로, CD 발명가인 필립스와 소니의 기술자들은 초당 44,100개 샘플을 추출한 음악을 충분하다고 생각했다.

편리하게, 2바이트, 즉 16비트는 65,536개의 개별적인 값을 나타내기에 충분하고 그래서 스테레오 음향 신호의 각 샘플은 4바이트를 소비한다. 초당 44,100개 샘플로, 스테레오 음향의 CDDA 음향의 1초를 저장하는 데 176,400바이트가 필요하다.

디지털 음향 볼륨은 항상 단계로 변하지만, "황금 귀"의 절대 음감이 CDDA 음질을 비하하려는 주장에도 불구하고 그 단계는 아주 작고 아주 빠르게 일어나므로 우리 귀는 그 단계를 구분하지 못한다.

손실 압축 알고리즘에 의존하는 음악 스트리밍 서비스의 확산이 입증했듯이, 실생활에서 우리 아날로그 귀는 훨씬 나쁜 품질에 속아 넘어갈 수 있다. 예를 들면, 스포티파이와 애플 뮤직 모두 손실 압축에 의존하는데, 이는 인간의 귀에 감지 능력상 필수가 아니라고 여겨지는 음향의 모든 부분이 제거되었음을 의미한다. 그러므로 스트리밍된 디지털 데이터를 원래 샘플 데이터와 순수한 숫자로 비교하면 공통적인 것이 거의 없다. 그러나 우리 뇌의 심리음향적 한계 덕분에, 이들 스트리밍 서비스에 만족해 하는 1억 명 이상의 사용자들은 이런 실제의 본질적 차이에 대해 개의치 않을 수 있었다.

이들 손실 압축 알고리즘은 독일의 프라운호퍼 연구소가 주로 개발한 MPEG-1 Audio Layer III MP3 표준을 통해 처음 널리 사용되었다. 보다 최근의 다른 표준은 AAC Advanced Audio Coding와 오그보비스 Ogg Vorbis다. 심리음향학 분야의 이론적 연구는 새로운 것이 아니다. 19세기 말까지 거슬러 올라간다.

우리가 스마트폰이나 비디오카메라에 대고 말할 때 음성 같은 아날로그 신호를 잡아서 컴퓨터가 처리할 수 있는 비트의 모음으로 바꾸는 것을 디지타이징 digitizing이라고 하며, 우리 주변의 컴퓨터들은 항상 이런 일을 하고 있다. 그것들은 아날로그 신호를 다룰 수 없으므로 이 일을 위해 아날로그-디지털 변환기라고 부르는 전자회로를 사용할 수밖에 없다.

반면, 컴퓨터가 디지털화된 자료를 인간이 소비할 수 있도록 아날로그 형식으로 바꾸어야 할 때는 과정을 역으로 하는 디지털-아날로그 변환기를 사용한다.

아날로그 데이터를 숫자로 바꾸는 추가적인 이점은 이들 숫자의 조합이 그것을 저장하고 전송하는 데 필요한 크기를 줄이는 방식으로 더 처리될 수 있다는 것이다. 앞서 언급했듯이, 손실 압축 알고리즘의 사용으로 디지털화된 정보의 크기를 크게 줄일 수 있지만 원래의 정보로 정확히 재생산할 수 있어야 하는 경우에는 몇 개의 무손실 압축 알고리즘 역시 사용될 수 있다.

예를 들어, 디지털화된 데이터가 연속해서 5000개의 0을 가지고 있다면 5000개의 연속된 0을 기억 장소에 저장하는 대신 "다음 5000개 숫자는 0이다"라는 단문 형식으로 말할 수 있는 체계로 정의할 수 있다. 그런 무손실 압축 체계를 정의하는 방식에 따라 이들 5000개 숫자들을 저장하는 데 필요한 공간은 원래 크기의 10퍼센트 이하로 줄 수 있다.

그러므로 우리는 많은 저장 공간이나 송신 대역폭을 절약하지만, 그 대신 압축된 데이터에 접속하면서 압축 해제할 때 컴퓨팅 성능을 사용해야 한다.

DSPDigital Signal Processor는 그런 압축을 그때그때 처리해 낼 수 있고, 오늘날 모든 디지털 통신에 필수적인 요소다. 이들 DSP를 위한 제어 프로그램을 코덱이라고 부르는데 아날로그 1세대 셀룰러 통신망에서 2세대 통신망으로의 점프를 가능하게 한 기술적 도약의 배후에 있었다.

8장 하키 스틱 시대에서 논의했듯이, 1세대에서 2세대 셀룰러 통신망으로 전환하는 동안 우리는 코덱의 실시간 변환 능력 덕분에 이전에는 하나의 아날로그 채널만 처리할 수 있던 동일한 양의 귀중한 무선 스펙트럼에 디지털 음성 채널 세 개를 넣을 수 있었다. 따라서 다른 모든 면이 같다면 세 배 많은 사용자들을 같은 대역폭으로 처리할 수 있었다.

디지털화와 후속의 압축이 엄청난 저장 용량의 절감을 만들어내는 많은 경우들이 있지만 그것들은 이 책의 범위를 벗어난다.

크기 문제로 돌아가자.

말했듯이 한 개의 비트는 컴퓨터가 처리하는 정보의 최소 단위이지만 실용적인 목적을 위해 컴퓨터 메모리는 더 큰 덩어리, 특히 8비트로 되어 있는 바이트로 데이터를 처리하도록 설계되어 있다.

한 바이트 안의 8개 비트 각각이 1 또는 0이므로, 종이와 펜으로 약간의 실험을 하면 가용한 8개 비트의 모든 가능한 조합에서 각 비트는 1과 0으로 바꿀 수 있기 때문에 1바이트는 256개의 개별적인 값을 가질 수 있다는 것을 알 수 있다. 256개의 변형은 영어로 된 텍스트의 모든 문자와 숫자, 특수문자의 ASCII American Standard Code for Information Interchange 인코딩을 감당하기에 충분하고 실제로 바이트에서 128개의 쓸 수 있는 비트 조합은 여전히 사용되지 않고 있다.

문제는 다른 알파벳의 특수문자에서 나온다.

우리 인류가 전 세계 여러 언어로 문장을 표현하기 위해 발명한 다양한 방식들 덕분에, 가능한 조합의 수는 한 개의 바이트 안에서 가용한 추가적인 128개 변형에 맞지 않는다.

그러므로 우리가 알고 있듯이 인터넷은 우리가 매일 살펴보는 페이지들을 나타내기 위해 UTF-8이라고 부르는 문자 인코딩 표준을 가장 일반적으로 사용하고 있다. 실제 기술자들이 이 형식을 명명했는데 UTF-8은 Universal Coded Character Set Transformation Format-8 bit의 약칭이며, 가변 길이 문자 인코딩 방식이다. 가장 하위의 128개 변형은 원래의 ASCII 표에 맞지만, 그 외에 하나의 문자가 식별되기 위해서는 1에서 5바이트까지 필요할 수 있다.

예를 들면, 유로 통화 기호 "€"는 UTF-8에서 226, 130, 172의 3바이트가 필요한 반면, 문자 "a"는 ASCII 표준의 값에 맞는 97 값의 1바이트만 필요하다.

그러므로 글자 "a€"를 UTF-8 형식에서 표현하려면 4바이트의 공간이 필요하고 그 숫자 값은 97, 226, 130, 172다.

이런 연속적인 바이트 값의 조합은 UTF-8 문장으로 처리될 때 "a€"를 의미하므로, 컴퓨터는 우리가 문장을 다루고 있고 그 문장이 UTF-8 형식으로 해석되어야 하는 것을 알고 있어야 한다.

이런 예처럼 컴퓨터가 사용하는 모든 데이터는 결국에는 바이트 덩어리로 쪼개지며, 이 덩어리들이 저장될 때 현재의 바이트 뭉치가 실제로 어떤 것인지(텍스트 파일, 그림, 동영상, 스프레드시트 등) 컴퓨터에 말해주는 합의된 메커니즘이 항상 존재한다. 이것을 컴퓨터가 알게 하는 방식은 완전히 실행에 달려 있는데, 파일 이름에 있는 어떤 접미사나 파일 자체의 시작에 있는 특정한 바이트의 조합처럼 간단할 수 있다.

그러므로 요약해 보면 컴퓨터의 모든 데이터는 다수의 0과 1이고, 일반적으로 8비트의 조합으로 묶여 한 개의 바이트에 저장되며 이는 컴퓨터가 내부적으로 접속하는 가장 작은 개별 단위다.

이 책의 원본 원고를 작성할 때 리브레오피스LibreOffice를 주로 사용했는데, 이 책은 텍스트 파일을 표현하는 데 필요한 여러 서식 설정과 다른 모든 정보와 함께 약 900,000바이트 안에 들어간다.

이런 큰 숫자를 가지고 노는 것이 힘들기 때문에, 우리는 숫자 놀이를 쉽게 만드는 적절한 접두사를 사용한다.

900,000바이트는 900킬로바이트kilobyte로 표시되고, 1000을 의미하는 "킬로kilo"는 킬로그램이 1000그램인 것과 같다.

900킬로바이트는 보통 900kB로 쓴다.

다음 일반적인 승수는 메가바이트MB인데, 이는 100만 바이트다. 그래서 900,000바이트인 이 책은 0.9MB 데이터라고 말할 수 있다.

우리가 일반적으로 사는 USB 메모리 카드나 마이크로 SD 카드는 둘 다 내부 저장 기술 면에서는 거의 같은 것인데 요즘은 보통 기가바이트 크기다.

1기가바이트는 1000메가바이트, 짧게 표시하면 1GB=1,000MB다.

예를 들어 이 책을 집필하는 지금, 16GB 메모리 카드를 5달러 이하로 살 수 있고 이런 책을 1만 6000권 담을 수 있다.

그래서 16GB는 평생 쓸 정도로 충분히 커 보인다.

하지만 아니다.

문자는 저장 용량 면에서 매우 작은 공간을 차지하지만, 다른 종류의 데이터는 아주 다르다. 꽤 괜찮은 스마트폰으로 사진을 찍으면 사진의 복잡성에 따라 한 개의 이미지를 보여주는 데 2~5MB가 필요하다. 필요한 공간을 최소화하는 데 사용되는 손실 압축 때문에 실제 크기는 바뀌고, 적용되는 압축의 수준은 사진의 구조에 따라 달라진다.

그래서 약 4000장의 사진을 16GB 메모리 카드에 저장할 수 있다.

이는 일반 사용자에게는 여전히 큰 용량으로 들리겠지만, 내 이미지 저장소를 빠르게 세어보면 지금까지 약 1만 6000장의 사진이 보관되어 있다.

그것들 모두는 16GB 장치 네 개에 또는 64GB 장치 한 개에 맞으며 이는 현재 대략 20달러에 쉽게 살 수 있는 크기다.

그러나 스마트폰의 동영상 기능으로 가면 데이터 저장의 요구량은 크게 다시 뛴다. 1분짜리 고화질High Definition: HD 동영상에 약 100MB의 저장 용량이 필요하다.

16GB 메모리 카드는 15분 정도의 동영상만 저장할 수 있다.

평생 쓸 동영상 메모리로는 충분하지 않다.

거기에 더해 새로운 초고해상도 4K 동영상과 360도 가상현실Virtual Reality: VR 영상 포맷이 앞으로 사용될 텐데, 데이터에 대한 저장 요구는 끝이 없을 것이 분명하다.

아주 운 좋게도 메모리 가격은 항상 떨어지고 있고 가용한 용량은 커지고 있다. 64GB 메모리 카드가 약 100달러였던 것이 그리 오래되지 않았지만 15년 전으로 돌아가 보면 64GB를 메모리 카드로 갖는 것은 완전 공상과학소설 같은 것이었다.

더 큰 용량을 위해서는 메모리 카드에서 하드 드라이브 같은 다른 형태의 메모리로 바꿀 필요가 있고, 책을 쓰는 지금 10테라바이트TB 용량의 하드 드라이브를 살 수 있는데 1TB=1000GB다.

그리고 이들 다양한 메모리 장치의 가용한 크기와 그 공간을 채우는 새로운 방식이 계속 발전하고 있다. 끈질기게.

사용하는 앱들의 실제 데이터 처리를 수용하기 위해 컴퓨터나 스마트폰이 사용하고 있는 메모리를 보면, 우리는 더 작은 숫자들을 다루고 있다.

휴대용 기기에 대한 우리의 기대가 높아지면서 원활한 작동을 위한 요건이 꾸준히 커지는 경향이 있지만, 현재 앱을 실행하는 데 1~16기가바이트의 기기 메모리로 가능하다.

더 많으면 더 좋긴 하지만 우리가 원하는 만큼 가질 수 없는 이유는 이들 메모리가 이전에 논의했던 것과 다르고 더 비싸기 때문이다.

USB 메모리 카드와 스마트폰의 소위 플래시 메모리 그리고 전통적 하드 드라이브의 자기 메모리 같은, 기기 안에 있는 메모리 종류는 비휘발성이다. 이런 종류의 메모리에 기록된 것은 전원이 나가도 유지된다.

반면, 앱을 실행할 때 스마트폰의 운영 시스템이 사용하는 메모리는 휘발성인데, 이는 스마트폰을 끄면 휘발성 운용 메모리 안에 있는 뭐든지 지워진다는 뜻이다. 휘발성이라는 이점은 이런 유의 메모리를 읽고 쓰는 속도가 대부분의 비휘발성 메모리 접속 시간과 비교할 때 아주 빨라서 프로세서가 앱을 최고 속도로 실행할 수 있게 한다.

더 느린 비휘발성 메모리는 데이터나 앱이 로딩되거나 저장되어야 할 때만 접속된다. 다른 모든 처리는 휘발성 메모리 안에서 최고 속도로 처리된다.

일부 비휘발성 메모리 종류는 마모되거나 고장 나기 전까지 하나의 저장 위치에 반복해 쓸 수 있는 횟수가 제한되어 있지만, 대부분의 실질적인 사용에서는 이 숫자가 너무 커서 무시할 수 있다.

마지막으로 현실적인 정보로, 어떤 용량이나 형식이든 장기 저장소가 있다면, 적어도 하나, 더 완벽하게는 두 곳에 백업 파일을 가지고 있는 것이 좋으며, 그리고 화재나 도난 시 안전을 위해 컴퓨터와 같은 장소에 백업 파일을 두지 않아야 한다.

당신의 책상 서랍 속에 보관하고 있는 또 다른 메모리 카드와 매주 한 번씩 바꾸는 것이 좋다. 아니면, 친구에게 주거나 소중한 데이터는 클라우드 백업 서비스에 저장하시라.

무언가 깨지고 도둑맞고 실수로 삭제되는 것은 보통 우리가 예상하지 못할 때 일어난다. 그리고 클라우드 어딘가에 미러링 복제본이 있는 것만으로 충분치 않다. 우연히 로컬 복사본을 지워버리면 기기를 동기화하는 순간 그 삭제가 클라우드에서 미러링될 수 있다.

작업 내용을 저장하고, 자주 하라―컴퓨터는 가장 필요할 때 어떤 식으로든 고장 나는 경향이 있다.

또한 작업의 여러 버전을 만들어놓는 것이 좋다. 같은 이름으로 계속 저장하지 마라. 사용할 수 있는 버전 수는 제한이 없고, 이렇게 했을 때 예기치 않게 도중에 뭔가 잘못되었을 경우 "제대로" 되돌아갈 수 있다.

이 책을 쓰는 동안 거의 400개의 중간 버전을 저장했는데, 어느 심야 작업 때 내가 저지른 실수가 그중 하나로 만회되었고 버전을 만드는 번거로움은 감수할 만한 가치가 있었다.

디지털 데이터를 미러링하고 복제하는 것에 대한 논의는 무선 통신의 주제로 되돌아간다. 이들 책과 사진, 동영상 그리고 뭔가를 데이터 송신 연결로 업로드하고 다운로드하기 위해서 우리는 쓸 수 있는 데이터 전송 속도를 표현하기 위해 bpsbits per second를 사용한다.

성공적인 데이터 전송을 보장하는 데 필요한 모든 오버헤드를 감안하지 않고 초당 1메가비트의 속도를 제공하는 채널을 통해 1메가바이트의 데이터를 보내는 데 대략 8초가 걸리는 것을 앞에서 말한 숫자들로 추론할 수 있는데 매 바이트는 8비트를 보내야 하기 때문이다.

데이터 인코딩, 개별 패킷으로 데이터 분할 그리고 다양한 오류 검출 및 정정 기법에 필요한 오버헤드를 감안하면, 10의 승수는 일반적 계산에 사용하기 적절하다.

오류 검출 및 정정 기법에서, 송신된 신호에 추가적인 정보가 실리는데 이는 데이터가 정확히 수신되었다는 것을 수학적으로 입증하는 데 사용될 수 있고 어떤 경우에는 검출된 오류가 크지 않으면 원래의 신호를 복원하기도 한다.

무선 통신에서 가용한 속도는 사용 중인 주파수, 채널당 가용한 대역폭, 같은 채널에서의 병행 사용자, 변조 형식, 송수신기의 거리 같은 여러 가지 면에 따라 달라진다. 이 모든 것들이 송신 채널의 가능 최대 속도에 영향을 미치는 물리적 한계를 만든다.

극단적인 예로, NASA의 뉴허라이즌스 우주선이 2015년 명왕성을 지나면서 명왕성과 그 위성 카론에 관한 5GB가 넘는 영상과 여러 데이터를 모아 비휘발성 내장 메모리에 저장했다.

비행 중 이런 모든 데이터 수집과 사진 취득은 몇 시간 동안 자동으로 일어났지만, 뉴허라이즌스호는 수집된 데이터를 지구로 평균 2000bps 의 속도로 보낼 수 있었고 데이터의 마지막 비트를 NASA에서 안전하게 받기까지 거의 16개월이 걸렸다.

그 16개월 동안 무인 탐사선에 뭔가 문제가 있었다면 남아 있는 영상들은 영원히 사라졌을 것이다.

거리를 따져보면, 명왕성에서 한 개의 데이터 패킷을 보냈을 때 전송이 빛의 속도인 초당 30만 킬로미터로 되었는데도 지구에 도달하는 데 5시간 이상 걸렸다.

가정에 더 가까운 또 다른 예로, 일반적인 가정용 저가 와이파이 통신 망은 이론적 최대 속도가 54Mbps다. 그래서 최적의 조건에서 뉴허라이즌스가 보낸 데이터 양은 이런 유의 와이파이 연결을 통하면 16개월이 아닌 대략 16분에 보낼 수 있다.

휴대전화 데이터 통신망과 관련해 현재 최고 수준은 LTE 어드밴스트 Long Term Evolution Advanced인데 이론적 속도 300Mbps를 제공한다. 이것은 뉴허라이즌스의 영상을 3분 미만에 보낼 수 있다.

같은 기지국에 동시에 접속하는 동시 사용자의 수에 따라 실제의 데이터 속도는 저하될 것이다. 마찬가지로 기지국에서의 거리와 기지국과 기기 간의 모든 장애물이 여기에 큰 역할을 하지만, 실제로 수십 Mbps의 평균 다운로드 속도를 얻을 수 있는데 이는 대부분의 목적에 아주 좋은 속도다.

도시 거주자에게는 광섬유 데이터 케이블을 통한 유선 인터넷 연결이 최상의 연결이고, 일반적으로 가용한 도시 연결 속도는 종종 업로드와 다운로드 모두 100Mbps다. 그리고 가용한 서비스가 점점 더 빠르고 더 저렴해지고 있다.

그러나 오늘날 최고의 고속 기술을 갖고 있더라도 몇 년 후에는 오래된 것이 될 텐데, 새롭고 더 복잡한, 바라건대 더 즐겁게 해줄 사용례들이 발명될 것이기 때문이다. 우리의 데이터 통신 해법들은 계속 늘어나는 요구를 따라잡을 것이다. 현재 5G 통신망이 도입되었다. 현재의 4G 속도의 10배 향상을 약속하고 있고 그래서 5G 채널에서 뉴허라이즌스호의 비행 데이터는 1초도 못 되어 전송될 것이다.

속도라는 동전의 다른 면은, 더 높은 속도가 더 많은 전력 소비를 뜻한다는 사실이다. 모든 데이터 패킷은 처리되어야 하고, 암호화와 압축은 열려야 하고, 데이터는 저장되거나 실시간으로 어딘가에서 보여져야 한다.

연결 속도의 증가와 함께 이 모든 것들이 컴퓨팅 성능의 지속적인 향상을 요구했고 이는 다시 이들 운영에 필요한 에너지 양과 직접적인 관련이 있다. 마이크로칩 기술의 발전이 이런 추세에 대처했는데 더 작은 내부 트랜지스터를 가진 새로운 마이크로프로세서는 같은 양의 처리를 더 적은 전력으로 할 수 있다. 하지만 우리 인간은 이제까지 가용한 용량이 생기자마자 이를 모두 사용하는 데 극도로 유능했다. 그러므로 배터리 기술에 어떤 근본적인 돌파구가 없는 한, 가용한 배터리의 용량이 우리 무선기기 사용에 궁극적 한계 요인이 될 것이다.

공짜는 없어요

TECH TALK

무無에서 정보를 뽑아낼 수는 없다.

무선의 세계에서는 경험상, 송신이 정확하게 어느 특정 반송 주파수 위에 있는 순수한 사인파라 하더라도 그 송신에 어떤 정보를 실제로 싣기 위해 또 다른 신호로 송신 신호를 변조하면 송신 신호가 정확히 특정된 단 하나의 주파수 대신, 인근 주파수 일부를 점하게 된다.

채널 주파수는 여전히 송신하고 있는 주파수이지만 신호는 이 주파수 양쪽 인근 주파수에 "흘러넘칠" 것이다.

그 결과로 나오는 인근 주파수의 작은 블록을 채널이라고 부르고, 대역폭이 채널의 크기를 나타낸다.

이런 한계의 단순한 결말은 변조 신호의 최고 주파수가 높을수록 더 많은 대역폭이 필요하므로 채널이 더 넓어질 것이라는 점이다.

아날로그 송신의 간략한 규칙은 채널이 변조 신호 최고 주파수의 두 배만큼 넓어야 한다는 것이다.

그러므로 600kHz 주파수에서 송신하면서 최고 주파수가 4kHz로 제

© Springer International Publishing AG, part of Springer Nature 2018
P. Launiainen, *A Brief History of Everything Wireless*,
https://doi.org/10.1007/978-3-319-78910-1

한된 전화 품질의 음성 신호로 송신을 변조한다면 채널의 폭은 8kHz가 되고 596~604kHz의 주파수를 점하게 된다.

간섭을 피하기 위해 인접한 송신은 서로 간에 적어도 대역폭만큼 떨어져야 한다. 그러므로 사용 중인 고정된 주파수 블록이 있으면, 이 블록 안에서 가질 수 있는 채널 수는 총 가용한 주파수 블록 안에 대역폭 크기의 블록을 나란히 몇 번이나 넣을 수 있느냐에 달려 있다.

주파수 스펙트럼은 대역으로 나뉘며, 우리 대부분은 적어도 이것의 공통 식별자 두 개와 친숙한데, 모든 라디오에 AM과 FM의 선택 버튼이 있기 때문이다.

이들 약호는 테크톡 **스파크와 전파**에서 설명했듯이 실제로 변조의 형식을 가리키는데, 두 개의 다른 주파수 대역 사이에서 수신기를 변경하기도 한다.

AM 대역은 일반적으로 약 500~1700kHz까지의 주파수를 갖는데 공식적으로는 무선 스펙트럼의 중파Medium Frequency 부분으로 알려져 있고, 미국 지역에서는 10kHz 폭의 채널들을 갖는 것으로 정해져 있다. 이것은 AM 대역이 이론적으로 이런 크기의 120개 개별 채널을 가질 수 있다는 뜻이다.

10kHz 대역폭은 구두 방송talk radio에는 충분하지만 음악에는 형편없는데 최대 변조 주파수가 5kHz 이하여야만 하기 때문이다. 우리 귀를 위한 주파수 범위는 20Hz~20kHz이므로 AM 대역에서의 모든 음악 콘텐츠의 송신이 우리에게 아주 낮은 질로 들리는 것은 이상한 것이 아니다. 그러나 구두 방송에는 괜찮다.

송신을 위해 이런 저주파수 대역을 사용하는 이점은 이들 저주파수는 지구의 곡면을 따르기 때문에 방송을 아주 먼 거리에서도 들을 수 있다는 것인데, 이는 테크톡 **스파크와 전파**에서 논의한 바 있다.

AMAmplitude Modulation이라는 이름이 말하듯이 이 대역 안의 모든 송신은 진폭 변조다.

라디오에서 "FM"을 선택하면 일반적으로 87.5~108MHz까지의 주파수를 제공하는데, 이것은 이 무선 스펙트럼 부분의 낮은 범위도 AM 스펙트럼의 최상층부보다 거의 50배 높은 주파수를 갖고 있음을 뜻한다.

AM 대역의 동일한 채널 대역폭을 계속 사용한다면 이 FM 대역은 2000개 채널 이상을 담을 수 있지만, 채널의 숫자를 최대화하는 대신 높은 주파수들은 개별 채널을 100kHz씩 넓히는 데 사용되고 이로 인해 더 좋은 질의 음향 송신이 가능해진다. FM 음향 변조 대역폭은 15kHz이고 이것은 우리 대부분의 일반적인 청력에는 충분히 높은데, 우리 귀의 상위 주파수 범위가 나이가 들면서 줄어들고 통상의 음악 콘텐츠는 일반적으로 15~20kHz 사이의 스펙트럼 정보가 거의 없기 때문이다.

100kHz 채널 폭은 이론적으로 87.5MHz와 108MHz 사이에 200개 이상의 개별 채널이 들어갈 수 있고, 음향 변조는 가용한 모든 대역폭을 쓰지 않기 때문에 단순한 음향 이상의 다른 용도로 쓸 수 있는 충분한 여유가 FM 채널 안에 있다. 이 추가 대역폭은 방송국 이름과 연주되는 노래에 대한 정보를 나르는 데 종종 사용되어 4장 **무선의 황금시대**에서 다루었듯이 이 정보가 수신기에 표시될 수 있고, 넓은 채널은 또한 모노 음향 FM 수신기와 호환되는 방식으로 스테레오 음향을 송신할 수 있게 만든다.

FM 대역의 실제 채널 용량을 반으로 만드는 몇 가지 실질적인 제약이 있다. 덜 이해되고 있는 하나는 테크톡 **스파크와 전파**에서 설명했던 헤테로다인 원리와 관련 있는데 현재 모든 FM 수신기에서 사용하고 있다. 표준 FM 수신기가 슈퍼헤테로다인 모델을 사용한다는 사실 때문에 중간 주파수인 10.7MHz가 수신 신호의 국부 증폭에 사용된다. 이것이 모든 FM 수신기가 현재의 채널 주파수보다 10.7MHz 높은 주파수에서 동시에 실질적으로 저전력 송신기로서 역할을 하게 만든다.

그러므로 동일한 관할 지역 안에 주파수가 10.7MHz만큼 다른 두 방송국이 있는 것은 아주 현명하지 못한 것이다. 예를 들어, 한 방송국이 88.0MHz이고 다른 방송국이 98.7MHz이면 88.0MHz 방송국의 인근 청취자는 98.7MHz에 라디오를 맞춘 다른 청취자에게 간섭을 일으킬 것인데, 88.0MHz 채널에 맞춘 수신기의 국부발진기가 98.7MHz 송신의 수신을 가로막을 만큼 충분히 강한 저전력 98.7MHz 신호를 만들 것이기 때문이다. 이것이 문제가 되는 거리는 기껏해야 수십 미터로 계산되지만, 교통 체증에 갇혀 있는 차 안의 라디오 청취자나 아파트 블록의 이웃 간에는 문제가 될 수 있다.

이런 효과는 두 대의 아날로그 FM 라디오에서 쉽게 볼 수 있다. 한 대를 어떤 주파수에 맞추면 다른 라디오 다이얼의 정확히 10.7MHz 높은 곳에서 "조용한 지점"을 찾게 될 것이다.

이 중간 10.7MHz 주파수의 사용 때문에 일부 국가에서는 디지털로 맞춰진 FM 수신기는 87.5MHz와 107.9MHz 사이의 홀수 주파수의 선택만 허용하는데, 이 경우 국부발진기의 주파수가 항상 짝수 주파수가 되고 거기에는 다른 수신기나 송신기가 없기 때문이다. 나라 안의 모든 FM 송신기는 항상 홀수 숫자로 끝나는 주파수에서만 송신할 것이다. 그 결과, 가능한 채널의 수를 반으로 줄였지만 이들 채널 모두는 인구 밀도가 높은 도심 지역에서 무간섭으로 사용될 수 있다.

변조 신호가 더욱 복잡해지면 폭넓은 채널을 만들게 되고, 텔레비전 송신처럼 대단히 복잡한 변조 신호를 가진 복수의 채널을 담기 위해서는 더 높은 주파수를 사용해야 한다.

일례로, 지상파 텔레비전 송신은 300MHz에서 시작하는 UHFUltra High Frequency 부분을 사용하고 있다.

범위의 상단에는 기가헤르츠GHz 범위에 있는 마이크로파가 있는데 몇 개의 디지털 텔레비전 송신을 한 개이지만 아주 넓은 송신 채널 안에 집어넣을 수 있으며, 7장 **적도 부근의 통신 체증**에서 논의했듯이 이들 고용량 채널들은 다수의 점대점 지상 마이크로파 연결뿐 아니라 위성 통신에 사용된다.

전자기파 스펙트럼의 마이크로파 부분에 들어가면 물 분자가 일으키는 흡수가 신호 수신에 영향을 미치기 시작한다. 이 현상과 그 부작용은 11장 **즐거운 나의 집**에서 논의했다.

마이크로파의 경우에는 폭우나 눈보라가 위성 텔레비전이나 저전력 지상 마이크로파 연결의 신호 세기를 잠시 동안 수신이 불가능할 정도로 줄일 수 있다.

더 올라가서 주파수가 수백 테라헤르츠THz 범위에 이르면, 전자기파 스펙트럼의 가시광선 부분에 닿게 되는데 여기서는 얇은 물리적 장애물만 있으면 모든 송신을 완벽하게 막을 수 있다.

주파수를 증가시키면 또한 주파수와 직접 비례해, 생성된 전파의 에너지를 증가시킨다. 그러므로 방사된 전파의 주파수가 가시광선을 지나 스펙트럼의 자외선 부분으로 가면 전파는 장애물을 뚫고 지나갈 충분한 에너지를 갖게 된다. 강한 자외선, 엑스선 그리고 감마선은 물질 깊숙이 침투할 수 있고, 함께 스펙트럼의 이온화 방사선 부분을 만든다.

세 가지 모두는 만나는 원자들에서 전자를 떨어뜨릴 만한 충분한 에너지를 가지고 있어 생물에 해롭다. 자외선은 박테리아를 죽일 정도로 강력하고, 태양으로부터 들어오는 자외선에 과도하게 노출되면 피부암이 발생할 수도 있다.

엑스선과 감마선을 탐지하는 것은 전파천문학의 주요 부분으로, 이를 통해 블랙홀의 형성과 태양 안에서 일어나는 과정과 같은 복잡한 일을 이해할 수 있다. 감마선으로 우리는 전자기파 스펙트럼의 가장 높은 끝에 이르렀으며, 이는 알려진 가장 강력한 방사선이다.

전자기파 방사선의 또 다른 핵심적인 면모는 파장이라는 개념이다.

전자기파 신호는 사인파로서 공간을 지나가고, 한 번의 진동을 완성하는 데 필요한 거리가 신호의 파장이다.

파장은 빛의 속도를 주파수로 나누어 계산할 수 있고, 따라서 신호의 파장은 주파수가 높을수록 반비례해서 짧아진다.

파장은 ELFExtremely Low Frequency 대역(3~30Hz)의 몇만 킬로미터부터, 텔레비전과 FM 라디오 대역(30~300MHz)에서 수 미터까지 그리고 가시광선 스펙트럼(430~750THz)에서 몇 나노미터(미터의 10억분의 1)까지 내려간다.

신호의 파장은 안테나 설계에 영향을 미치는데, 특정 주파수의 안테나는 그 길이가 신호의 파장과 정해진 비율로 맞으면 가장 잘 작동하기 때문이다. 예를 들어, 일반적인 1/4 파장 모노폴 안테나 설계는 원하는 주파수 파장의 1/4 길이인 금속 막대와 적절한 접지 표면으로 구성된다.

그러므로 3장 **전쟁 중의 무선 통신**에서 논의했듯이, 높은 주파수로의 변화가 그에 요구되는 더 짧은 안테나 덕분에 진정한 휴대용 전장 무전기를 가능케 했고, 오늘날 우리의 기가헤르츠 대역의 휴대전화는 완전한 내부 안테나 설계로 가능해졌다.

요약하면, 전자기파의 특성은 주파수 대역에 따라 크게 다르고, 각 주파수 대역은 최적의 사용 시나리오를 가지고 있다. 주파수가 높을수록 더 많은 변조를 담을 수 있어 더 많은 정보가 초당 송신될 수 있지만, 여러 주파수가 지구 이온층에서 확산되는 방식과 벽, 비, 눈과 같은 중간 물질을 통과하는 방식도 크게 다르다. 그러므로 사용할 주파수 대역을 선택하는 것은 계획된 적용과 사용되는 상황에 따라 완전히 달라진다.

그물 통신망 만들기

케이블을 땅속에 묻는 것이나 기둥 위에 설치하는 것은 비용이 매우 많이 들어 많은 저개발 국가에서 통신 기반시설을 개선하는 데 제약 요인이 되어왔다.

케이블에 필요한 구리(동)의 가치가 문제를 일으켰는데 도둑들이 케이블을 잘라 고철로 팔기 때문이었다. 모든 동케이블은 폭풍우에, 특히 케이블의 길이가 길고 지상에 노출되어 있는 시골 지역에서 고장 나기 쉽다. 케이블은 길수록 근처 폭풍우 때문에 발생하는 유도 과전압에 더 취약하다. 그런 유도된 누출 전류는 연결선 위에 있는 전자 장비들을 쉽게 태운다.

광섬유 데이터 케이블은 심한 뇌우에 취약하지 않지만 당장 훨씬 비싼 기반 부품이 필요해 특히 외곽 환경에서는 종종 제한 요인이 되고 있다.

따라서 바로 셀룰러 통신망으로 바꾸는 가능성이, 많은 나라들에게 즐거운 일이 되었다. 기존 도시, 마을 중심부에 셀룰러 타워를 세우면 개별 가정을 유선 통신망으로 연결하는 비용과 노동력 없이 모든 사람에게

© Springer International Publishing AG, part of Springer Nature 2018
P. Launiainen, *A Brief History of Everything Wireless*,
https://doi.org/10.1007/978-3-319-78910-1

즉각적인 연결을 제공할 수 있다.

여전히 기지국과 나머지 통신 기반시설 사이에 복잡하고 고대역폭의 유선 또는 전용 마이크로파 기반의 연결이 필요하지만, 수백만이 아닌 수천의 개별 연결만 처리하면 된다.

10여 년 전 케냐에 갔을 때가 기억난다. 나는 데이터를 사용하기 위해 현지 SIM 카드를 샀는데 몸바사 외곽에서 그것이 제공하는 속도와 품질에 놀랐다. 휴대전화 혁명은 많은 나라들에게 제로 지점에서 완전히 연결된 사회로 도약하는 능력을 주었고 현지 상업에 큰 활력을 불어넣었다. 그런 셀룰러 통신망 설치의 긍정적인 경제 효과는 엄청날 수 있다.

휴대전화가 유일한 통신 수단일 때 휴대전화 기반의 현금 없는 지불 시스템, 즉 케냐의 엠페사M-Pesa 같은 것이 선진국의 스마트폰에서 나오기 거의 10년 전에 있었다는 것은 놀라운 일이 아니다.

개발도상국 시장경제에서 아주 획기적이었던 "케이블을 우회하는" 흐름은 선진국에서도 마찬가지였다. 미국에서도 휴대전화만 있는 가정의 수가 유선전화를 사용하는 가정의 수를 2017년에 넘어섰다. 이들 고객은 유선 서비스가 없어서 휴대전화를 쓰는 것이 아니라 기존 사용하던 유선전화를 끊은 것이다.

"충분히 빠른" 4세대 통신망으로 인터넷 연결까지 무선이 되고 있고, 돈이 많이 들었던 유선 기반시설이 구식이 되는 것을 즐겁게 바라보는 전화 회사들이 이를 위해 종종 보조금을 주기도 한다.

그러나 아직도 이런 유의 셀룰러 기술 기반의 무선 혁명이 가능하지 않은 많은 지역이 있다. 기지국은 여전히 설치하고 유지하기에 상대적으로 비싸고, 이것이 가능해지려면 투자에 대한 어느 정도의 최소 수익이 필요하고, 사회가 안정되지 않은 나라에서는 기지국에 있는 장비나 예비

전력 발전기를 위해 비축한 연료가 도둑맞지 않도록 무장 경비 인력을 지속적으로 배치해야만 한다.

만일 "고객 기반"이 우림 지역 한가운데 있는 야생동물 무리뿐이고 가장 가까운 문명 세계에서 수백 킬로미터 떨어져 있으며, "고객" 중 하나가 몰래카메라 앞에서 어슬렁댈 때만 연결이 필요할 뿐이라면?

또는 인터넷이 한 군데만 물리적으로 연결되어 있는 작고 외진 마을에 있는 수백 명의 간헐적 사용자가 사용할 무선 인터넷 서비스를 제공하려 한다면?

이때는 그물 통신망mesh network을 구축해야 한다.

메시 노드(그물 마디)라는 기본 개념은 주변 환경에 동태적으로 적응하는 무선 가능 장비다. 범위 안의 호환성이 있는 무전기를 찾아서 통신망 안의 다른 모든 노드들의 경로 찾기 및 연결성을 유지한다.

그런 노드의 좋은 예는 수 킬로미터 거리를 커버할 수 있는 무선 송신/수신기를 가진 태양전지 야생동물 카메라다.

적절한 패턴으로 이 같은 노드들을 뿌려 각각이 최소한 하나 이상의 다른 노드와 연결할 수 있도록 한다. 각 노드는 추가적인 노드나 그 인근의 노드와 연결하기 때문에 단지 수십 개의 노드만 가지고 수백 제곱킬로미터를 커버할 수 있고 그물 통신망의 한쪽 구석에서 다른 곳으로 자유롭게 데이터를 송신할 수 있다. 즉, 메시지는 인근의 노드에 의해 건너뛰기로 배달된다.

이 그물 통신망의 한 개의 노드를 실제 인터넷에 연결하면 각 노드에서 세계 어디로든지 연결이 가능하고, 반대로도 마찬가지다.

인구 밀집 지역에서는 개선된 외부 안테나가 있는 저렴한 와이파이 하드웨어를 사용하여 200~500미터의 메시 그리드 크기를 가질 수 있으며,

고대역폭 와이파이의 혜택을 볼 수 있다.

그물 통신망의 단점은 같은 데이터가 목적지에 도달할 때까지 몇 번이고 재송신되어야만 하고 그러므로 붐비는 정도가 심하면 가장 가까이 있는 노드가 다른 노드에서 온 메시지를 전달하느라 계속 대역폭과 에너지를 사용한다는 점이다. 또한 비용과 전력 관리상 이유로 대부분의 해결책들은 저렴한 표준형 하드웨어에 의존하며 단 하나의 무선회로만 갖고 있다. 그러므로 동시에 보내고 받을 수 없으므로 이것이 가용한 대역폭을 반으로 자르는 꼴이 된다.

특별히 제작된 그물 통신망 하드웨어에서는 핵심 라우팅 트래픽과 단말 트래픽을 위한 별도의 무선 채널을 만드는 것이 가능하므로 전반적인 통신망 처리량의 속도를 올리겠지만 노드의 전력 소비도 증가시킬 것이다.

이런 그물 통신망이 인터넷에 연결되는 경우, 많은 사용자들이 동시에 인터넷에 접속하려고 하면 개별 사용자에게 가용한 대역폭이 급속히 줄어들겠지만, 많은 경우 느린 연결조차 아예 연결이 안 되는 것보다는 훨씬 낫다. 인터넷에서 웹 페이지를 평범하게 훑어보는 것은 지속적인 데이터 흐름이 필요하지 않기 때문에 복수의 사용자가 쉽게 연결되고 그들의 요청사항은 사이사이로 제시간에 처리된다. 너무 많은 사용자가 유튜브나 다른 실시간 콘텐츠를 동시에 보려고 하지 않기만을 기대해야 한다.

최상의 경우, 통신망의 위상 구조는 전체적인 그물이 변화에 견딜 수 있도록 충분히 밀집되게 계획된다─한 개의 노드가 이런저런 이유로 없어지면 경로 찾기가 이를 우회해 대신 다른 가용한 것을 사용한다.

그러므로 모든 그물 통신망의 공통분모는 잠재적으로 비우호적이고 지속적으로 변하는 환경에 대한 자동적인 적응력이다. 이런 면에서 그것들은 기존의 IPInternet Protocol 통신망의 기능을 흉내 내는데, 각 개별 데이터 패킷을 지속적으로 변하는 인터넷의 라우팅 상황에 따라 전달한다.

이런 기본적인 요구 사항과 별도로, 그물 통신망 시스템은 예상되는 사용 모델과 가용한 전력 제한에 따라 자유롭게 설계될 수 있다.

실제 실행의 좋은 예는 팹파이FabFi 그물로, 아프가니스탄과 케냐에서 도시를 연결하기 위해 사용되었다. 달성 가능한 출력은 10Mbps 이상인데 간헐적인 연결 수요에는 아주 괜찮은 것이다.

그물 통신망은 후진국에서만 가능한 해결책이 아니다. 디트로이트 지역사회기술프로젝트Detroit Community Technology Project는 미국에서 연결이 가장 잘 안 되어 있는 도시 중 하나인 디트로이트의 상황을 개선하기 위해 이쿼터블 인터넷 이니셔티브Equitable Internet Initiative의 일환으로 상호 연결된 그물 통신망을 유지하고 있다. 참고로, 디트로이트 주민의 40퍼센트가 인터넷 접속을 못 하고 있다. 이런 종류의 디지털 격차가, 대부분의 서비스들이 점점 더 인터넷으로만 접속 가능하기 때문에 사회로부터 점점 더 소외되는 원인이 되고 있다. 공유하는 장치를 통한 연결을 제공하면 다수의 미지불 참여자들을 지원할 수 있는 수준으로 비용을 낮출 수 있고 디트로이트의 경우에는 심각한 경기 침체가 닥친 도시의 회복에 도움이 된다.

그물 통신망의 노드는 휴대전화기일 수도 있다.

많은 국가가 테트라Terrestrial Trunked Radio: TETRA 기반의 비상 무선 통신망을 깔아놓았는데, 통신망은 상대적으로 적은 숫자의 재래식 기지국이 지원하며 허리케인이나 지진 때문에 이들 일부나 전부가 못 쓰게 되면 전화기가 릴레이하는 노드로 작동하도록 설정할 수 있다.

자연히 릴레이 사용량이 많으면 전화기는 항상 켜져 있어 배터리 수명이 크게 줄어들지만, 테트라의 경우에는 전화기의 두께가 주요 디자인 변수가 아니므로 일반 스마트폰보다 훨씬 두꺼운 배터리를 가질 수 있다.

1990년대에 시작된 테트라는 음성 지향적이고 데이터 연결 면에서 열악하지만, 튼튼한 전화기와 내장된 그물 통신망 기능으로 인해 개선된 4G 또는 5G 스펙에서 전화기 대 전화기의 그물 통신망이 실행 가능한 기능이 되기까지는 대체하기 어렵다.

그물 통신망 기술은 사물인터넷IoT이라는 새로운 개념을 지원하는 데 가능한 방법 중 하나로, 11장 **즐거운 나의 집**에서 간략하게 논의한 바 있다.

사물인터넷으로, 당신의 환경은 간단한 센서들 그리고 간헐적으로 데이터를 만들어내고 필요가 있으면 그 정보들을 어떤 중앙집중화된 처리 장치에 보내는, 여러 유용한 기기들로 채워져 있다.

이런 "마스터 노드master node"가 전체 사물인터넷 망의 제어와 데이터 접속을 위해 외부 연결을 제공한다.

군사용으로 특화된 그물 통신망도 있는데, 그도 그럴 것이 전장 환경은 신뢰할 수 있고 회복력이 있는 통신이 매우 중요한, 대단히 동태적인 상황의 가장 좋은 예이기 때문이다.

그물 통신망은 노드 간의 예상되는 트래픽 밀도와 거리가 노드의 전력 용량에 잘 맞을 때 "최상의 환경"을 달성한다. 동태적인 적응력으로 그것들은 통신망 위상의 변화에 탄탄하며, 쉽게 설치·확장될 수 있어 전자기파의 힘을 이용하는 데 또 다른 대안을 제공한다.

성배

실제 무선 스펙트럼에 관해, 이들 대단히 다양한 주파수들의 여러 행태들은 앞의 다른 테크톡에서 논의한 바 있다.

또한 스파크 갭에서 발전기 그리고 진공관으로 시작해 오늘날 트랜지스터와 마이크로칩으로 이어진 고체전자까지, 이들 전파를 만들면서 만난 문제들을 계속 이야기했다.

신호 생성의 세 번째 중요한 면은 그것이 디지털 텔레비전이든 이동통신용 협대역의 음향이든 사용 중인 주파수 대역에 적당하거나 송신되어야 할 정보의 종류에 최적인 변조인데, 역시 이것도 테크톡 **공짜는 없어요**에서 자세히 논의했다.

최상의 고체전자조차도 수신 안테나에서 뽑아낸 저수준의 고주파 신호를 증폭하는 면에서는 물리적 한계가 있다. 그러므로 이런 약한 신호를 수신기에서 추가 증폭과 복조 전에 우선 저주파로 바꾸는 것이 의무적이었다. 헤테로다인 원리의 이런 적용은 테크톡 **스파크와 전파**에서 설명했다.

© Springer International Publishing AG, part of Springer Nature 2018
P. Launiainen, *A Brief History of Everything Wireless*,
https://doi.org/10.1007/978-3-319-78910-1

또 다른 한계는 필요한 안테나의 길이인데 일반적으로 주파수 스펙트럼의 아주 작은 부분에서만 최적으로 맞춰진다.

이 모든 제약 때문에 최근까지도 100퍼센트 특별 설계한 전자 기기를 사용해야 했는데, 이런 기기에서는 사용되는 주파수 대역과 지원되는 변조 방식이 실제 회로에 내장되어 있으므로 회로가 조립된 후에는 사실상 바꿀 수 없다.

최근, 네 가지 기술적 발전이 이 주류의 접근법에 도전하고 있다.

첫째, 지금은 부유 정전기 용량이 아주 낮은 특수한 트랜지스터를 만드는 것이 가능하므로 기가헤르츠 범위의 주파수 증폭을 할 수 있다. 이를 통해 수신 안테나로부터 미약한 신호를 잡아내고 중간 주파수 변환 단계 없이 바로 그대로 증폭하는 것이 가능하다.

둘째, 디지털 신호 처리는 더 저렴해지고 빨라지고 있는데, 게임 콘솔과 고화질 디지털 텔레비전 수상기 같은, 사랑받는 디지털 "시간 보내기 기기"의 계속 늘어나는 수요 덕분이다.

셋째, 기본적인 컴퓨팅 능력은 무어의 법칙을 따라 여전히 확장되고 있는데, 마이크로칩 안의 동일한 물리적 공간에 들어가는 트랜지스터의 숫자는 대략 2년마다 두 배가 된다고 한다. 단위면적당 들어가는 트랜지스터가 많아진다는 것은 트랜지스터가 더 작아지고 있다는 뜻이고, 이는 대부분의 경우 내부 부유 정전기 용량을 감소시키고 최대 스위칭 속도를 향상시키며 전반적인 전력 소비를 낮춘다. 이런 처리 속도의 향상은 기존 소프트웨어의 개조 없이 직접 활용할 수 있다.

우리는 2차원 칩 설계에서 3차원 칩 설계로 옮겨가는 중이기도 한데 이는 훨씬 더 많은 트랜지스터를 실리콘 칩 안에 들어가게 한다. 이용할 수 있는 트랜지스터가 많을수록 병행 처리 같은 더 복잡한 처리 방법을 활용할 수 있다.

마지막으로, 스마트 적응형 안테나가 개발되고 있어서 물리적으로 고정된 기존 안테나보다 더 넓은 주파수 조합 위에서 송수신이 가능해진다.

이런 모든 것들을 모아보면, 무선의 궁극적인 성배에 점점 더 가까워지고 있다. 바로 SDRSoftware Defined Radio이다.

SDR 수신기에서는 안테나에서 온 신호가 직접 증폭되고, 고속 아날로그-디지털 변환기에 들어간 다음, 신호 처리 회로로 넘겨져 전통적인 컴퓨터 로직에 의해 안내받는다. 그러므로 수신된 신호는 직접 비트의 흐름으로 바뀌므로 그때부터 그 조작은 가용한 컴퓨터 용량에 의해 제한될 뿐이다.

FM 라디오를 듣기 위해 회로를 사용하고자 한다면?

맞는 소프트웨어만 로딩하면 된다.

기존 이동전화기에 새로운 변조 방식을 추가하고 싶으면?

새로운 변조에 필요한 로직이 있는 소프트웨어를 로딩하면 된다.

휴대전화가 안 되는 외딴섬에서 발이 묶여, 이동전화로 수색·구조 신호를 위성에 보내기를 원한다면?

메뉴에서 해당 항목을 선택하기만 하면, 표준 406MHz PLBPersonal Locator Beacon(개인위치표시신호)를 모방한, 상응하는 소프트웨어가 작동한다.

아주 빠른 SDR 기술과 스마트 안테나를 이용하면 새로운 변조 기술과 주파수 대역이 사용되기 때문에 당신의 기기는 못 쓰게 되지 않는다. 무선 데이터 연결 속도를 향상시키는 새로운 변조 방식이 발명되거나 휴대전화 연결에 채널을 추가하는 새로운 주파수 대역이 사용되기 시작하면, 필요한 것은 소프트웨어 업그레이드뿐이다.

블루투스부터 와이파이, 이동전화 그리고 GPS까지 다양한 연결 모드를 처리하기 위해 여러 회로를 갖는 대신, 그것들을 한 개의 아주 빠른 회로에서 병행해서 실행할 수 있다. 오늘날 기기들의 무선회로의 기본을 이루는 마이크로칩은 내장된 로직들 덕분에 이미 이들 여러 형식의 많은 무선을 병행해서 처리하지만 SDR가 유연성과 미래 확장성에서 전례 없는 잠재력을 추가할 것이다.

완전히 프로그램될 수 있는 하드웨어를 갖추면, 새로운 제어 소프트웨어를 작성하는 것만으로 실생활에서 실험해 볼 수 있기 때문에 새로운 통신 규약의 개발을 가속시킬 것이다. 새로운 회로가 처음으로 정해지고 천문학적인 비용이 든 1세대 마이크로칩으로 만들어지고 그 과정에서 미리 발견하지 못한 어떤 작은 문제 때문에 폐기되어야 하는 과정을 기다릴 필요가 없다.

모든 것이 소프트웨어에 기반을 두고 있고 주변에 똑똑한 프로그래머가 있으면, 항상 오용의 가능성이 있다―개방된 SDR 환경은, 예를 들어 전체 셀룰러 통신망을 무너뜨릴 악당 코드를 실행하는 환경이 될 수 있다. 기존의 셀룰러 통신망은 공동으로 합의된 표준에 기반을 두고 있으므로, 연결의 양쪽 끝에 올바로 작동하는 장비들이 있을 것이라고 기대한다. 잘못된 데이터를 제대로 보내면 그런 통신망을 쉽게 무너뜨릴 수 있고, 이런 목적의 SDR용 프로그램을 고안하는 것은 꽤 쉽다.

잠재적인 문제에도 불구하고 이런 방향으로 빨리 진행하고 있다. 취미로 SDR 기판을 수백 달러에 살 수 있고, GSM 기지국의 기능을 포함한 다양한 규약용, 100퍼센트 소프트웨어 기반의 시제품들이 이들 기기에서 만들어졌다.

이것들은 특히 지원되는 무선 스펙트럼의 폭과 스마트 안테나 기술 면에서 여전히 실질적인 제한을 많이 갖고 있지만, 방향은 확실하다―SDR

회로는 가격이 저렴해지는 순간, 모든 무선기기의 중심이 될 것이다.

이것이 우리의 전자기파 스펙트럼 활용에 전례 없는 유연성을 줄 성배가 될 것이다.

:: 옮긴이 후기

공즉시색, 색즉시공

비어 있는 것 같고 없는 것 같으나 가득 차 있어 우리를 숨 쉬게 하는
공기. 그리고 그 속 산소와 질소의 절묘한 조합.
전 세계를 긴장시키고 흐름을 멈추게 하는, 코로나 바이러스를 비롯한
우리 눈에 잘 안 보이는 세균들.
하나님을 아는 것이 지혜의 시작….
보이지 않는 전파가 어떻게 세상을 바꾸어놓았는가(How Invisible Waves
Have Changed the World)?
안 보일 뿐이고 우리가 모를 뿐, 없는 것이 아니다.

이 책을 읽고 있는 지금, 내 머릿속에 자리 잡고 있는 상념들이다.
실제 존재하지만 눈에 보이지 않는, 그래서 무지한 인간들이 아직도
모르거나 최근에야 알게 된 것들이, 눈에 보이면서 우리가 알고 있는 것

보다 더 결정적 영향을 주는 것이 우리의 삶이다…. 대부분의 눈에 보이는 것들은 그냥 바로 눈에 보이거나 겉을 싸고 있는 커버만 벗겨내면 실체를 드러내어 이해하기 간단하다. 그것들은 이해하기 쉬우므로 사람들이 비교적 쉽게 적용한다. 심지어 천둥, 번개, 태풍, 지진 같은 자연재해 역시 그 엄청난 삶에 대한 파괴력에도 불구하고 쉽게 이해하고 나름 대비하기도 한다…. 미리미리 경험에 의해 또는 발전된 예보 기술로…. 이렇듯이 사람들은 대체로, 지혜의 단계가 유치할수록 이런 눈에 보이는 것 중심으로만 생각하고 생활하는 우매한 짓을 하기 마련이다…. 없는 것처럼 보이는 것이 우리 삶에 운명적 영향을 미침에도 불구하고….

신이 정해놓은 자연법칙, 현상을 인간이 하나씩 발견하고 깨우치고, 그 깨우침 속에서 그것들을 우리의 삶에 유용하게, 응용을 통해 활용해 온 것이 과학의 세계다…. 특히 지난 100년의 과학 발전, 더욱이 가속적으로 축적되어 가는 통신, 컴퓨팅의 기술들이 만들어가는 세상은 경이롭다…. 하지만 그래 보았자 우리는 아직 3차원의 유치한 세계에 머물 뿐이지만….

눈부시게 발전하여 오늘날의 유비쿼터스 시대를 연 전자기파의 존재 그리고 그것을 반송파로 이용하여 여러 가지 신호를 실어 보내는 무선 기술의 역사는 불과 100년이다. 있다/없다와 같은 개념인 0 그리고 1이라는 2진법이 세상을 바꾸고 있는 컴퓨팅 기술의 근간이 된 것도 채 100년이 되지 않았다. 또 그것을 집적, 기계화하는 반도체 기술은 그 흔한 모래를 재료로 하고 있다. 그것을 집적화하는 기술들은 수많은 물리 실험들을 근간으로 하고 있지만…. 100년이라는 시간이 중요한 것이 아니라 존재를 알게 되면서 그 활용을 통해 이루어가는 기술의 발전 그리고 인간 세상의 변화가 경이로울 뿐이다…. 그러나 이렇게 너무 빨리 달리다 보면 인간 세상이 언젠가는 중심을 잃고 궤도에서 탈락되는 원심력이라는 역학적 두려움도 무시할 수는 없다.

요즈음 세상의 기술, 특히 우리 생활과 밀접한 정보통신 기술IT은 이렇듯 우리의 실생활 주변에서 눈부시게 발전하고 있으며 모든 이들이 그 엄청난 혜택을 직접 실감하고 있으므로, 그 발전 과정을 흥미롭게 그리고 가벼운 방식으로 되짚어 보는 것은 대단히 의미 있는 일이며 또 다른 발견과 발명을 위한 자극제가 될 것이라고 생각한다. 이런 기술 변화에 대한 적응력은 한 인간뿐 아니라 한 사회, 국가의 경쟁력과 직결되어 있는데 다행히 우리 한민족은 이런 변화에 가장 적성이 맞는 편인 것 같다…. 싸이, 방탄소년단, 〈오징어 게임〉 등, 이전에는 꿈꿀 수 없었던 대박 축포는 이런 무선 인터넷 세상이 아니었으면 불가능했던 일이다…. 한국은 국토가 작고, 자원이 빈약한, 거기다 강대국 사이에 끼어 있는, 지정학적으로 불리한 나라에 불과했는데, 이제는 그런 지리적·물리적 위상보다 소프트 파워에 능숙하고 환경에 민감한sensitive 우리 민족성이 빛을 발하고 있는 셈이다….

이런 배경이 된 『흥미로운 무선 이야기』를 꼼꼼하게 잘 정리해 준 이진경 팀장에게 고마움을 전하며, 식전 아침마다 사과 그리고 온갖 샐러드 등으로 갖춰진 식사를 항상 준비해 주는 내자에게 감사를 하고 싶다.

찾아보기

지은이 **페트리 라우니아이넨(Petri Launiainen)**

30년 이상 컴퓨터와 모바일 통신을 다루면서, 특히 노키아 부사장, 노키아 브라질 연구소의 수석연구원(Chief Technology Officer)으로 일하며 이 두 분야의 엄청난 기술 혁명에 대한 커다란 통찰력을 얻었다. 이들 엄청난 발명들이 만들어내는 영향이 일반적으로 알고 있는 것보다 훨씬 크다는 것을 깨닫고 이런 기술 혁명의 전개를 『흥미로운 무선 이야기: 보이지 않는 전파가 어떻게 세상을 바꾸어놓았는가?』에 포괄적으로 모아놓았다. 자세한 내용은 https://bhoew.com에서 볼 수 있다.

옮긴이 **전주범**

서울대학교 경영학과를 졸업하고 대우그룹에 입사했다. 그 후 대우그룹의 특별 장학생으로 미국 일리노이주립대학교(University of Illinois, Urbana Champaign)에서 MBA 학위를 취득했으며, 대우전자에 근무하며 대한민국의 수출입과 경제 발전에 헌신했다. 대우그룹 해체 직전 대표이사 사장을 역임했다. 이후 서울대학교 공과대학 초빙 교수, 한국예술종합학교 예술경영학과 교수로 젊은이들과 함께 공부했다. 신기술, 기술 혁명, 도서 변천사 등에 관심이 있으며, 번역한 책으로는 『한자무죄: 한자 타자기의 발달사』와 『도서 전쟁: 출판계의 디지털 혁명』 등이 있다. 『한자 무죄』는 2021년 한국 출판학술상을 수상했다.

흥미로운 무선 이야기

보이지 않는 전파가 어떻게 세상을 바꾸어놓았는가?

지은이   페트리 라우니아이넨
옮긴이   전주범
펴낸이   김종수
펴낸곳   한울엠플러스(주)
편 집   이진경

초판 1쇄 인쇄   2022년 10월 11일
초판 1쇄 발행   2022년 10월 18일

주소   10881 경기도 파주시 광인사길 153 한울시소빌딩 3층
전화   031-955-0655
팩스   031-955-0656
홈페이지   www.hanulmplus.kr
등록번호   제406-2015-000143호

Printed in Korea.
ISBN 978-89-460-8179-6 03500 (양장)
         978-89-460-8180-2 03500 (무선)